普通高等教育“十四五”计算机类专业系列教材

路由与交换技术

孟祥成　蔡志锋◎主编

中国铁道出版社有限公司
CHINA RAILWAY PUBLISHING HOUSE CO., LTD.

内 容 简 介

本书根据普通高等院校计算机类专业路由和交换技术课程要求编写，专门介绍华为认证网络工程师（HCIA）路由与交换技术的相关内容。全书共分21章，每章理论与实践兼顾，着重培养学生动手实验的技能。本书首先论述计算机网络的诞生、计算机通信使用的协议、IP地址和子网划分；然后论述交换机和路由器的基本配置、静态路由和动态路由（RIP、OSPF）的配置、广域网技术（HDLC、PPP、NAT）配置、网络服务（DHCP）与网络安全方面（ACL、IPSec VPN、GRE）的配置技术，以及IPv6协议和网络运维自动化；最后以网络交换技术和路由技术为基础论述企业网综合性组网设计。本书以理论知识为铺垫，重点凸显内容的实用性，旨在通过以练代学的方式提升读者的理论理解能力和实际操作能力。

本书内容突出了以项目为中心的特点，适合作为高等院校计算机、通信等相关专业的教材，也可以作为网络爱好者和工程技术人员的参考书。

图书在版编目（CIP）数据

路由与交换技术 / 孟祥成，蔡志锋主编 .—北京 : 中国铁道出版社有限公司 ,2023.8（2024.11 重印）
普通高等教育“十四五”计算机类专业系列教材
ISBN 978-7-113-30246-7

Ⅰ. ①路…　Ⅱ. ①孟… ②蔡…　Ⅲ. ①计算机网络 - 路由选择 - 高等学校 - 教材②计算机网络 - 信息交换机 - 高等学校 - 教材　Ⅳ. ① TN915.05

中国国家版本馆 CIP 数据核字 (2023) 第 084805 号

书　　名：路由与交换技术
作　　者：孟祥成　蔡志锋

策　　划：张围伟
责任编辑：汪　敏　彭立辉　　　**编辑部电话：**（010）51873135
封面设计：付　巍
封面制作：刘　颖
责任校对：刘　畅
责任印制：赵星辰

出版发行：中国铁道出版社有限公司（100054，北京市西城区右安门西街 8 号）
网　　址：https://www.tdpress.com/51eds
印　　刷：北京市泰锐印刷有限责任公司
版　　次：2023 年 8 月第 1 版　2024 年 11 月第 2 次印刷
开　　本：787 mm × 1 092 mm　1/16　**印张：**16.25　**字数：**365 千
书　　号：ISBN 978-7-113-30246-7
定　　价：45.00 元

前言

随着科学技术水平的不断提高，计算机网络也随之不断发展。在计算机网络发展过程中路由与交换技术始终占据着重要地位。无论是简单的小型局域网，还是复杂的大型广域网，它们都是由各种各样的网络设备连接起来的，计算机网络路由交换技术的应用对社会各类工作产生着重要影响。作为一名从事网络规划设计、网络配置与管理的专业人员，网络设备的配置与管理是网络工程师必须熟悉和掌握的基本技能。

本书根据普通高等院校计算机类专业路由和交换技术课程要求编写，由从事网络教学工作十多年、经验丰富的老师合作编写，他们结合多年的计算机网络教学经验、教学特点和工程案例，针对当今大学生实际编写。

本书包括“技术知识”“项目实战”“常见问题与分析”“拓展训练”等模块。读者应首先掌握一定的知识技能，再进行实验操作。实验过程中请读者仔细阅读“技能知识”，这些内容将很好地展示案例实施的思路。“常见问题与分析”模块列出了项目实施过程中遇到的一些常见问题或与该案例相关的问题，并给出该问题的答案。最后的“拓展训练”模块，可以启发读者进一步思考，使读者能更加深刻地理解相关技术知识。

本书主要基于eNSP的路由与交换技术的配置，采用项目驱动的形式编写而成。全书分为交换基础篇、路由基础篇、广域网技术篇、网络服务与网络安全篇、网络运维自动化与综合实验篇，详细讲述了组网的常用配置技术：交换技术、路由技术、广域网技术、网络服务与网络安全等。每篇由若干个项目案例组成，共计21章，除了综合实验之外，每个项目案例分为基础性配置和拓展性配置内容知识。这些项目案例涵盖路由与交换技术的知识点，主要有交换机基础知识、VLAN技术、路由器基础、静态路由、RIP路由、OSPF、访问控制列表（ACL）、HDLC、PPP、DHCP、网络地址转换（NAT）、IPSec VPN、GRE、IPv6协议、网络运维自动化等。

本书的每个工程案例有配套的试卷工程文件（下载地址：http：//www.tdpress.com/51eds/），可以用作初学者自我检查或教师快速查看学生对书中项目案例的完成情况。

本书由孟祥成、蔡志锋主编，其中第1~13章、第15章、第16章、第19~21章由孟祥成编写，第14章、第17章、第18章由蔡志锋、孟祥成共同编写，全书由孟祥成统稿。

由于时间仓促，加上编者水平有限，书中难免存在疏漏与不妥之处，欢迎广大读者批评指正。

编　者

2023年1月

目　录

交换基础篇

重要知识

◎第1章　网络基础

◎第2章　交换机基本配置

◎第3章　VLAN隔离技术

◎第4章　VLAN内跨越交换机通信

◎第5章　二层VLAN间通信

◎第6章　三层VLAN间路由

◎第7章　生成树协议与链路聚合

第1章　网络基础

随着5G技术的快速发展，网络在人们的生活中显得越来越重要。网络中传输数据时需要定义并遵循一些标准，Internet 上的许多应用和服务都是基于网络模型标准和IP地址的。而子网划分，更是每个从事网络工作的人必须具备的网络基础知识。本章将详细介绍网络模型、IP地址与子网掩码以及网关等基础知识。

1.1　技术知识

1.1.1　网络的诞生

网络诞生的使命是通过各种互联网服务提升全球人类的生活品质，让人类的生活更便捷和丰富，从而促进人类社会的进步，丰富人类的精神世界和物质世界，让人类生活得更快乐。

Internet并非某一完美计划的结果，Internet的创始人也绝不会想到它能发展成目前的规模和影响。在Internet面世之初，没有人能想到它会进入千家万户，也没有人能想到它的商业用途。Internet的原型是美国国防部高级研究计划署（Advanced Research Projects Agency，ARPA）在1969年资助建成的网络，名为阿帕网（ARPANET），初期只有四台主机，其设计目标是当网络中的一部分因战争原因遭到破坏时，其余部分仍能正常运行。20世纪80年代初期，ARPA和美国国防部通信局研制成功用于异构网络的IP并投入使用；1986年，在美国国家科学基金会（National Science Foundation，NSF）的支持下，用高速通信线路把分布在各地的一些超级计算机连接起来，以NFSNET接替ARPANET；最初只是美国各大学和科研机构的网络进行互联，随后越来越多的公司、政府机构也接入网络。越来越多的国家网络通过海底光缆、卫星接入这个开放式的网络，形成了现在的Internet。

Internet是全世界最大的互联网络，覆盖了全球的各个领域，运营性质也由科研、教育为主逐渐转向商业化。Internet正在深刻地改变着人们的生活，网上购物、网上订票、预约挂号、微信聊天、支付转账等应用都离不开Internet。

1.1.2　OSI七层模型

设备之间要想进行通信，必须遵循一套相同的通信标准，这个标准就是协议。只有遵循制定的标准，网络中所有设备才可以相互通信，否则就会出现网络不兼容、不能正常通信的情况。

20世纪70年代已经实现了基本的网络互联，只是当时网络结构都是各个厂家自己私有的，如IBM的SNA标准、美国国防部的TCP/IP等。

如果将两个不同厂家的产品放在一起使用，由于各厂家产品使用的标准不一致，可能会涉及不兼容的问题。例如，A公司使用的是IBM的网络标准，B公司使用的是Novell公司的IPX/SPX标准。两家公司是单独的网络，运行起来没有任何问题。假如有一天，A公司收购了B公司，而且网络也需要整合到一起，这时由于两家公司在初建网络时使用了不同厂家的标准，网络就不能兼容。

这样的兼容性状况在当时常有发生。于是国际标准化组织ISO于1984年提出了开放系统互连参考模型（Open System Interconnection Reference Model，OSI RM）。OSI参考模型很快成了计算机网络通信的基础模型。

OSI参考模型从低到高各个层次的基本功能如下：

①物理层：在设备之间传输比特流，规定了电平、速度和电缆针脚。它定义了一台设备与物理传输介质（比如双绞线或光纤）之间应该如何沟通。在物理层中传输的协议数据单元是比特。

②数据链路层：将比特组合成字节，再将字节组合成帧，使用链路层地址（以太网使用MAC地址）来访问介质，并进行差错检测。数据链路层接受物理层提供的服务，同时也为网络层提供服务。数据链路层的功能是在广域网中实现相邻网络设备之间的连通性，以及在局域网中实现网络设备之间的连通性。除了建立和终结二层链路的功能之外，数据链路层协议也可以负责检查收到的数据帧是否完整。它可以重传未经确认的帧并处理重复的帧请求，以此检测和恢复物理层中的错误。此外，数据链路层的功能还包括帧流量的控制和管理。数据链路层的协议数据单元名称是数据帧。典型的数据链路层协议有802.2、802.3、CMSC/CD、PPP、FR、HDLC。

③网络层：提供逻辑地址，供路由器确定路径。网络层能够实现一个或多个网络中两个设备之间的通信。网络层的协议数据单元的名称是数据包。典型协议有IPv4、IPv6、ICMP、IGMP、ARP等。

④传输层：提供面向连接或非面向连接的数据传递以及进行重传前的差错检测。网络层并不负责确保数据传输的过程和结果是可靠的，而传输层可以确保信息无错、有序、无损或无重复的传输。传输层的协议数据单元的名称是数据段，典型的协议有TCP、UDP。

⑤会话层：负责建立、管理和终止表示层实体之间的通信会话。该层的通信由不同设备中的应用程序之间的服务请求和响应组成。

⑥表示层：提供各种用于应用层数据的编码和转换功能，确保一个系统的应用层发送的数据能被另一个系统的应用层识别。

⑦应用层：OSI参考模型中最靠近用户的一层，为应用程序提供网络服务。应用层包含的功能有资源共享、远程文件访问、网络管理、网络虚拟终端等。例如，浏览网页时所依赖的HTTP和DNS就是应用层协议。应用层的协议数据单元的名称是数据，典型的应用层协

议有HTTP、FTP、Telnet等。

OSI参考模型具有以下优点：简化了相关的网络操作；提供了不同厂商之间的兼容性；促进了标准化工作；结构上进行了分层；易于学习和操作。

1.1.3 TCP/IP分层模型

OSI参考模型是一个理论参考模型，是一个“仅供参考”的模型，几乎没有实用价值。而TCP/IP分层模型不同，这个模型是对已有TCP/IP协议栈所进行的描述，而且广泛应用于Internet中。

TCP/IP（Transmission Control Protocol/Internet Protocol，传输控制协议/网际协议）是Internet最基本的协议，是Internet的基础，由网络层的IP和传输层的TCP组成。TCP/IP模型的核心是网络层和传输层，网络层解决网络之间的逻辑转发问题，传输层保证源端到目的端之间的可靠传输。最上层的应用层通过各种协议向终端用户提供业务应用。TCP/IP定义了电子设备如何连入Internet，以及数据如何在它们之间传输的标准。协议采用了五层的层级结构，每一层都呼叫它的下一层所提供的协议来完成自己的需求。在TCP/IP模型中，有时数据链路层和物理层也可以归纳为网络接口层。OSI参考模型与TCP / IP分层对比关系如图1-1所示。

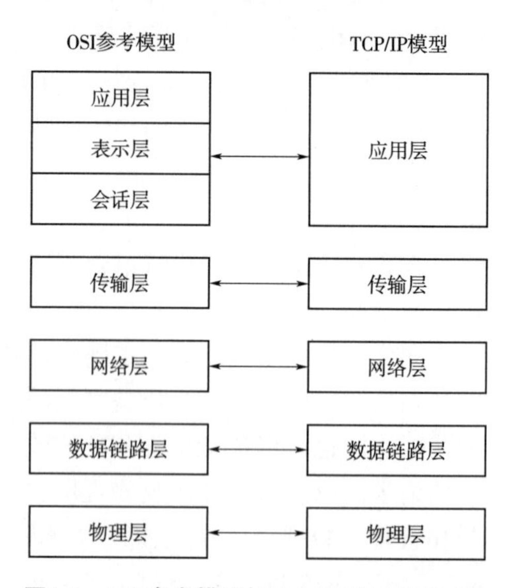

图1-1 OSI参考模型与TCP/IP分层模型对比

1.1.4 IP编址

1.IP地址格式

IP地址是一个32位的二进制数，分为四部分（或称为四段），如图1-2所示，每部分8位二进制数，再把各部分的8位二进制数分别转化成十进制数，十进制与十进制之间用点隔开，这就形成了IP地址的通用表示方式，称为点分十进制。点分十进制这种IP地址写法，方便人们书写和记忆。8位的二进制数转换成十进制数最大不能超过255，即点分十进制的每一部分最大不能超过255。

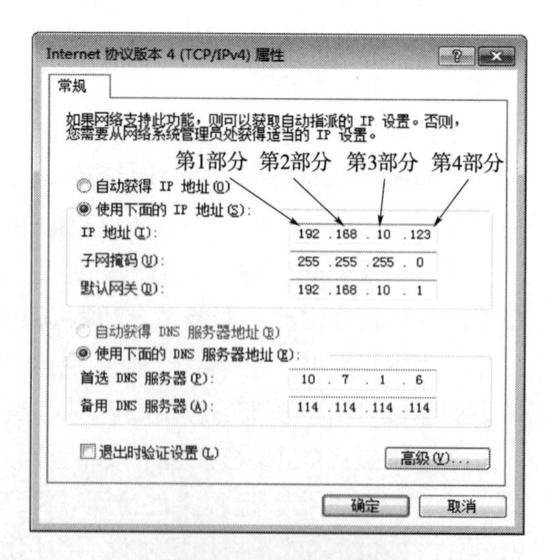

图1-2 IP地址格式

2.IP地址组成

IP地址分为网络部分和主机部分。网络部分即网络号，表示IP地址所属的网段；主机部分即主机号，用来唯一标识本网段上的某台网络设备。以IP地址192.168.10.123/24为例（见图1-2），图中第1、2、3部分为网络位、第4部分为主机位。其中“/24”表示这个IP的子网为24位，是子网掩码，指有24个“1”，即“255.255.255.0”。

3.IP地址的分类

IPv4定义了五种地址类型，其中A类、B类和C类地址为单播IP地址，D类地址用作组播地址，而E类地址是实验地址。

（1）A类地址

网络地址的最高位是0的地址为A类地址，即第1位二进制数为0的地址属于A类地址；A类地址的前8位二进制数是网络位。网络ID是0不能用，127作为保留网段，因此A类地址的第1部分取值范围为1～126。

主机ID由第2部分、第3部分和第4部分组成，每部分的取值范围0～255，共256种取值。主机ID全0的地址为网络地址，而主机ID全部为1的地址为广播地址，一个A类网络主机数量是256×256×256–2=16 777 214。

（2）B类地址

在32位IP地址中，前两位二进制数为10的地址属于B类地址；B类地址的前16位二进制数是网络位。IP地址第1部分的取值范围为128~191。

主机ID由第3部分和第4部分组成，每个B类网络可以容纳的最大主机数量为256×256–2=65 534。

（3）C类地址

在32位IP地址中，前三位二进制数为110的地址属于C类地址；C类地址的前24位二进制数是网络位。IP地址第1部分的取值范围为192~223。

主机ID由第4部分组成，每个C类网络可以容纳的最大主机数量256–2=254。

（4）D类地址

网络地址的最高位是1110的地址为D类地址。D类地址第1部分的取值范围为224~239。用于多播（也称为组播）的地址，组播地址没有子网掩码。

（5）E类地址

网络地址的最高位是11110的地址为E类地址。第一部分取值范围240~255，保留为今后使用。

4.IP地址类型

IPv4中的部分IP地址被保留用作特殊用途。为节省IPv4地址，A、B、C类地址段中都预留了特定范围的地址作为私网地址。现在，世界上所有终端系统和网络设备需要的IP地址总数已经超过了32位IPv4地址所能支持的最大地址数4 294 967 296。为主机分配私网地址节省了公网地址，可以用来缓解IP地址短缺的问题。企业网络中普遍使用私网地址，不同企业网络中的私网地址可以重叠。默认情况下，网络中的主机无法使用私网地址与公网通信；当需要与公网通信时，私网地址必须转换成公网地址。还有其他一些特殊IP地址，如127.0.0.0网段中的地址为环回地址，用于诊断网络是否正常。IPv4中的第一个地址0.0.0.0表示任何网络，IPv4中的最后一个地址255.255.255.255是0.0.0.0网络中的广播地址。

（1）私有地址范围

A类：10.0.0.0~10.255.255.255。

B类：172.16.0.0~172.31.255.255。

C类：192.168.0.0~192.168.255.255。

（2）特殊地址

127.0.0.0~127.255.255.255、0.0.0.0、255.255.255.255。

5.子网掩码

子网掩码用于区分网络部分和主机部分。子网掩码与IP地址的表示方法相同，每个IP地址和子网掩码一起可以用来唯一地标识一个网段中的某台网络设备。子网掩码中的1表示网络位，0表示主机位。

A类网络默认子网掩码为255.0.0.0。

B类网络默认子网掩码为255.255.0.0。

C类网络默认子网掩码为255.255.255.0。

IP地址和子网掩码做与运算，主机位归0就得到计算机所在的网段。

计算机通信先要判断目标地址和自己是否在同一个网段。使用自己的IP地址和子网掩码做与运算，得到自己所在的网段；使用目标IP地址和自己的子网掩码做与运算，得到目标主机是哪个网段；比较这两个网段是否一样。

6.网关

报文转发过程中，首先需要确定转发路径以及通往目的网段的接口，然后将报文封装在以太帧中通过指定的物理接口转发出去。如果目的主机与源主机不在同一网段，报文需要先转发到网关，然后通过网关将报文转发到目的网段。

网关是指接收并处理本地网段主机发送的报文并转发到目的网段的设备。为实现此功能，网关必须知道目的网段的IP地址。网关设备上连接本地网段的接口地址即为该网段的网关地址。

7.子网划分

按照IP地址传统的分类方法，一个网段有200台计算机，分配一个C类网络，地址为192.168.1.0~255.255.255.0，可用的地址范围为192.168.1.1~192.168.1.254，虽然没有全部用完，这种情况还不算是极大浪费。

如果一个网络中有300台计算机，分配一个C类网络，地址就不够用了，就需要分配一个B类网络，地址为172.17.0.0~255.255.0.0，该B类网络可用的地址范围为172.17.0.1~172.17.255.254，一共有65 534个地址可用，这就造成了极大浪费。

子网的划分，实际上就是设计子网掩码的过程。子网掩码主要是用来区分IP地址中的网络ID和主机ID，它用来屏蔽IP地址的一部分，从IP地址中分离出网络ID和主机ID。

采用借位的方法，从主机号最高位借几位变为新的子网号，剩余部分仍然为主机号，使本来应当属于主机号的部分改变为网络号，这样就实现了划分子网的目的。借位使得IP地址的结构分为三部分：网络位、子网位和主机位。假如n表示所借子网位数，m表示主机位数，则子网个数为2^n，主机数为2^m，有效主机数为2^m-2。

1.2 划分子网训练

下面列举划分子网的两种方法。

1.2.1 基于子网数来划分子网

【例1-1】一家集团公司有12家子公司，每家子公司又有4个部门。上级给出一个172.16.0.0/16的网段，让给每家子公司以及子公司的部门分配网段。

思路：暂时未考虑主机数，既然有12家子公司，就要划分12个子网段，但是每家子公司又有4个部门，因此又要在每家子公司所属的网段中划分4个子网分配给各部门。划分步骤如下：

（1）先划分各子公司的所属网段

有12家子公司，那么就有2的n次方≥12，n的最小值=4。因此，网络位需要向主机位借4位。那么，就可以从172.16.0.0/16这个大网段中划出2^4=16个子网。详细过程如下：

先将172.16.0.0/16用二进制表示：10101100.00010000.00000000.00000000/16。

借 4 位后（可划分出 16 个子网）：

①10101100.00010000.**0000**0000.00000000/20【172.16.0.0/20】

②10101100.00010000.**0001**0000.00000000/20【172.16.16.0/20】

③10101100.00010000.**0010**0000.00000000/20【172.16.32.0/20】

④10101100.00010000.**0011**0000.00000000/20【172.16.48.0/20】

⑤10101100.00010000.**0100**0000.00000000/20【172.16.64.0/20】

⑥10101100.00010000.**0101**0000.00000000/20【172.16.80.0/20】

⑦10101100.00010000.**0110**0000.00000000/20【172.16.96.0/20】

⑧10101100.00010000.**0111**0000.00000000/20【172.16.112.0/20】

⑨10101100.00010000.**1000**0000.00000000/20【172.16.128.0/20】

⑩10101100.00010000.**1001**0000.00000000/20【172.16.144.0/20】

⑪10101100.00010000.**1010**0000.00000000/20【172.16.160.0/20】

⑫10101100.00010000.**1011**0000.00000000/20【172.16.176.0/20】

⑬10101100.00010000.**1100**0000.00000000/20【172.16.192.0/20】

⑭10101100.00010000.**1101**0000.00000000/20【172.16.208.0/20】

⑮10101100.00010000.**1110**0000.00000000/20【172.16.224.0/20】

⑯10101100.00010000.**1111**0000.00000000/20【172.16.240.0/20】

接下来从这16个子网中选择12个即可，比如前12个分给下面的各子公司。每个子公司最多容纳主机数目为$2^{12}-2$=4 094。

（2）再划分子公司各部门的所属网段

以甲公司获得172.16.0.0/20为例，其他子公司的部门网段划分同甲公司。

有4个部门，那么就有2的n次方≥4，n的最小值=2。因此，网络位需要向主机位借2位。那么，就可以从172.16.0.0/20这个网段中再划出2^2=4个子网，正符合要求。

详细过程如下：

先将172.16.0.0/20用二进制表示：10101100.00010000.00000000.00000000/20。

借2位后（可划分出4个子网）：

①10101100.00010000.0000**00**00.00000000/22【172.16.0.0/22】

②10101100.00010000.0000**01**00.00000000/22【172.16.4.0/22】

③10101100.00010000.0000**10**00.00000000/22【172.16.8.0/22】

④10101100.00010000.0000**11**00.00000000/22【172.16.12.0/22】

将这4个网段分给甲公司的4个部门即可。每个部门最多容纳主机数目为$2^{10}-2=1\ 022$。

1.2.2 基于计算主机数来划分子网

【例1-2】某集团公司给下属子公司甲分配了一段IP地址192.168.5.0/24，现在甲公司有两层办公楼（1楼和2楼），统一从1楼的路由器上公网。1楼有100台计算机联网，2楼有53台计算机联网。该公司的网络工程师该怎么去规划这个IP?

思路：根据需求，画出图1-3所示的简单拓扑。将192.168.5.0/24划成3个网段，1楼一个网段，至少拥有101个可用IP地址；2楼一个网段，至少拥有54个可用IP地址；1楼和2楼的路由器互联用一个网段，需要2个IP地址。

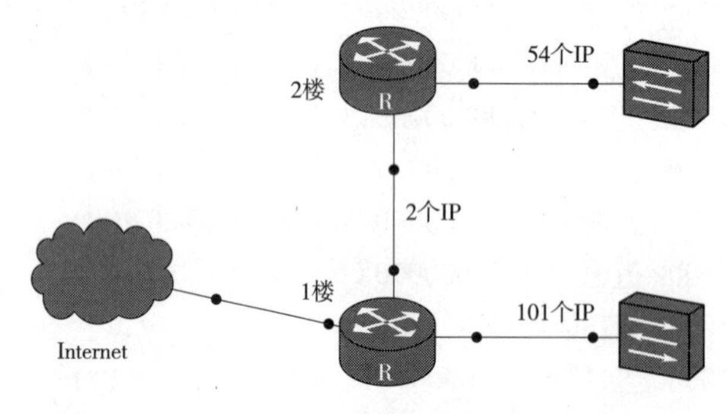

图1-3 网络拓扑图

在划分子网时优先考虑最大主机数来划分。在本例中，就先使用最大主机数来划分子网。101个可用IP地址，就要保证至少7位的主机位可用（$2^m-2\geqslant101$，m的最小值=7）。如果保留7位主机位，就只能划出两个网段，剩下的一个网段就划不出来了。但是，剩下的一个网段只需要2个IP地址并且2楼的网段只需要54个可用IP，因此，可以从第一次划出的两个网段中选择一个网段来继续划分2楼的网段和路由器互联使用的网段。划分步骤如下：

（1）根据大的主机数需求划分子网

因为要保证1楼网段至少有101个可用IP地址，所以主机位要至少保留7位。

先将192.168.5.0/24用二进制表示：11000000.10101000.00000101.00000000/24。

主机位保留 7 位，即在现有基础上网络位向主机位借 1 位（可划分出 2 个子网）：

①11000000.10101000.00000101.**0**0000000/25【192.168.5.0/25】

②11000000.10101000.00000101.**1**0000000/25【192.168.5.128/25】

1楼网段从这两个子网段中选择一个即可，这里选择192.168.5.0/25。

2楼网段和路由器互联使用的网段从192.168.5.128/25中再次划分得到。

（2）划分2楼使用的网段

2楼使用的网段从192.168.5.128/25这个子网段中再次划分子网获得。因为2楼至少要有54个可用IP地址，所以主机位至少要保留6位（$2^m-2 \geqslant 54$，m的最小值=6）。

先将192.168.5.128/25用二进制表示：

11000000.10101000.00000101.10000000/25

主机位保留 6 位，即在现有基础上网络位向主机位借 1 位（可划分出 2 个子网）：

①11000000.10101000.00000101.1**0**000000/26【192.168.5.128/26】

②11000000.10101000.00000101.1**1**000000/26【192.168.5.192/26】

2楼网段从这两个子网段中选择一个即可，这里选择192.168.5.128/26。

路由器互联使用的网段从192.168.5.192/26中再次划分得到。

（3）划分路由器互联使用的网段

路由器互联使用的网段从192.168.5.192/26这个子网段中再次划分子网获得。因为只需要2个可用IP地址，所以主机位只要保留2位即可（$2^m-2 \geqslant 2$，m的最小值=2）。

先将192.168.5.192/26用二进制表示：

11000000.10101000.00000101.11000000/26

主机位保留 2 位，即在现有基础上网络位向主机位借 4 位（可划分出 16 个子网）：

①11000000.10101000.00000101.11000000/30【192.168.5.192/30】

②11000000.10101000.00000101.11000100/30【192.168.5.196/30】

③11000000.10101000.00000101.11001000/30【192.168.5.200/30】

……

⑭11000000.10101000.00000101.11110100/30【192.168.5.244/30】

⑮11000000.10101000.00000101.11111000/30【192.168.5.248/30】

⑯11000000.10101000.00000101.11111100/30【192.168.5.252/30】

路由器互联网段从这16个子网中选择一个即可，例如选择192.168.5.252/30。

（4）整理本例的规划地址

1楼：

网络地址：192.168.5.0/25。

主机IP地址：192.168.5.1/25~192.168.5.126/25。

广播地址：192.168.5.127/25。

2楼：

网络地址：192.168.5.128/26。

主机IP地址：192.168.5.129/26~192.168.5.190/26。

广播地址：192.168.5.191/26。

路由器互联：

网络地址：192.168.5.252/30。

两个IP地址：192.168.5.253/30、192.168.5.254/30。

广播地址：192.168.5.255/30。

1.3 常见问题与分析

【问题1】子网掩码的作用是什么？

解析： 32位的IP子网掩码用于区分IP地址中的网络号和主机号。网络号表示网络或子网；主机号表示网络或子网中的主机。

【问题2】网关的作用是什么？

解析： 网关是指接收并处理本地网段主机发送的报文并转发到目的网段的设备。

【问题3】常用网络测试命令有哪些？

解析：

（1）ping命令

ping是个使用频率极高的实用程序，主要用于确定网络的连通性。

命令格式：ping　主机名/域名/IP地址

例如，A设备ping B设备IP地址结果如图1-4所示，这种结果表示两台设备网络互通，其他情况则表示网络不通。

```
PC>ping 192.168.1.2

Ping 192.168.1.2: 32 data bytes, Press Ctrl_C to break
From 192.168.1.2: bytes=32 seq=1 ttl=128 time<1 ms
From 192.168.1.2: bytes=32 seq=2 ttl=128 time=15 ms
From 192.168.1.2: bytes=32 seq=3 ttl=128 time<1 ms
From 192.168.1.2: bytes=32 seq=4 ttl=128 time=16 ms
From 192.168.1.2: bytes=32 seq=5 ttl=128 time<1 ms

--- 192.168.1.2 ping statistics ---
  5 packet(s) transmitted
  5 packet(s) received
  0.00% packet loss
  round-trip min/avg/max = 0/6/16 ms
```

图1-4　两台设备网络互通

（2）tracert命令

掌握使用tracert命令测量路由情况的技能，即用来显示数据包到达目的主机所经过的路径。

命令格式：tracert　主机名/域名/IP地址

例如，A设备tracert C设备IP地址结果如图1-5所示，这种结果表示两台设备网络互通，其他情况则表示网络不通（最后一行出现星号）。

```
PC>tracert 192.168.2.2

traceroute to 192.168.2.2, 8 hops max
(ICMP), press Ctrl+C to stop
 1  192.168.1.254   16 ms  15 ms  <1 ms
 2  192.168.2.2   16 ms  16 ms  15 ms
```

图1-5　tracert命令

输出有5列：

第一列是描述路径的第*n*跳的数值，即沿着该路径的路由器序号。

第二列是输入接口的IP地址。

第三列是第一次往返时延。

第四列是第二次往返时延。

第五列是第三次往返时延。

1.4　拓展训练

1．请写出自己对计算机网络的认知。

要求：

①字数，不少于600字符。

②不允许抄袭，必须用自己的语言来组织。

③格式要求（标题黑体二号居中，正文小四号宋体，首行缩进2字符，行距1.25倍）。

2．使用搜索引擎系统查找资料进行回答。

①列举国内外著名的网络设备厂商（3个以上）。

②列举各厂商推出的主流网络产品（商用）。

③举例说明不同厂商之间同级别产品的共同点与差异。

3．实地考察一下学校的校园网，回答以下问题：

①校园网是不是一种局域网？

②校园网用到了哪些网络设备和网络传输介质？

4．现有一个C类网络地址段192.168.1.0/24，请使用变长子网掩码给3个子网（见图1-6）分别分配IP地址。

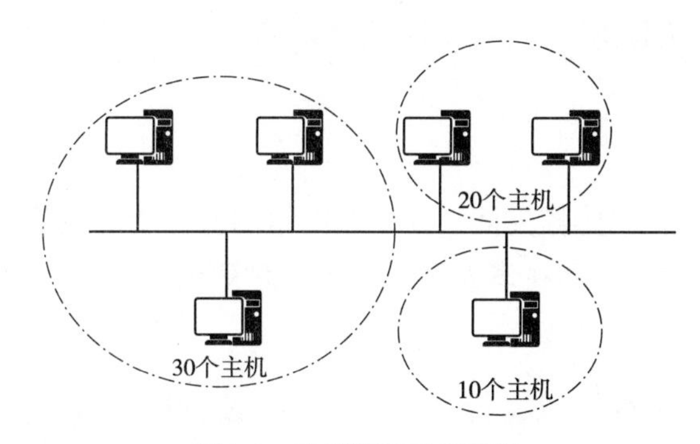

图1-6　变长子网掩码设计

提示： 可变长子网掩码缓解了使用默认子网掩码导致的地址浪费问题，同时也为企业网络提供了更加有效的编址方案。该例中需要使用可变长子网掩码来划分多个子网，借用一定数量的主机位作为子网位的同时，剩余的主机位必须保证有足够的IP地址供每个子网上的所有主机使用。

第2章　交换机基本配置

本章将学习交换机的基本配置方法，通过项目实战，可以让初学者掌握交换机的管理特性，学会配置交换机的相关语句和配置参数的具体操作，并验证所做配置信息的正确性。

2.1　技术知识

2.1.1　eNSP简介

eNSP（Enterprise Network Simulation Platform）是一款由华为提供的免费的、可扩展的、图形化的网络设备仿真平台，主要对企业网络路由器、交换机、WLAN等设备进行软件仿真，完美呈现真实设备的部署实景，支持大型网络模拟，让用户有机会在没有真实设备的情况下也能够开展实验测试，学习网络技术。

该软件的功能特色如下：

1.图形化操作

eNSP提供便捷的图形化操作界面，让复杂的组网操作变得更简单，可以直观感受设备形态，并且支持一键获取帮助和在华为网站查询设备资料。

2.高仿真度

按照真实设备支持特性情况进行模拟，模拟的设备形态多，支持功能全面，模拟程度高。

3.可与真实设备对接

支持与真实网卡的绑定，实现模拟设备与真实设备的对接，组网更灵活。

4.分布式部署

eNSP不仅支持单机部署，还支持Server端分布式部署在多台服务器上。分布式部署环境下能够支持更多设备组成复杂的大型网络。

2.1.2　交换机概述

交换机（Switch），是一种基于MAC地址（网卡的硬件地址）识别，在通信系统中完成封装转发数据包信息交换功能的网络设备。交换机可以“学习”MAC地址，并将其存放在内部地址表中，通过在数据帧的始发者和目标接收者之间建立临时的交换路径，使数据帧由源地址到达目的地址。

1.交换机系统启动原理

（1）系统启动

系统启动时需要加载系统软件和配置文件。如果指定了下次启动的补丁文件，还需要加载补丁文件。

（2）系统软件

设备的软件包括BootROM软件和系统软件。设备上电后，先运行BootROM软件，初始化硬件并显示设备的硬件参数，然后运行系统软件。

系统软件一方面提供对硬件的驱动和适配功能，另一方面实现了业务特性。BootROM软件与系统软件是设备启动、运行的必备软件，为整个设备提供支撑、管理、业务等功能。

设备在升级时包括升级BootROM软件和升级系统软件。目前，华为交换机设备的系统软件（.cc）中已经包含了Boot软件，在升级系统软件的同时即可自动升级Boot。

（3）配置文件

配置文件是命令行的集合。用户将当前配置保存到配置文件中，以便设备重启后，这些配置能够继续生效。另外，通过配置文件，用户可以非常方便地查阅配置信息，也可以将配置文件上传到别的设备，来实现设备的批量配置。

2.交换机的主要性能参数

对于一台交换机来说，它的重要性能参数包括端口的数量与带宽、交换容量、包转发率等。

（1）线速

线速是指交换机的接口每秒传输的比特数，单位为bit/s，即每秒传输多少比特，一比特就是一个二进制数0或者1。例如，通常所说的100 M的网卡是指网卡的网口线速为100 Mbit/s；又如，安装的电信宽带是100 M，指的是接口线速度为100 Mbit/s，但其下载速度并不是100 Mbit/s，而是最大可以达到100 Mbit/s ÷ 8=12.5 Mbit/s，当然这是理论值，实际使用过程中能做到满速下载的情况很少。

注意：不要把线速和文件下载速度混为一谈。在计算机上进行文件下载时的速度是以字节（B）而不是以比特（bit）为单位的。

（2）背板带宽

交换机的背板带宽，也称交换带宽，是交换机接口处理器或接口卡和数据总线间所能处理的最大数据量。背板可以理解为交换机或路由器内部的一条数据总线，设备接口间的数据交换都在总线上传输。如果把一个网络比喻成一个交通系统，各个网络设备相当于不同的城市，而背板就好像一条连接了这个系统内所有城市的高速公路，各城市之间的交通流量都需要从该高速公路上通过。背板带宽就是该高速公路的最大无阻碍交通流量，但与实际高速公路上复杂的交通状况不同的是，在这里要假设高速公路上的车辆都是以恒定的最高速在行驶。

背板带宽是背板的物理属性，标志着交换机总的数据交换能力，单位为Gbit/s。一台交换机的背板带宽越大，所能处理数据的能力就越强，但相应的成本也会越高。

（3）吞吐量

吞吐量（也称为整机包转发率）是指网络、设备、接口或其他设施在单位时间内成功地传送数据的数量（以比特、字节等为测量单位），也就是说吞吐量是指在没有帧丢失的情况下，设备能够接收并转发的最大数据传输速率。

吞吐量是一个极限指标，即网络设备在所有接口满配，并工作在接口的最高线速的情况下的一个指标。如果仍然以前面提到的连接不同城市的高速公路交通系统来比喻，一台交换机的吞吐量相当于进出这个系统所有城市的交通流量之和，即交换机所有接口的双向（双工）包转发率之和。

（4）包转发率

对于网络设备而言，除了吞吐量这个重要指标以外，包转发率是衡量网络设备性能的另一个主要指标。包转发率标志着交换机转发数据包能力的大小，是指交换机每秒可以转发多少个数据包，即交换机能同时转发的数据包的数量。

2.1.3 帧的转发行为

随着企业网络的发展，越来越多的用户需要接入网络，交换机提供的大量的接入接口能够很好地满足这种需求。同时，交换机也彻底解决了困扰早期以太网的冲突问题，极大地提升了以太网的性能，同时也提高了以太网的安全性。

交换机工作在数据链路层，对数据帧进行操作。在收到数据帧后，交换机会根据数据帧的头部信息对数据帧进行转发。

交换机中有一个MAC地址表，里面存放了MAC地址与交换机接口的映射关系。MAC地址表也称为CAM（Content Addressable Memory）表。

交换机对帧的转发操作行为共有 3 种：泛洪（Flooding）、转发（Forwarding）、丢弃（Discarding），如图2-1所示。

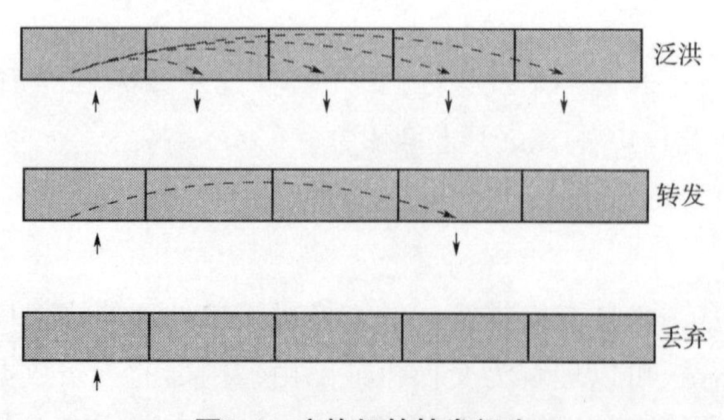

图2-1 交换机的转发行为

①泛洪：交换机把从某一接口进来的帧通过所有其他的接口转发出去（注意，“所有其他的接口”是指除了这个帧进入交换机的那个接口以外的所有接口）。

②转发：交换机把从某一接口进来的帧通过另一个接口转发出去（注意，“另一个接口”不能是这个帧进入交换机的那个接口）。

③丢弃：交换机把从某一接口进来的帧直接丢弃。

交换机的基本工作原理可以概括地描述如下：

①如果进入交换机的是一个单播帧，则交换机会去MAC地址表中查找这个帧的目的MAC地址。

- 如果查不到这个MAC地址，则交换机执行泛洪操作。
- 如果查到了这个MAC地址，则比较这个MAC地址在MAC地址表中对应的接口是否为这个帧进入交换机的那个接口。如果不是，则交换机执行转发操作；如果是，则交换机执行丢弃操作。

②如果进入交换机的是一个广播帧，则交换机不会去查MAC地址表，而是直接执行泛洪操作。

2.1.4 学习MAC地址

初始状态下，交换机并不知道所连接主机的MAC地址，所以MAC地址表为空。当一个帧进入交换机后，交换机会检查这个帧的源MAC地址，并将该源MAC地址与这个帧进入交换机的那个接口进行映射，然后将这个映射关系存放进MAC地址表。图2-2所示为MAC地址的学习过程。

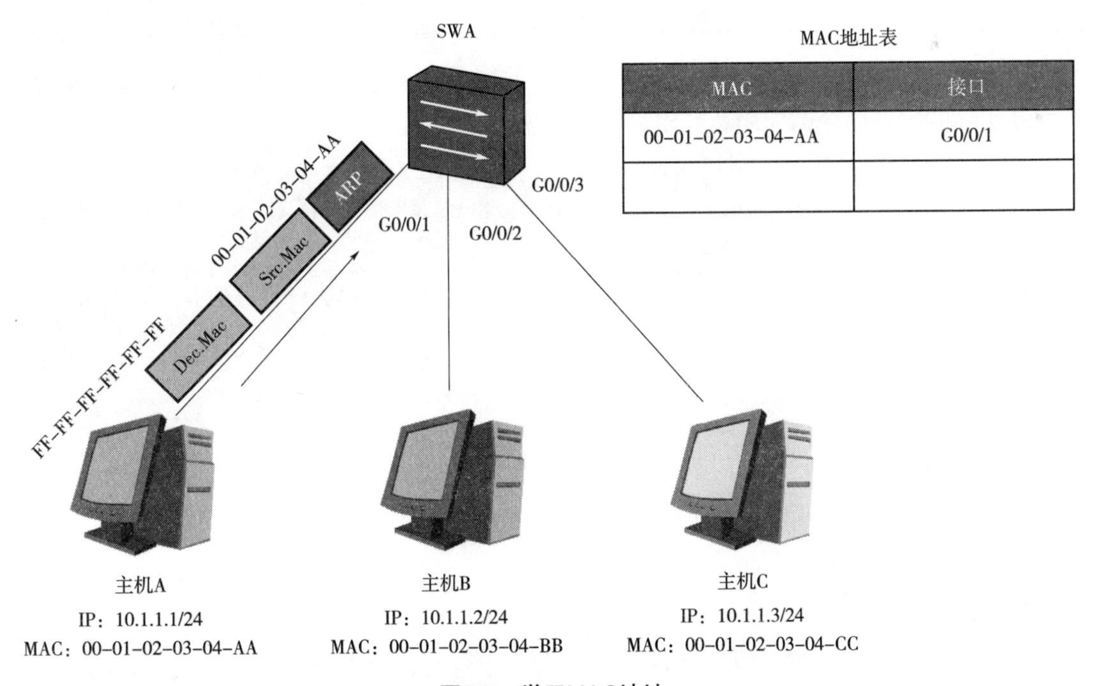

图2-2 学习MAC地址

主机A发送数据给主机C时，一般会首先发送ARP请求来获取主机C的MAC地址，此ARP请求帧中的目的MAC地址是广播地址，源MAC地址是自己的MAC地址。交换机（SWA）收到该帧后，会将源MAC地址和接收接口的映射关系添加到MAC地址表中。默认情况下，X7系列交换机学习到的MAC地址表项的老化时间为300 s。如果在老化时间内再次收到主机A发送的数据帧，SWA中保存的主机A的MAC地址和G0/0/1映射的老化时间会被刷新。此后，如果交换机收到目标MAC地址为00-01-02-03-04-AA的数据帧时，都将通过G0/0/1接口转发。

2.1.5 命令视图

系统将命令行接口划分为若干个命令视图，系统的所有命令都注册在某个（或某些）命令视图下，只有在相应的视图下才能执行该视图下的命令，见表2-1。

表2-1 命令视图功能特性

命令视图	功 能	提 示 符	进入命令	退出命令
用户视图	查看交换机的简单运行状态和统计信息	<Huawei>	与交换机建立连接即进入	quit断开与交换机连接
系统视图	配置系统参数	[Huawei]	在用户视图下键入system-view	quit返回用户视图
以太网口视图	配置以太网口参数	[Huawei-Ethernet0/0/1]	在系统视图下输入interface Ethernet 0/0/1	quit返回系统视图
千兆以太网接口视图	配置千兆以太网接口参数	[Huawei-GigabitEthernet0/0/1]	在系统视图下输入interface GigabitEthernet 0/0/1	quit返回系统视图

初次使用交换机进行配置时，需要了解几种模式的命令及其之间的进入和退出命令。下面是实际的配置命令的使用，并附加有注释说明。

```
<Huawei>system-view     #由用户视图进入系统视图
Enter system view, return user view with Ctrl+Z.  #按【Ctrl+Z】组合键可退出
                                                  #系统视图
[Huawei]interface Ethernet 0/0/1                  #由系统视图进入以太网口视图
[Huawei-Ethernet0/0/1]quit                        #由以太网口视图退出到系统视图
[Huawei]interface GigabitEthernet 0/0/1           #由系统视图进入千兆以太网接口视图
[Huawei-GigabitEthernet0/0/1]quit                 #由千兆以太网接口视图退出到系统视图
[Huawei]
```

2.1.6 命令帮助

输入命令行或进行配置业务时，命令帮助可以提供在配置手册之外的实时帮助，主要有完全帮助和部分帮助。

1.完全帮助

应用完全帮助，系统可以协助用户在输入命令行时，给予全部关键字或参数的提示。命令行的完全帮助可以通过以下3种方式获取：

①在所有命令视图下，输入“？”获取该命令视图下所有的命令及其简单描述。

②输入命令，后接以空格分隔的“？”，如果该位置为关键字，则列出全部关键字及其描述。

③输入命令，后接以空格分隔的“？”，如果该位置为参数，则列出有关的参数名和参数描述。

2.部分帮助

应用部分帮助，系统可以协助用户在输入命令行时，给予以该字符串开头的所有关键字或参数的提示。命令行的部分帮助可以通过以下三种方式获取：

①输入字符串，其后紧接输入“？”，列出以该字符串开头的所有关键字。

②输入命令，后接字符串紧接“？”，列出命令以该字符串开头的所有关键字。

③输入命令的某个关键字的前几个字母，按【Tab】键，可以显示出完整的关键字，前提是这几个字母可以唯一标示出该关键字。否则，连续按【Tab】键，可出现不同的关键字，用户可以从中选择所需要的关键字。

2.1.7　系统快捷键

系统快捷键是系统中固定的快捷键，不由用户定义，代表固定功能。系统主要快捷键见表2-2。

表2-2　系统主要快捷键

序　号	快　捷　键	功　　能
1	Ctrl+Z	返回到用户视图
2	Ctrl+B	将光标向左移动一个字符
3	Ctrl+C	停止当前正在执行的功能
4	Ctrl+D	删除当前光标所在位置的字符
5	Ctrl+H	删除光标左侧的一个字符
6	Ctrl+N	显示历史命令缓冲区中的后一条命令
7	Ctrl+P	显示历史命令缓冲区中的前一条命令
8	Ctrl+R	重新显示当前行信息
9	Ctrl+W	删除光标左侧的一个字符串（字）
10	Ctrl+X	删除光标左侧所有的字符

注意：快捷键的功能可能受用户所在的终端影响，与软件版本也有关，各个视图下也会有所不同。

2.1.8　常用命令

1.sysname命令

sysname：设置交换机名称，为了方便对交换机进行网络管理，配置交换机时，首先在命令行提示符下对交换机命名，命名后能够唯一地标识网络中的每台交换机，命令格式为sysname SwitchA，其中SwitchA可以更换为其他字符。具体配置步骤如下：

```
<Huawei>system-view
Enter system view, return user view with Ctrl+Z.
[Huawei]sysname SwitchA    #设置交换机名称
[SwitchA]
```

2.display命令

①display history-command：显示历史命令。

②display this：显示当前视图的运行配置信息，为了方便了解系统设置，可以使用display this命令显示当前位置的设置信息。

③display current-configuration：显示当前配置信息。

④display interface：显示接口的相关信息。

⑤display version：显示交换机系统版本信息。

⑥display saved-configuration：用来查看设备下次启动时所用的配置文件。

【**例2-1**】显示当前视图配置信息。

```
[SwitchA]display this
#
sysname SwitchA
#
cluster enable
ntdp enable
ndp enable
#
drop illegal-mac alarm
#
return
```

3.quit命令和return命令

①quit：从当前视图退出到上级视图。

②return：无论在何种视图下都直接退到用户视图。

4.undo命令

undo：删除操作。取消已经配置的命令：undo ABC，ABC为先前配置的命令。

5.save命令

save：保存命令。保存过程中输入Y回车，有些设备保存时需要二次回车。直到提示“Save the configuration successfully.”即为保存成功。具体保存步骤如下：

```
<Huawei>save
The current configuration will be written to the device.
Are you sure to continue? [Y/N]y                        #输入Y回车
Info: Please input the file name(*.cfg, *.zip)[vrpcfg.zip]:
Feb 21 2020 17: 20: 36-08: 00Huawei %%01CFM/4/SAVE(l)[50]: The user chose Y when
deciding whether to save the configuration to the device.  #部分设备此处需要回车
```

```
Now saving the current configuration to the slot 0.
Save the configuration successfully.
<Huawei>
```

6.reboot命令

reboot：重启命令。重新启动交换机或路由器之前一定要运行save命令进行保存，否则，之前配置好的信息丢失。

7.reset命令

reset saved-configuration：在用户视图下使用reset saved-configuration命令，可删除交换机当前配置文件中的用户信息，重新启动设备时请选择不保存当前配置文件。清除和重新配置的信息只能在设备重新启动后生效，当前配置不变。

2.1.9　设置交换机管理地址

二层交换机工作在OSI参考模型的数据链路层上，只有MAC地址，物理接口不能配置IP地址。为了方便管理，可以设置二层交换机的虚拟接口的IP地址，该接口的IP地址不属于交换机的任何接口。配置了虚拟接口的IP地址后，用户可以通过远程网络Telnet登录交换机，也可以通过Web方式进行登录。

交换机在没有划分VLAN之前，通常所有的以太网接口都属于VLAN 1，VLAN 1是厂家设置好的，不可删除。交换机管理地址配置，可以给VLANIF 1配置IP地址和子网掩码，具体配置步骤如下：

①执行命令system-view，进入系统视图。

②执行命令interface vlanif *vlan-id*，进入VLANIF接口界面视图。

③执行命令ip address *ip-address* { *netmask* | *netmask -length* }，设置IP与子网掩码，子网掩码netmask可以写成十进制数，也可写成二进制位数。

【例2-2】配置交换机的管理地址IP为192.168.0.1，子网掩码为255.255.255.0.。其命令如下：

```
[Huawei] interface Vlanif 1
[Huawei -Vlanif1]ip address 192.168.0.1 255.255.255.0
```

或

```
[Huawei] interface Vlanif 1
[Huawei -Vlanif1]ip address 192.168.0.1 24          #24 为子网掩码长度
```

2.1.10　Console口登录配置

目前最常用的交换机登录配置是Console口登录和Telnet方式登录。通过Console口登录主要用于交换机第一次上电或无法通过Telnet登录交换机的情况下才使用的本地配置。具体配置步骤如下：

①使用配置电缆将PC的COM口和交换机的Console口连接。

②所有设备上电，自检正常。

③在PC上运行终端仿真程序，设置终端通信参数。波特率：9 600 bit/s；数据位：8；停止位：1；奇偶位：无；流控：无。

④按【Enter】键，直到出现用户视图的命令行提示符，如< Huawei >；至此用户进入了用户视图配置环境。

2.1.11 Telnet登录配置

如果已知待登录交换机的IP地址，用户可以通过Telnet方式登录到交换机上，进行本地或者远程配置。

1.配置Telnet功能及参数

```
<Huawei>system-view                      # 进入系统视图
[Huawei]telnet server enable             # 配置开启 Telnet（默认开启）
[Huawei]telnet server port 23            # 配置 Telnet 端口号（默认为 23）
```

2.配置Telnet用户登录界面

```
[Huawei]user-interface vty 0  4                 # 进入虚似终端连接 vty 用户界面视图
[Huawei-ui-vty0-4]protocol inbound telnet       # 配置用户界面支持 Telnet 服务
[Huawei-ui-vty0-4]user privilege level 3        # 配置用户级别，3 为管理级，最高权限
```

3.配置验证方式

3 种输入的验证方式：

①none：无须验证。

②password：用户密码验证。

③aaa：AAA验证，即用户名和密码验证。

用户只需要在这 3 种验证方式中选择1种即可，一般选择AAA验证。

配置交换机，可以通过Telnet仅密码方式远程登录或用“账号+密码”方式登录。

（1）仅密码方式登录

仅使用密码方式进行登录，具体配置步骤如下：

①执行system-view命令，进入系统视图。

②执行user-interface { ui-number | vty *first-number* [*last-number*] }命令，进入用户界面视图。

③执行authentication-mode password命令，设置认证方式为密码验证方式。

④执行set authentication password { cipher | simple } *password*命令，设置密文密码或明文密码。

⑤执行user privilege level *user-level*命令，配置登录用户的级别，默认情况下，命令按0 ~ 3级进行注册：0级为参观级，主要网络诊断工具命令（ping、tracert）、从当前设备出发访问外围设备的命令（Telnet客户端）等；1级为监控级，用于系统维护，包括display等命令；2级为配置级，业务配置命令，包括路由、各个网络层次的命令，向用户提供直接网络服务；3级为管理级，用于系统基本运行的命令，对业务提供支撑作用，包括文件系统、FTP、TFTP下载、配置文件切换命令、用户管理命令、命令级别设置命令、系统内部参数

设置命令，用于业务故障诊断的debugging命令等。如果用户需要实现权限的精细管理，可以将命令级别提升到0～15级。

【例2-3】配置Telnet远程登录方式为密码验证方式，明文密码为sanjiang，登录用户的级别为最高级别。其主要命令如下：

```
[SwitchA]user-interface vty 0  4        #进入用户界面视图
[SwitchA-ui-vty0-4]authentication-mode password
                                        #设置认证方式为密码验证
[SwitchA-ui-vty0-4]set authentication password simple sanjiang
                                        #设置登录验证的password为明文密码 sanjiang
[SwitchA-ui-vty0-4]user privilege level 3
                                        #配置登录用户的级别为最高级别 3
```

（2）用户名+密码方式登录

使用用户名和密码方式进行登录，认证方式为AAA认证。具体配置步骤如下：

①执行system-view命令，进入系统视图。

②执行user-interface { ui-number | vty *first-number* [*last-number*] }命令，进入用户界面视图。

③执行authentication-mode aaa命令，进入AAA 视图。

④执行quit命令，退回到系统视图。

⑤执行aaa命令，进入AAA 视图。

⑥执行local-user *user-name* password { simple | cipher } *password*命令，配置本地用户名及密码。

⑦执行local-user *user-name* service-type telnet命令，配置用户的登录服务类型为Telnet。

⑧执行local-user *user-name* privilege level *user-level*命令，配置用户的登录级别。

【例2-4】配置Telnet登录交换机，设置进行AAA授权验证方式，用户名为sanjiang，密码为sj123，用户登录级别为管理级3。其主要命令如下：

```
<Huawei>system-view
Enter system view, return user view with Ctrl+Z.
[Huawei]user-interface vty 0 4
[Huawei-ui-vty0-4]authentication-mode aaa
[Huawei-ui-vty0-4]quit
[Huawei]aaa                 #进入 AAA 视图
[Huawei-aaa]local-user sanjiang password simple sj123
Info: Add a new user.
[Huawei-aaa]local-user sanjiang service-type telnet
[Huawei-aaa]local-user sanjiang privilege level 3
[Huawei-aaa]
```

2.1.12　SSH登录配置

Telnet是不加密协议，Telnet连接时直接建立TCP连接，所有传输的数据都是明文传输，所以是一种不安全的方式。Secure Shell（简称SSH）是加密连接协议，是加密传送，并且支持压缩。SSH使用公钥对访问的服务器的用户验证身份，进一步提高安全性。

1.配置SSH远程登录界面及其属性

```
<Huawei> system-view
[Huawei] user-interface vty 0 4
[Huawei-ui-vty0-4] authentication-mode aaa     # 配置用户界面验证方式
[Huawei-ui-vty0-4] protocal inbound ssh        # 配置用户界面支持 SSH
[Huawei-ui-vty0-4] user privilege level 3      # 配置用户界面优先级
[Huawei-ui-vty0-4] quit
```

2.配置SSH服务

```
[Huawei] stelnet server enable                          # 使能 STelnet 服务
[Huawei] ssh user SJU service-type stelnet              # 配置 SSH 用户 SJU 的服务方
                                                        # 式为 STelnet
[Huawei] ssh user SJU authentication-type password  # 配置用户名为 SJU（新建）
                                                    # 的 SSH 用户
```

3.配置AAA验证所需的用户名和密码

```
[Huawei] aaa
[Huawei-aaa] local-user SJU password cipher SJU123      # 配置用户 SJU（新建）
                                                        # 及其密码 SJU123
[Huawei-aaa] local-user SJU privilege level 3           # 配置用户优先级
[Huawei-aaa] local-user SJU service-type ssh            # 配置本地用户接入类
                                                        # 型为 SSH
[Huawei-aaa] quit
```

说明：当用户界面优先级和用户本身的优先级（AAA视图下的配置）相冲突时，以用户优先级为准。

如果配置SSH交换机管理地址是192.168.0.1，则交换机作为客户端访问命令如下：

```
[Huawei]ssh client first-time enable          # 第一次需要获取 RSA 密钥
[Huawei]stelnet 192.168.0.1
```

2.2 项目实战

2.2.1 项目背景

某企业的网络管理员为了保证局域网的安全并优化局域网，对刚出厂的交换机进行了优化配置。本项目中，要求对一台局域网交换机进行配置。为了保证局域网的安全，要求网络管理员能够对交换机进行基本配置，可以对交换机进行本地登录或通过Telnet进行远程访问。

2.2.2 项目规划设计

交换机基本配置如图2-3所示，设备配置地址见表2-3。本项目所选交换机设备为2台S3700、1台PC。其中，LSW1为需要配置的设备，LSW2为模拟Telnet远程客户端设备，PC为本地计算机CLIENT1。

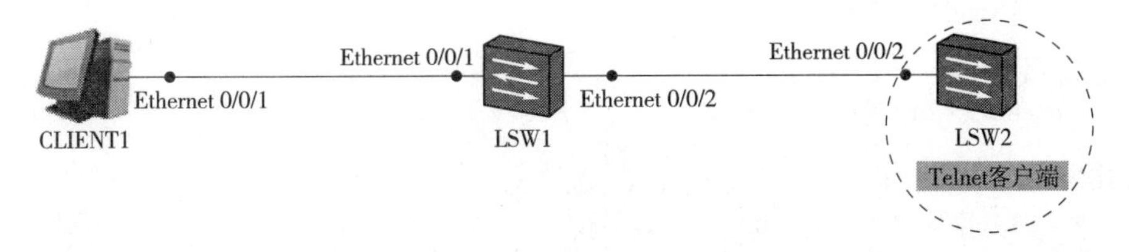

图2-3　交换机基本配置

表2-3　设备配置地址

设　备	接　口	IP地址	子网掩码
LSW1	interface vlan 1	192.168.0.1	255.255.255.0
LSW2	interface vlan 1	192.168.0.10	255.255.255.0
CLIENT1	Ethernet 0/0/1	192.168.0.2	255.255.255.0

2.2.3　项目实施

下面介绍一下交换机的主要配置。

1.配置交换机LSW1

①输入system-view命令进入系统视图。双击交换机LSW1，在<Huawei>提示符下输入system-view命令，进入系统视图模式。

```
<Huawei>system-view
Enter system view, return user view with Ctrl+Z.
[Huawei]
```

②配置交换机的名称。进入系统视图，使用命令hostname SwitchA配置交换机名称。具体配置步骤如下：

```
[Huawei]sysname SwitchA
[SwitchA]
```

③配置交换机管理的IP地址。将交换机上Vlanif 1的IP地址设置为192.168.0.1，子网掩码设置为255.255.255.0。具体配置步骤如下：

```
[SwitchA]interface Vlanif 1
[SwitchA-Vlanif1]ip address 192.168.0.1 255.255.255.0
[SwitchA-Vlanif1]quit
```

④配置Telnet远程访问密码。进入用户界面视图，设置认证方式为密码验证方式，设置登录验证的password 为明文密码sanjiang，系统默认虚拟终端连接 VTY 登录方式用户级别为0，设置为3才能进入系统视图。具体配置步骤如下：

```
[SwitchA]user-interface vty 0 4
[SwitchA-ui-vty0-4]authentication-mode password
[SwitchA-ui-vty0-4]set authentication password simple sanjiang
[SwitchA-ui-vty0-4]user privilege level 3
```

⑤保存配置。具体保存步骤如下：

```
<SwitchA>save
The current configuration will be written to the device.
Are you sure to continue? [Y/N]y
Now saving the current configuration to the slot 0.
Jul 5 2017 10: 49: 17-08: 00 SwitchA %%01CFM/4/SAVE(l)[0]: The user chose Y
when deciding whether to save the configuration to the device.
Save the configuration successfully.
<SwitchA>
```

2.配置Telnet客户端

由于Telnet远程登录客户端使用了交换机LSW2作为模拟登录设备，需要配置它的管理地址，并且要在Vlanif 1虚拟端口下配置，Vlanif 1的IP地址设置为192.168.0.10。如果在其他虚拟端口下配置，要使用相关路由协议才可以使网络互通。这里只考虑同网段配置，不采用其他路由协议配置。具体配置步骤如下：

```
<Huawei>system-view
Enter system view, return user view with Ctrl+Z.
[Huawei] interface Vlanif 1
[Huawei-Vlanif1]ip address 192.168.0.10 255.255.255.0
[Huawei-Vlanif1]return
```

3.实验测试

（1）检验本地网络连通性

在本地计算机上执行命令“ping LSW1设备IP地址”，ping通说明网络是互通的，可以从本地计算机访问交换机。双击CLIENT1，在打开的窗口中单击“命令行”，输入ping 192.168.0.1，运行结果如下：

```
PC>ping 192.168.0.1

ping 192.168.0.1: 32 data bytes, Press Ctrl_C to break
From 192.168.0.1: bytes=32 seq=1 ttl=255 time=47 ms
From 192.168.0.1: bytes=32 seq=2 ttl=255 time=16 ms
From 192.168.0.1: bytes=32 seq=3 ttl=255 time=16 ms
From 192.168.0.1: bytes=32 seq=4 ttl=255 time=31 ms
From 192.168.0.1: bytes=32 seq=5 ttl=255 time=15 ms

--- 192.168.0.1 ping statistics ---
  5 packet(s)transmitted
  5 packet(s)received
  0.00% packet loss
  round-trip min/avg/max=15/25/47 ms
```

（2）在LSW2设备中测试网络互通性

在Telnet客户端设备用户视图下执行命令“ping LSW1设备IP地址”，ping通说明网络是互通的，然后可以进行远程Telnet登录。测试结果如下：

```
<Huawei>ping 192.168.0.1
  pING 192.168.0.1: 56  data bytes, press CTRL_C to break
```

```
    Reply from 192.168.0.1: bytes=56 Sequence=1 ttl=255 time=10 ms
    Reply from 192.168.0.1: bytes=56 Sequence=2 ttl=255 time=50 ms
    Reply from 192.168.0.1: bytes=56 Sequence=3 ttl=255 time=50 ms
    Reply from 192.168.0.1: bytes=56 Sequence=4 ttl=255 time=50 ms
    Reply from 192.168.0.1: bytes=56 Sequence=5 ttl=255 time=50 ms

  --- 192.168.0.1 ping statistics ---
    5 packet(s)transmitted
    5 packet(s)received
    0.00% packet loss
    round-trip min/avg/max=10/42/50 ms
```

（3）Telnet客户端远程登录

在Telnet客户端用户视图下进行远程登录，输入密码为sanjiang。

```
<Huawei>telnet 192.168.0.1
Trying 192.168.0.1 ...
Press CTRL+K to abort
Connected to 192.168.0.1 ...
Login authentication
Password:          #此处输入密码sanjiang，输入密码时不可见，无提示
Info: The max number of VTY users is 5, and the number
      of current VTY users on line is 1.
      The current login time is 2017-07-05 10: 43: 31.
<SwitchA>
```

2.3　常见问题与分析

【问题1】配置交换机管理地址时，提示“Error：The address already exists.”，IP地址冲突配置不成功现象。

解析：检查局域网内是否有设备使用即将要配置的IP，如果有PC使用了该地址，可以手动修改为其他地址；如果是被其他交换机的虚拟接口占用，可使用undo ip address命令在VLAN 用户接口视图下删除现有的IP地址。命令如下：

```
[Huawei]interface Vlanif 1
[Huawei-Vlanif1]undo ip address
```

【问题2】Telnet客户端登录Telnet服务器时，提示“Error：The password is invalid.”，密码错误不能成功登录现象。

解析：配置密码时，要注意区分大小写，在退出系统前，一定要对所配置的密码进行校验。

2.4　拓 展 训 练

1.训练目的

熟悉交换机的各种命令视图，熟练sysname、display、undo、quit、save等基本配置命令的使用，学会帮助的使用，记住常用的快捷键。

2.训练拓扑

拓扑结构图如图2-4所示。

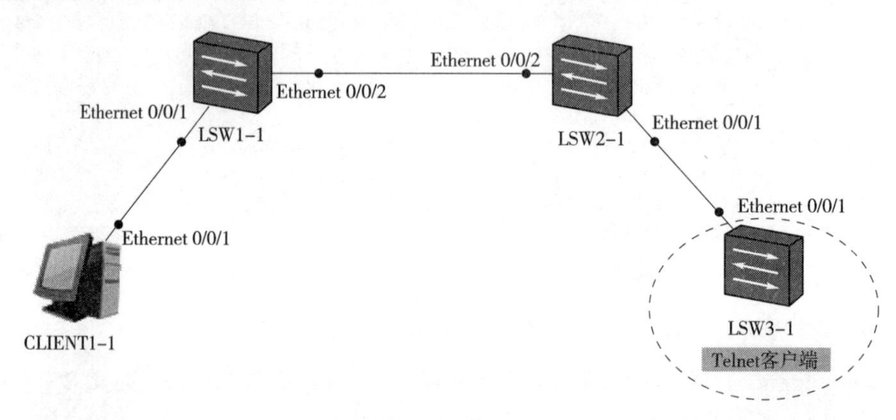

图2-4　拓扑结构图

3.训练要求

（1）网络布线

根据拓扑图进行网络布线。

（2）实验编址

根据网络拓扑图设计网络设备的IP编址，填写表2-4所示的设备配置地址表。

表2-4　设备配置地址表

设　备	接　口	IP地址	子网掩码
LSW1-1	VLANIF 1		
LSW2-1	VLANIF 1		
LSW3-1	VLANIF 1		
CLIENT1-1	Ethernet 0/0/1		

（3）主要步骤

分别使用“仅密码方式登录”和“用户名+密码方式登录”完成配置交换机。

①配置交换机名LSW1-1为SwitchA_1和LSW2-1为SwitchB_1。

②配置交换机管理地址，对照表2-4，分别配置SwitchA_1和SwitchB_1的管理IP地址。

③配置交换机SwitchA_1的Telnet登录密码为LSW1，VTY 登录方式用户级别为0。

④配置交换机SwitchB_1的Telnet登录密码为LSW2，VTY 登录方式用户级别为3。

⑤配置PC CLIENT1-1的IP地址、子网掩码。

⑥对交换机所做的配置进行保存，在客户端Telnet登录SwitchA_1、SwitchB_1，并比较它们登录后是否有区别。

第3章 VLAN隔离技术

本章将对交换机接口进行配置，交换机与终端设备相连需要使用Access接口技术。通过项目实战，可让初学者了解VLAN划分的方法，学习VLAN原理与作用、Access的原理、Access接口类型的配置，以及验证所做配置信息的正确性。

3.1 技术知识

3.1.1 VLAN技术基础

1.VLAN的概念

VLAN（Virtual Local Area Network，虚拟局域网技术）是将一个物理的局域网在逻辑上划分成多个广播域的数据交换技术。1996 年 3 月，IEEE 802.1 Internet working 委员会结束了对 VLAN 初期标准的修订工作。修订后的标准进一步完善了 VLAN 的体系结构，统一了 Frame-Tagging 方式中不同厂商的标签格式，并制定了 VLAN 标准在未来一段时间内的发展方向，形成的 IEEE 802.1q 标准在业界被广泛推广。IEEE 于 1999 年颁布了用于标准化 VLAN 实现方案的 IEEE 802.1q 协议标准草案。IEEE 802.1q 的出现打破了虚拟网依赖于单一厂商的僵局，从侧面推动了 VLAN 的迅速发展。

VLAN 的划分不受网络接口实际物理位置的限制，有着和普通物理网络同样的属性。第二层的单播、广播、多播帧在一个 VLAN 内转发、扩散，而不会直接进入其他的 VLAN 之中。默认情况下，同一 VLAN 下的接口所连接的设备是可以互相通信的，而不同 VLAN 下是不能通信的。

2.VLAN帧格式

在现有的交换网络环境中，以太网的帧有两种格式：没有加上 VLAN 标签的标准以太网帧和有 VLAN 标签的以太网帧。VLAN 帧格式如图 3-1 所示。

VLAN 标签长 4 字节，直接添加在以太网帧头中，IEEE 802.1q 文档对 VLAN 标签做出了说明如下：

① TPID：Tag Protocol Identifier，2 字节，固定取值，0x8100，是 IEEE 定义的新类型，

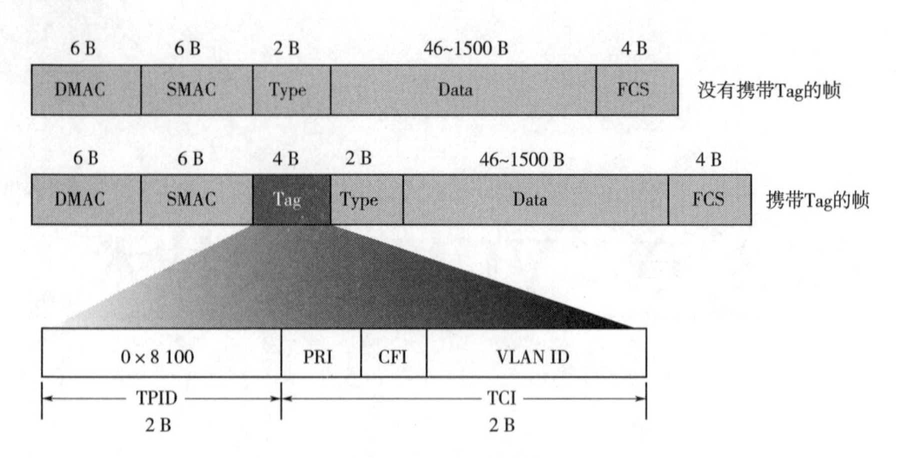

图3-1 VLAN帧格式

表明这是一个携带 IEEE 802.1q 标签的帧。如果不支持 802.1q 的设备收到这样的帧，会将其丢弃。

② TCI：Tag Control Information，2 字节。帧的控制信息，详细说明如下：

- Priority：3 比特，表示帧的优先级，取值范围为 0~7，值越大优先级越高。当交换机阻塞时，优先发送优先级高的数据帧。
- CFI：Canonical Format Indicator，1 比特，表示 MAC 地址是否是经典格式。CFI 为 0 说明是经典格式，CFI 为 1 表示为非经典格式。用于区分以太网帧、FDDI（Fiber Distributed Digital Interface）帧和令牌环网帧。在以太网中，CFI 的值为 0。
- VLAN ID：12 比特，在 X7 系列交换机中，可配置的 VLAN ID 取值范围为 0 ~ 4 095，但是 0 和 4 095 在协议中规定为保留的 VLAN ID，不能给用户使用。

3.VLAN的分类

（1）VLAN 的划分方式

①基于接口的 VLAN：根据接口划分，配置简单，可用于各种场景，是最简洁、最广泛使用的划分方式。

②基于 MAC 的 VLAN：根据报文的源 MAC 地址划分，即根据终端设备的 MAC 来划分 VLAN，经常用在用户位置变化、不需要重新配置 VLAN 的场景。

③基于 IP 子网的 VLAN：根据 IP 进行划分，即根据报文源 IP 及掩码来确定报文所属 VLAN，一般用于对同一网段的用户进行统一管理的场景。

④基于协议的 VLAN：根据协议划分，即根据接口接收到的报文所属的协议类型及封装格式来给报文分配不同的 VLAN ID，适用于对具有相同应用或服务的用户进行统一管理的场景。

⑤基于策略的 VLAN：根据几种划分依据组合进行划分，适用于对安全性要求比较高的场景。

（2）接口类型

在 IEEE 802.1q 中定义 VLAN 帧后，设备的有些接口可以识别 VLAN 帧，有些接口则不能识别 VLAN 帧。根据对 VLAN 帧的识别情况，将接口分为 3 类：

① Access 接口：它是交换机上用来连接用户主机的接口，只能连接接入链路。仅允许唯一的 VLAN ID 通过本接口，这个 VLAN ID 与接口的默认 VLAN ID 相同。Access 接口发往对端的以太网帧永远是不带标签的帧。

② Trunk 接口：它是交换机上用来和其他交换机连接的接口，只能连接干道链路，允许多个 VLAN 的帧（带 Tag 标记）通过。

③ Hybrid 接口：它是交换机上既可连接用户主机，又可连接其他交换机的接口。Hybrid 接口既可以连接接入链路又可以连接干道链路，允许多个 VLAN 的帧通过，并可以在出接口方向将某些 VLAN 帧的标签剥掉。

4.VLAN技术的优点

VLAN 是将一个物理的 LAN 在逻辑上划分成多个广播域（多个 VLAN）的通信技术。每一个 VLAN 都包含一组拥有相同需求的计算机，与物理上形成的 LAN 具有相同的属性。但是，由于 VLAN 是在逻辑上划分而不是在物理上划分，所有同一个 VLAN 内的各个工作站无须放置在同一个物理空间。即使两台计算机有着同样的网段，如果它们不属于同一个 VLAN，它们各自的广播帧也不会互相转发，从而实现了控制流量、减少设备投资、简化网络管理、提高网络的安全性。其优点如下：

①限制广播域：广播域被限制在一个 VLAN 内，节省带宽，提高网络处理能力。

②增强局域网的安全性：不同 VLAN 内的报文在传输时是相互隔离的，即一个 VLAN 内的用户不能和其他 VLAN 内的用户直接通信。

③提高网络的健壮性：故障被限制在一个 VLAN 内，其中的故障不会影响其他 VLAN 的正常工作。

④灵活构建虚拟工作组：用 VLAN 可以划分不同用户到不同的工作组，同一工作组的用户也不必局限于某一固定的物理范围，不受物理位置的限制，网络构建和维护更方便、灵活。

3.1.2 创建VLAN

交换机的所有接口默认都属于 VLAN 1，VLAN 1 是默认 VLAN，不能删除。

VLAN 命令用来创建 VLAN 并进入 VLAN 视图，如果 VLAN 已存在，直接进入该 VLAN 的视图。在系统视图下运行 VLAN 命令，其命令格式如下：

```
vlan vlan-id        # 指定 VLAN ID，整数形式，取值范围是 1~4 094
```

如果需要删除 VLAN，其命令格式如下：

```
undo vlan vlan-id
```

【例 3-1】创建一个 ID 为 100 的 VLAN，如果该 VLAN 已存在，则直接进入该 VLAN 视图。其命令如下：

```
<Huawei>system-view
Enter system view, return user view with Ctrl+Z.
[Huawei]vlan 100        # 创建 VLAN
[Huawei-vlan100]quit
```

```
[Huawei]undo vlan 100            # 删除 VLAN
[Huawei]
```

3.1.3 批量创建VLAN

如果配置 VLAN 的数量较多，为了提高配置效率，可以使用 VLAN 的批量配置命令。在系统视图下运行 VLAN 的批量配置命令，其命令格式如下：

```
vlan batch { vlan-id1 [ to vlan-id2 ] } &<1-10>
```

其中，vlan-id1 为指定批量创建的起始 VLAN ID；vlan-id2 为指定批量创建的结束 VLAN ID，且值必须大于 vlan-id1；采用关键字 to 输入的区间必须没有交叉，可以输入 1~10 次。

【例 3-2】 批量创建 ID 为 2、3 以及 10 ~ 15 的 VLAN。

```
<Huawei>system-view
Enter system view, return user view with Ctrl+Z.
[Huawei]vlan batch 2 3 10 to 15
[Huawei]
```

3.1.4 显示VLAN

交换机接口划分、VLAN 创建完成后，可以在系统视图下用命令 display vlan 查看相关信息，验证配置结果。如果不指定任何参数，则该命令显示所有 VLAN 的简要信息。例如，对上面批量创建 VLAN 后，执行命令如下：

```
[Huawei]display vlan
The total number of vlans is : 9
--------------------------------------------------------------------------------
U: Up;           D: Down;              TG: Tagged;            UT: Untagged;
MP: Vlan-mapping;                      ST: Vlan-stacking;
#: ProtocolTransparent-vlan;           *: Management-vlan;
--------------------------------------------------------------------------------
VID  Type    Ports
--------------------------------------------------------------------------------
1  common  UT: GE0/0/1(D)      GE0/0/2(D)     GE0/0/3(D)     GE0/0/4(D)
               GE0/0/5(D)      GE0/0/6(D)     GE0/0/7(D)     GE0/0/8(D)
               GE0/0/9(D)      GE0/0/10(D)    GE0/0/11(D)    GE0/0/12(D)
               GE0/0/13(D)     GE0/0/14(D)    GE0/0/15(D)    GE0/0/16(D)
               GE0/0/17(D)     GE0/0/18(D)    GE0/0/19(D)    GE0/0/20(D)
               GE0/0/21(D)     GE0/0/22(D)    GE0/0/23(D)    GE0/0/24(D)
2  common
3  common
10 common
11 common
12 common
13 common
14 common
15 common
VID  Status  Property      MAC-LRN Statistics Description
--------------------------------------------------------------------------------
```

```
1  enable  default      enable  disable      VLAN 0001
2  enable  default      enable  disable      VLAN 0002
3  enable  default      enable  disable      VLAN 0003
10 enable  default      enable  disable      VLAN 0010
11 enable  default      enable  disable      VLAN 0011
12 enable  default      enable  disable      VLAN 0012
13 enable  default      enable  disable      VLAN 0013
14 enable  default      enable  disable      VLAN 0014
15 enable  default      enable  disable      VLAN 0015
[Huawei]
```

3.1.5 Access接口报文处理

Access 接口类型报文处理方式如下：

①接收不带标签的报文：接收该报文，并加上默认的 VLAN ID。

②接收带标签的报文：对比 VLAN ID 与默认 VLAN ID 相同时，接收该报文；不相同时，丢弃该报文。

③发送帧处理过程：先剥离帧的 VLAN 标签，然后再发送。

3.1.6 基于Access和Hybrid接口划分VLAN

基于接口划分 VLAN 是最简单、最有效的划分方式。基于接口划分的 VLAN 可处理 tagged 报文，也可处理 untagged 报文。当接口收到的报文为 untagged 报文时，在帧上打上标记默认 VLAN 形成 tagged 帧。通过 MAC 地址表，找到对应的接口。当接口收到的报文为 tagged 报文时，如果接口允许携带该 VLAN ID 的报文通过，则正常转发；当接口收到的报文为 tagged 报文时，如果接口不允许携带该 VLAN ID 的报文通过，则丢弃该报文。本节主要介绍交换机 Access 接口类型配置，其命令格式如下：

①执行 system-view 命令，进入系统视图。

②执行 vlan *vlan-id* 命令，创建 VLAN 并进入 VLAN 视图。如果 VLAN 已经创建，则直接进入 VLAN 视图。 VLAN ID 的取值范围是 1 ~ 4 094。如果需要批量创建 VLAN，可以先使用 vlan batch { *vlan-id1* [to *vlan-id2*] } <1-10> 命令批量创建，再使用 vlan vlan-id 命令进入相应的 VLAN 视图。

③执行 quit 命令，返回系统视图。

④执行 *interface interface-type interface-number* 命令，进入需要加入 VLAN 的以太网接口视图。

⑤执行 port link-type { access | hybrid } 命令，配置二层以太网接口属性。默认情况下，接口属性是 Hybrid。如果二层以太网接口直接与终端连接，该接口类型可以是 Access 类型，也可使用默认类型 Hybrid。

如果二层以太网接口与另一台交换机设备的接口连接，那么对此接口类型没有限制，可使用任意类型的接口。

⑥关联接口和 VLAN。执行 port default vlan vlan-id 命令，将接口加入指定的 VLAN 中。

如果需要批量将接口加入 VLAN，可在 VLAN 视图下执行 port interface-type { interface-

number1 [to *interface-number2*] } &<1-10> 命令向 VLAN 中添加一个或一组接口。

如果关联 Hybrid 类型接口，则执行下面操作。选择执行其中一个步骤配置 Hybrid 接口加入 VLAN 的方式：

①执行 port hybrid untagged vlan { { *vlan-id1* [to *vlan-id2*] } &<1-10> | all } 命令，将 Hybrid 接口以 Untagged 方式加入 VLAN。

Untagged 形式是指接口在发送帧时会将帧中的标签剥掉，适用于二层以太网接口直接与终端连接。

②执行 port hybrid tagged vlan { { *vlan-id1* [*to vlan-id2*] } &<1-10> | all } 命令，将 Hybrid 接口以 Tagged 方式加入 VLAN。

Tagged 形式是指接口在发送帧时不将帧中的标签剥掉，适用于二层以太网接口与另一台交换机设备的接口连接。

默认情况下，所有接口加入的 VLAN 和默认 VLAN 都是 VLAN1。

【例 3-3】配置 Access 接口类型，给交换机 GigabitEthernet 0/0/1 接口配置为 Access 接口类型，加入 VLAN 100。具体配置步骤如下：

```
<Huawei>system-view
Enter system view, return user view with Ctrl+Z.
[Huawei]vlan 100
[Huawei-vlan100]quit
[Huawei]interface GigabitEthernet 0/0/1
[Huawei-GigabitEthernet0/0/1]port link-type access  #配置Access接口类型
[Huawei-GigabitEthernet0/0/1]port default vlan 100  #划分给VLAN 100
[Huawei-GigabitEthernet0/0/1]
```

3.1.7 Access接口恢复VLAN默认配置

所谓默认配置，就是默认情况下所有接口都是只加入 VLAN1 的端口。

Access 接口恢复 VLAN 默认配置，在其相应接口视图下执行命令如下：

```
undo port default vlan
undo port link-type
```

如果 hybrid 接口恢复 VLAN 默认配置，要先删除接口下所有的 VLAN，然后再把默认的 VLAN1 加入。具体命令如下：

```
undo port hybrid vlan all
port hybrid untagged vlan 1
```

3.2 项目实战

3.2.1 项目背景

某企业的网络管理员对交换机进行配置，为了提高网络的安全性，该网络管理员对交换机进行了 VLAN 划分配置，实现不同用户之间的隔离。本项目中，有两个用户连接一台交换机，要求对一台局域网交换机划分 VLAN 和配置接口，从而实现用户之间隔离。

3.2.2 项目规划设计

交换机配置拓扑如图 3-2 所示，设备配置地址见表 3-1。本项目所选交换机设备为一台 S5700，其中 LSW1 为交换机设备，PC1 为用户 1，PC2 为用户 2。

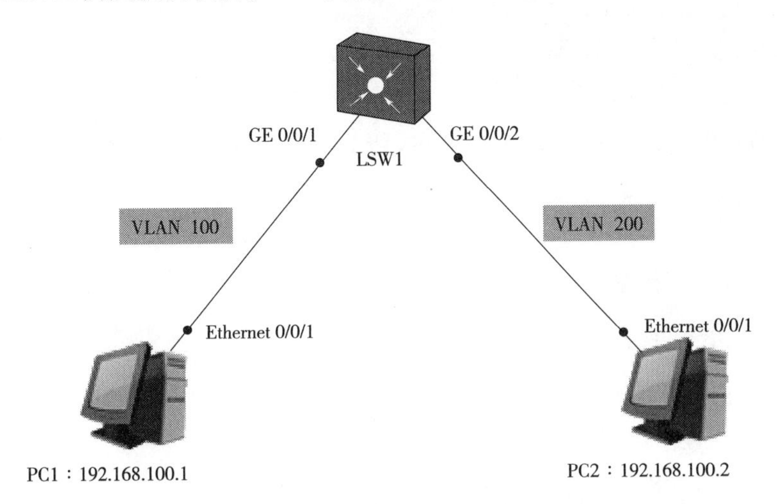

图3-2 交换机接口隔离

表3-1 设备配置地址

设 备	接 口	IP地址	子 网 掩 码
PC1	Ethernet0/0/1	192.168.100.1	255.255.255.0
PC2	Ethernet0/0/1	192.168.100.2	255.255.255.0
LSW1	GE0/0/1和GE0/0/2	×	×

3.2.3 项目实施

1.配置用户设备

按照表 3-1 设置 PC1 和 PC2 的 IP 地址、子网掩码，并验证 PC1 与 PC2 的连通性。在 PC1 命令行窗口运行 ping 192.168.100.2，结果显示 2 台 PC 能够互相通信。

```
PC>ping 192.168.100.2
Ping 192.168.100.2: 32 data bytes, Press Ctrl_C to break
From 192.168.100.2: bytes=32 seq=1 ttl=128 time=47 ms
From 192.168.100.2: bytes=32 seq=2 ttl=128 time=31 ms
From 192.168.100.2: bytes=32 seq=3 ttl=128 time=32 ms
From 192.168.100.2: bytes=32 seq=4 ttl=128 time=47 ms
From 192.168.100.2: bytes=32 seq=5 ttl=128 time=47 ms
--- 192.168.100.2 ping statistics ---
  5 packet(s) transmitted
  5 packet(s) received
  0.00% packet loss
  round-trip min/avg/max=31/40/47 ms

PC>
```

2.配置交换机

①输入 system-view 命令进入系统视图。双击交换机 LSW1，在 <Huawei> 提示符下输入 system-view 命令，进入系统视图模式：

```
<Huawei>system-view
Enter system view, return user view with Ctrl+Z.
[Huawei]
```

②配置交换机的名称。进入系统视图，执行 hostname SwitchA 命令配置交换机名称：

```
[Huawei]sysname SwitchA
[SwitchA]
```

③创建 VLAN 100 和 VLAN 200：

```
[SwitchA]vlan batch 100 200
```

④划分接口。将接口 GE0/0/1 和 GE0/0/2 设置为 Access 接口类型，并分别划分给 VLAN 100、VLAN 200。具体配置步骤如下：

```
[SwitchA]interface GigabitEthernet 0/0/1
[SwitchA-GigabitEthernet0/0/1]port link-type access
[SwitchA-GigabitEthernet0/0/1]port default vlan 100
[SwitchA-GigabitEthernet0/0/1]quit
[SwitchA]interface GigabitEthernet 0/0/2
[SwitchA-GigabitEthernet0/0/2]port link-type access
[SwitchA-GigabitEthernet0/0/2]port default vlan 200
[SwitchA-GigabitEthernet0/0/2]
```

3.验证结果

①查看 VLAN 划分，在系统视图执行如下命令：

```
[SwitchA]display vlan
The total number of vlans is : 3
--------------------------------------------------------------------------------
U: Up;          D: Down;        TG: Tagged;          UT: Untagged;
MP: Vlan-mapping;               ST: Vlan-stacking;
#: ProtocolTransparent-vlan;    *: Management-vlan;
--------------------------------------------------------------------------------
VID  Type    Ports
--------------------------------------------------------------------------------
1    common  UT: GE0/0/3(D)    GE0/0/4(D)    GE0/0/5(D)    GE0/0/6(D)
                 GE0/0/7(D)    GE0/0/8(D)    GE0/0/9(D)    GE0/0/10(D)
                 GE0/0/11(D)   GE0/0/12(D)   GE0/0/13(D)   GE0/0/14(D)
                 GE0/0/15(D)   GE0/0/16(D)   GE0/0/17(D)   GE0/0/18(D)
                 GE0/0/19(D)   GE0/0/20(D)   GE0/0/21(D)   GE0/0/22(D)
                 GE0/0/23(D)   GE0/0/24(D)
100  common  UT: GE0/0/1(U)
200  common  UT: GE0/0/2(U)
VID  Status  Property          MAC-LRN Statistics Description
--------------------------------------------------------------------------------
```

```
1    enable  default          enable        disable       VLAN 0001
100  enable  default          enable        disable       VLAN 0100
200  enable  default          enable        disable       VLAN 0200
```

②验证PC1与PC2的网络互通性，在PC1命令行窗口运行ping 192.168.100.2，结果显示PC1不能ping通PC2，用户隔离成功。

```
PC>ping 192.168.100.2
Ping 192.168.100.2: 32 data bytes, Press Ctrl_C to break
From 192.168.100.1: Destination host unreachable
From 192.168.100.1: Destination host unreachable
From 192.168.100.1: Destination host unreachable
From 192.168.100.1: Destination host unreachable
From 192.168.100.1: Destination host unreachable
--- 192.168.100.2 ping statistics ---
  5 packet(s) transmitted
  0 packet(s) received
  100.00% packet loss
PC>
```

3.3 常见问题与分析

【问题 1】在做交换机接口隔离之前，为什么 PC1 能够 ping 通 PC2？

解析：因为默认情况下，华为交换机的接口都默认加入 VLAN 1，2 台 PC 直接和交换机相连，属于同一个网段，而且 PC1 和 PC2 所在的 IP 地址也属于同一子网，所以它们可以互通。

【问题 2】什么是默认的 VLAN ID？

解析：默认的 VLAN ID，即接口默认虚拟局域网 ID（Port VLAN ID，PVID），表示接口在默认情况下所属的 VLAN。当一个数据帧进入交换机接口时，如果没有带 VLAN 标签，且该接口上配置了 PVID，那么该数据帧就会被标记上接口的 PVID。

3.4 拓展训练

1.训练目的

完成一个跨越多台交换机的 VLAN 内主机通信。要解决这个问题，需要将交换机之间的级联链路配置为 Access 接口类型或 Hybrid 接口类型。

2.训练拓扑

拓扑结构图如图 3-3 所示。

3.训练要求

（1）网络布线

根据拓扑图进行网络布线。

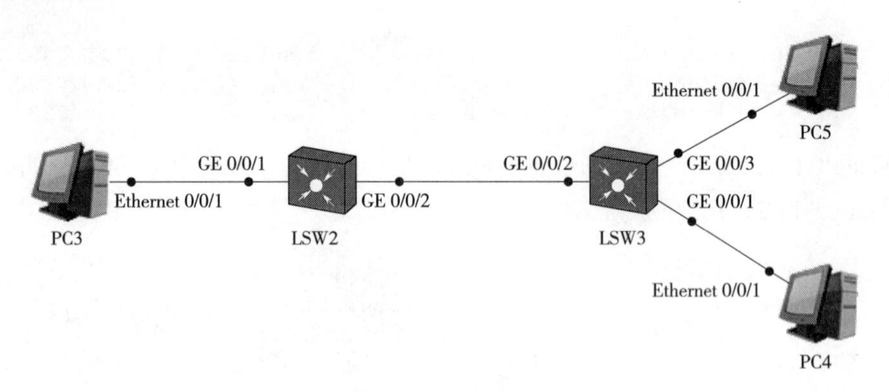

图3-3 拓扑结构图

（2）实验编址

根据网络拓扑图设计网络设备的 IP 编址，填写表 3-2 所示的设备配置地址表。根据需要填写，不需要填写打 ×。

表3-2 设备配置地址表

设 备	接 口	IP地址	子 网 掩 码
PC3	Ethernet 0/0/1		
PC4	Ethernet 0/0/1		
PC5	Ethernet 0/0/1		
LSW2	GE0/0/1		
	GE0/0/2		
LSW3	GE0/0/1		
	GE0/0/2		
	GE0/0/3		

（3）主要步骤

对交换机级联口分别使用 Access 接口类型或 Hybrid 接口类型完成交换机配置。

①搭建训练环境，配置 PC3、PC4、PC5 的 IP 地址、子网掩码，所有 PC 地址都在同网段。

②在交换机 LSW2 上进行相关配置：

- 配置交换机名 LSW2 为 SwitchA_2。
- 在交换机 SwitchA_2 上创建 VLAN 100。
- 将 SwitchA_2 的 GigabitEthernet 0/0/1 接口加入 VLAN 100、GigabitEthernet 0/0/2 接口配置为 Access 接口加入 VLAN 100 或 Hybrid 接口。
- 在交换机 SwitchA_2 上查看 VLAN 配置情况。

③在在交换机 LSW3 上进行相关配置：

- 配置交换机名 LSW3 为 SwitchB_3。
- 在交换机 SwitchB_3 上创建 VLAN 100、VLAN 200。

- 将 SwitchB_3 的 GigabitEthernet 0/0/1 接口加入 VLAN 100、GigabitEthernet 0/0/3 接口加入到 VLAN 200、GigabitEthernet 0/0/2 接口配置为 Access 接口加入 VLAN 100 或 Hybrid 接口。
- 在交换机 SwitchB_3 上查看 VLAN 配置情况。

④测试主机 PC3 与 PC4 之间的连通信。

⑤测试主机 PC3 与 PC5 之间的连通信。

第4章 VLAN内跨越交换机通信

有时属于同一个VLAN的用户主机被连接在不同的交换机上。当VLAN跨越交换机时，就需要交换机间的接口能够同时识别和发送跨越交换机的VLAN报文。这时，需要用到Trunk Link技术。通过本章项目实战，可掌握Trunk的原理与接口类型的配置。

4.1 技术知识

4.1.1 IEEE 802.1q

IEEE 802.1q 协议即虚拟局域网协议，主要规定了 VLAN 的实现方法。IEEE 802.1q 是 VLAN 的正式标准，在传统的以太网数据帧基础上（源 MAC 地址字段和协议类型字段之间）增加 4 字节的 802.1q 标签。其中，数据帧中的 VID（VLAN ID）字段用于标示该数据帧所属的 VLAN，数据帧只能在所属 VLAN 内进行传输。IEEE 802.1q 协议为标识带有 VLAN 成员信息的以太帧建立了一种标准方法。IEEE 802.1q 标准定义了 VLAN 网桥操作，从而允许在桥接局域网结构中实现定义、运行以及管理 VLAN 拓扑结构等操作。

4.1.2 Trunk概述

交换机与交换机之间相连的接口配置技术，是网管人士经常会遇到的常用级联技术，交换机之间互联的接口通常称为 Trunk 接口。Trunk 技术用在交换机之间互联，使不同 VLAN 通过共享链路与其他交换机中的相同 VLAN 通信。Trunk 是基于 OSI 第二层数据链路层（Data Link Layer）的技术。Trunk 类型的接口是交换机上用来和其他交换机连接的接口，它只能连接干道链路，在逻辑上把多条物理链路等同于一条逻辑链路，而又对上层数据透明传输。物理接口的物理参数必须一致且必须保证数据的有序性。

Trunk 技术不能实现不同 VLAN 间通信，如果需要实现不同 VLAN 间通信，则需要通过三层设备（路由 / 三层交换机）来实现。

4.1.3 Trunk接口报文处理

Trunk 接口类型报文处理方式如下：

①接收不带标签的报文：首先加上默认的 VLAN ID。当默认 VLAN ID 在允许通过的

VLAN ID 列表中时，接收该报文。当默认 VLAN ID 不在允许通过的 VLAN ID 列表中时，丢弃该报文。

②接收带标签的报文：当 VLAN ID 在接口允许通过的 VLAN ID 列表中时，接收该报文。当 VLAN ID 不在接口允许通过的 VLAN ID 列表中时，丢弃该报文。

③处理发送帧：当 VLAN ID 与默认 VLAN ID 相同，且是该接口允许通过的 VLAN ID 时，去掉标签，发送该报文。当 VLAN ID 与默认 VLAN ID 不同，且是该接口允许通过的 VLAN ID 时，保持原有标签，发送该报文。

4.1.4　基于Trunk接口划分VLAN

根据接口划分是目前定义 VLAN 的最常用的方法，IEEE 802.1q 协议规定的就是如何根据交换机的接口来划分 VLAN。本节主要介绍交换机 Trunk 接口类型配置，其命令格式如下：

①执行 system-view 命令，进入系统视图。

②执行 vlan *vlan-id* 命令，创建 VLAN 并进入 VLAN 视图。如果 VLAN 已经创建，则直接进入 VLAN 视图。

VLAN ID 的取值范围是 1 ~ 4 094。如果需要批量创建 VLAN，可以先使用命令 vlan batch { *vlan-id1* [to *vlan-id2*] } &<1-10> 批量创建，再使用命令 vlan vlan-id 进入相应的 VLAN 视图。

③执行 quit 命令，返回系统视图。

④执行 interface *interface-type interface-number* 命令，进入需要加入 VLAN 的以太网接口视图。

⑤执行 port link-type trunk 命令，配置二层以太网接口属性。

如果二层以太网接口与另一台交换机设备的接口连接，不一定要使用 Trunk 接口类型，可使用任意类型的端口。

⑥关联接口和 VLAN。执行 port trunk allow-pass vlan { { *vlan-id1* [*to vlan-id2*] } &<1-10> | all } 命令，将接口加入指定的 VLAN 中。

【例 4-1】配置 Trunk 接口类型，将交换机 GigabitEthernet 0/0/24 接口配置为 Trunk 接口类型。具体配置如下：

```
<Huawei>system-view
Enter system view, return user view with Ctrl+Z.
[Huawei]interface GigabitEthernet 0/0/24
[Huawei-GigabitEthernet0/0/24]port link-type trunk        #配置trunk接口类型
[Huawei-GigabitEthernet0/0/24]port trunk allow-pass vlan all
[Huawei-GigabitEthernet0/0/24]
```

4.1.5　Trunk接口恢复VLAN默认配置

所谓默认配置，就是默认情况下所有接口都只加入 VLAN1。如果 Trunk 接口恢复 VLAN 默认配置，要先删除接口下所有 VLAN，再把默认的 VLAN1 加入，然后再删除接口类型配置。Trunk 接口恢复 VLAN 默认配置，在其相应接口视图下执行以下命令：

```
undo port trunk allow-pass vlan all
port trunk allow-pass vlan 1
undo port link-type
```

【例4-2】 交换机已经配置好的接口GigabitEthernet0/0/24为Trunk接口类型，现在要将其恢复为默认状态。具体配置如下：

```
[Huawei] interface GigabitEthernet0/0/24
[Huawei-GigabitEthernet0/0/24]display this
#
interface GigabitEthernet0/0/24
port link-type trunk
port trunk allow-pass vlan 2 to 4094
#
return
[Huawei-GigabitEthernet0/0/24]undo port trunk allow-pass vlan all
[Huawei-GigabitEthernet0/0/24]port trunk allow-pass vlan 1
[Huawei-GigabitEthernet0/0/24]undo port link-type
[Huawei-GigabitEthernet0/0/24]display this
#
interface GigabitEthernet0/0/24
#
return
[Huawei-GigabitEthernet0/0/24]
```

4.2 项目实战

4.2.1 项目背景

某公司内财务部、技术部的用户主机通过两台交换机实现通信，要求财务部和技术部的部门内部主机可以互通，但为了数据安全，技术部和财务部需要互相隔离，现要在交换机上做适当配置来实现这一目的。

本项目中，有四个用户连接两台交换机，要求使用Trunk接口类型技术，使得同一VLAN内用户之间能够跨交换机通信。

项目实战目的：

①理解干道链路的应用场景。

②掌握Trunk接口的配置。

③掌握Trunk接口允许所有VLAN通过的配置方法。

④掌握Trunk接口允许特定VLAN通过的配置方法。

4.2.2 项目规划设计

交换机配置拓扑如图4-1所示，设备配置地址见表4-1。本项目所选交换机设备为2台S5700，4台PC。其中，LSW1、LSW2为交换机设备，PC1、PC2、PC3、PC4为终端用户。

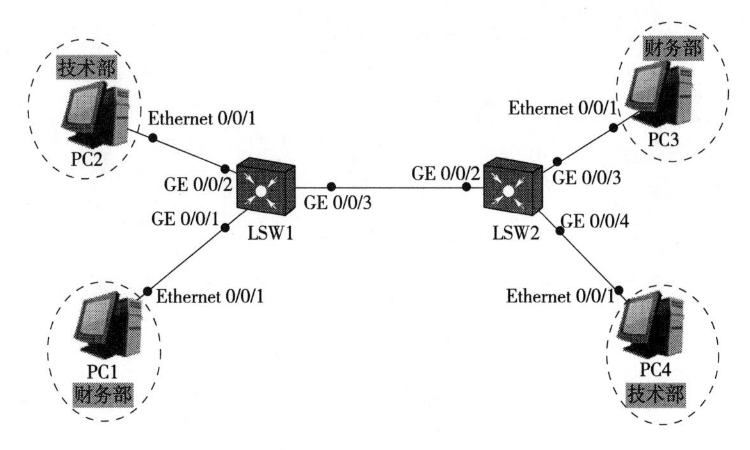

图4-1　交换机配置拓扑

表4-1　设备配置地址

设　备	接　口	IP地址	子 网 掩 码
PC1	Ethernet0/0/1	192.168.100.1	255.255.255.0
PC2	Ethernet0/0/1	192.168.200.1	255.255.255.0
PC3	Ethernet0/0/1	192.168.100.2	255.255.255.0
PC4	Ethernet0/0/1	192.168.200.2	255.255.255.0
LSW1	GE0/0/1、GE0/0/2、GE0/0/3	×	×
LSW2	GE0/0/2、GE0/0/3、GE0/0/4	×	×

4.2.3　项目实施

1.配置用户设备

配置拓扑环境，按照表4-1设置PC1、PC2、PC3、PC4的IP地址、子网掩码。

2.配置交换机LSW1

①进入系统视图，配置交换机的名称：

```
<Huawei>system-view
Enter system view, return user view with Ctrl+Z.
[Huawei]sysname SwitchA
[SwitchA]
```

②创建VLAN 100，为财务部所在的虚拟局域网；创建VLAN 200，为技术部所在的虚拟局域网。

```
[SwitchA]vlan batch 100 200
```

③将接口GE0/0/1和GE0/0/2设置为Access接口类型，并分别划分给VLAN 100、VLAN 200。具体配置步骤如下：

```
[SwitchA]interface GigabitEthernet 0/0/1
[SwitchA-GigabitEthernet0/0/1]port link-type access
[SwitchA-GigabitEthernet0/0/1]port default vlan 100
[SwitchA-GigabitEthernet0/0/1]quit
[SwitchA]interface GigabitEthernet 0/0/2
[SwitchA-GigabitEthernet0/0/2]port link-type access
[SwitchA-GigabitEthernet0/0/2]port default vlan 200
[SwitchA-GigabitEthernet0/0/2]
```

④配置Trunk接口。将接口GE0/0/3设置为Trunk接口类型，可以转发VLAN 100和VLAN 200的报文。

```
[SwitchA-GigabitEthernet0/0/3]port link-type trunk
[SwitchA-GigabitEthernet0/0/3]port trunk allow-pass vlan 100 200
```

⑤验证显示VLAN。

```
[SwitchA]display vlan
The total number of vlans is : 3
--------------------------------------------------------------------------------
U: Up;         D: Down;         TG: Tagged;         UT: Untagged;
MP: Vlan-mapping;               ST: Vlan-stacking;
#: ProtocolTransparent-vlan;    *: Management-vlan;
--------------------------------------------------------------------------------

VID  Type    Ports
--------------------------------------------------------------------------------
1    common  UT: GE0/0/3(U)     GE0/0/4(D)     GE0/0/5(D)     GE0/0/6(D)
                 GE0/0/7(D)     GE0/0/8(D)     GE0/0/9(D)     GE0/0/10(D)

                 GE0/0/11(D)    GE0/0/12(D)    GE0/0/13(D)    GE0/0/14(D)
                 GE0/0/15(D)    GE0/0/16(D)    GE0/0/17(D)    GE0/0/18(D)
                 GE0/0/19(D)    GE0/0/20(D)    GE0/0/21(D)    GE0/0/22(D)
                 GE0/0/23(D)    GE0/0/24(D)

100  common  UT: GE0/0/1(U)

             TG: GE0/0/3(U)

200  common  UT: GE0/0/2(U)

             TG: GE0/0/3(U)


VID  Status  Property         MAC-LRN Statistics Description
--------------------------------------------------------------------------------
1          enable  default          enable  disable    VLAN 0001
100        enable  default          enable  disable    VLAN 0100
200        enable  default          enable  disable    VLAN 0200
[SwitchA]
```

3.配置交换机LSW2

①进入系统视图，配置交换机的名称。

```
<Huawei>system-view
Enter system view, return user view with Ctrl+Z.
[Huawei]sysname SwitchB
[SwitchB]
```

②创建VLAN 100，为财务部所在的虚拟局域网；创建VLAN 200，为技术部所在的虚拟局域网。

```
[SwitchB]vlan batch 100 200
```

③将接口GE0/0/3和GE0/0/4设置为Access接口类型，并分别划分给VLAN 100、VLAN 200。具体配置步骤如下：

```
[SwitchB]interface GigabitEthernet 0/0/3
[SwitchB-GigabitEthernet0/0/3]port link-type access
[SwitchB-GigabitEthernet0/0/3]port default vlan 100
[SwitchB-GigabitEthernet0/0/3]quit
[SwitchB]interface GigabitEthernet 0/0/4
[SwitchB-GigabitEthernet0/0/4]port link-type access
[SwitchB-GigabitEthernet0/0/4]port default vlan 200
[SwitchB-GigabitEthernet0/0/4]
```

④配置Trunk接口。将接口GE0/0/2设置为Trunk接口类型，可以转发VLAN 100和VLAN 200的报文。

```
[SwitchB-GigabitEthernet0/0/2]port link-type trunk
[SwitchB-GigabitEthernet0/0/2]port trunk allow-pass vlan all
```

⑤验证显示VLAN。

```
[SwitchB]display vlan
The total number of vlans is : 3
--------------------------------------------------------------------------
U: Up;           D: Down;              TG: Tagged;          UT: Untagged;
MP: Vlan-mapping;                      ST: Vlan-stacking;
#: ProtocolTransparent-vlan;           *: Management-vlan;
--------------------------------------------------------------------------

VID  Type    Ports
--------------------------------------------------------------------------
1    common  UT: GE0/0/1(D)    GE0/0/2(U)     GE0/0/5(D)     GE0/0/6(D)
                 GE0/0/7(D)    GE0/0/8(D)     GE0/0/9(D)     GE0/0/10(D)
                 GE0/0/11(D)   GE0/0/12(D)    GE0/0/13(D)    GE0/0/14(D)
                 GE0/0/15(D)   GE0/0/16(D)    GE0/0/17(D)    GE0/0/18(D)
                 GE0/0/19(D)   GE0/0/20(D)    GE0/0/21(D)    GE0/0/22(D)
                 GE0/0/23(D)   GE0/0/24(D)

100  common  UT: GE0/0/3(U)

             TG: GE0/0/2(U)

200  common  UT: GE0/0/4(U)

             TG: GE0/0/2(U)
```

```
VID  Status  Property         MAC-LRN Statistics Description
--------------------------------------------------------------------
1         enable   default            enable   disable     VLAN 0001
100       enable   default            enable   disable     VLAN 0100
200       enable   default            enable   disable     VLAN 0200
[SwitchB]
```

4.结果验证

验证PC1与PC3、PC2与PC4跨交换机网络的互通性，在PC1、PC2命令行窗口运行ping命令，结果如下所示，跨交换机的VLAN内通信，PC1 ping通PC3，PC2 ping通PC4。

```
PC>ping 192.168.100.2
Ping 192.168.100.2: 32 data bytes, Press Ctrl_C to break
From 192.168.100.2: bytes=32 seq=1 ttl=128 time=62 ms
From 192.168.100.2: bytes=32 seq=2 ttl=128 time=47 ms
From 192.168.100.2: bytes=32 seq=3 ttl=128 time=47 ms
From 192.168.100.2: bytes=32 seq=4 ttl=128 time=94 ms
From 192.168.100.2: bytes=32 seq=5 ttl=128 time=78 ms
--- 192.168.100.2 ping statistics ---
  5 packet(s) transmitted
  5 packet(s) received
  0.00% packet loss
  round-trip min/avg/max =47/65/94 ms
```

结果显示：PC1与PC3跨交换机同一VLAN内可以相互通信。

```
PC>ping 192.168.200.2
Ping 192.168.200.2: 32 data bytes, Press Ctrl_C to break
From 192.168.200.2: bytes=32 seq=1 ttl=128 time=47 ms
From 192.168.200.2: bytes=32 seq=2 ttl=128 time=63 ms
From 192.168.200.2: bytes=32 seq=3 ttl=128 time=62 ms
From 192.168.200.2: bytes=32 seq=4 ttl=128 time=93 ms
From 192.168.200.2: bytes=32 seq=5 ttl=128 time=78 ms
--- 192.168.200.2 ping statistics ---
  5 packet(s) transmitted
  5 packet(s) received
  0.00% packet loss
  round-trip min/avg/max =47/68/93 ms
```

结果显示：PC2与PC4跨交换机同一VLAN内可以相互通信。

4.3 常见问题与分析

【问题1】2台交换机相连的接口配置了Trunk接口类型，跨交换机不同VLAN之间是否能够通信？

解析：2台交换机相连的接口配置了Trunk接口类型，跨交换机不同VLAN之间是不能够通信的。Trunk接口类型只转发二层VLAN数据帧，如果想要不同VLAN之间相互通信，可以使用三层路由设备。

【问题2】如果一个Trunk接口PVID是10，且接口下配置port trunk allow-pass vlan 5 8，那么哪些VLAN的流量可以通过该Trunk接口进行传输？

解析：执行port trunk allow-pass vlan 5 8命令后，VLAN 10的数据帧不能经过此接口进行传输。VLAN 1的数据默认也可以通过Trunk接口进行传输。所以，VLAN 1、VLAN 5和VLAN 8的数据帧可以经过该Trunk接口进行传输。

4.4　拓展训练

1.训练目的

完成一个跨越多台交换机的VLAN内主机通信。要解决这个问题，需要将交换机之间的级联链路配置为Trunk接口类型。

2.训练拓扑

拓扑结构图如图4-2所示。

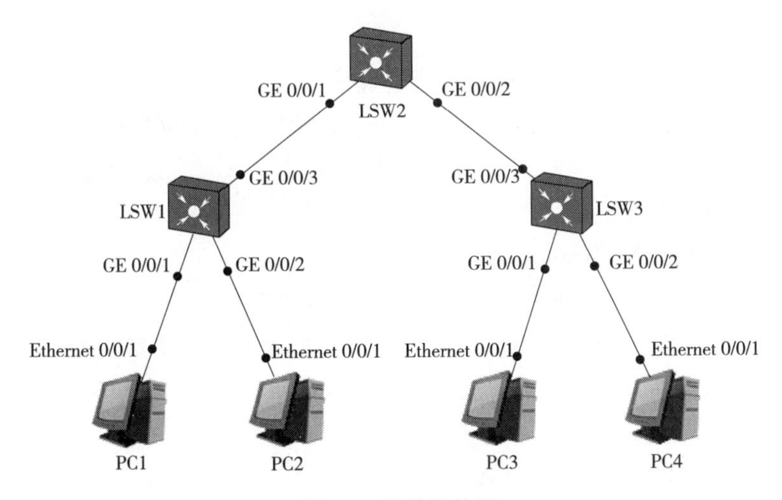

图4-2　拓扑结构图

3.训练要求

（1）网络布线

根据拓扑图进行网络布线。

（2）实验编址

根据网络拓扑图设计网络设备的IP编址，填写表4-2所示的设备配置地址表。根据需要填写，不需要填写打×。

表4-2　设备配置地址表

设　备	接　口	IP地址	子网掩码
PC1	Ethernet 0/0/1		
PC2	Ethernet 0/0/1		
PC3	Ethernet 0/0/1		
PC4	Ethernet 0/0/1		

续表

设　备	接　口	IP地址	子网掩码
LSW1	GE0/0/1		
	GE0/0/2		
	GE0/0/3		
LSW2	GE0/0/1		
	GE0/0/2		
LSW3	GE0/0/1		
	GE0/0/2		
	GE0/0/3		

（3）主要步骤

对交换机级联端口分别使用Trunk接口类型完成配置。

①搭建训练环境，配置PC1、PC2、PC3、PC4的IP地址、子网掩码，所有PC地址都在同网段。

②在交换机LSW1上配置：

- 配置交换机名LSW1为SwitchA_1。
- 在交换机SwitchA_1上创建VLAN 100、VLAN 200。
- 将SwitchA_1的GigabitEthernet 0/0/1接口配置为Access接口类型加入VLAN 100，GigabitEthernet 0/0/2接口配置为Access接口类型加入VLAN 200，GigabitEthernet 0/0/3接口配置为Trunk接口类型。
- 在交换机SwitchA_1上查看VLAN配置情况。

③在交换机LSW2上配置：

- 配置交换机名LSW2为SwitchB_1。
- 在交换机SwitchB_1上创建VLAN 100、VLAN 200。
- 将SwitchB_1的GigabitEthernet 0/0/1、GigabitEthernet 0/0/2接口配置Trunk接口类型。
- 在交换机SwitchB_1上查看VLAN配置情况。

④在交换机LSW3上配置：

- 配置交换机名LSW3为SwitchC_1。
- 在交换机SwitchC_1上创建VLAN 100、VLAN 200。
- 将SwitchC_1的GigabitEthernet 0/0/1接口配置为Access接口类型加入VLAN 100，GigabitEthernet 0/0/2端口配置为Access接口类型加入VLAN 200，GigabitEthernet 0/0/3接口配置为Trunk接口类型。
- 在交换机SwitchA_1上查看VLAN配置情况。

⑤测试主机PC1与PC3之间的通信。

⑥测试主机PC2与PC4之间的通信。

第5章　二层VLAN间通信

某公司由于网络环境特殊，在没有三层路由设备的情况下，需要二层VLAN之间也可以实现不同网段之间相互通信与隔离。在该特定网络环境下，要实现二层VLAN互通，需要网络管理员采用非对称VLAN、Mux VLAN等方法。通过本章项目实战，可掌握Hybrid的原理与接口类型的配置以及Mux VLAN的配置。

5.1　技术知识

5.1.1　Hybrid概述

Hybrid接口既可以连接主机，又可以连接交换机；既可以连接接入链路，又可以连接干道链路。Hybrid接口允许多个VLAN帧通过，并可以在出接口方向将某些VLAN帧的标签剥掉。华为设备默认的接口类型是Hybrid。

通过配置Hybrid接口，能够实现对VLAN标签的灵活控制，既能够实现Access接口的功能，又能够实现Trunk接口的功能。

5.1.2　Hybrid接口报文处理

Hybrid接口类型报文处理方式如下：

①接收不带VLAN标签的报文：首先打上默认的VLAN ID。当默认的VLAN ID在允许通过的VLAN ID列表中时，接收该报文。当默认和VLAN ID不在允许通过的VLAN ID列表中时，丢弃该报文。

②接收带VLAN标签的报文：当VLAN ID在接口允许通过的VLAN ID列表中时，接收该报文。当VLAN ID不在接口允许通过的VLAN ID列表中时，丢弃该报文。

③发送数据帧处理过程：当VLAN ID是该接口允许通过的VLAN ID时，发送该报文。可以通过命令设置发送时是否携带VLAN标签。

5.1.3　Hybrid接口配置

交换机Hybrid接口类型配置的命令格式如下：

①执行system-view命令，进入系统视图。

②执行vlan *vlan-id*命令，创建VLAN并进入VLAN视图。如果已经创建VLAN，则直接进入VLAN视图。

VLAN ID的取值范围是1～4 094。如果需要批量创建VLAN，可以先使用vlan batch { *vlan-id1* [to *vlan-id2*] } &<1-10>命令批量创建，再使用命令vlan vlan-id进入相应的VLAN视图。

③执行quit命令，返回系统视图。

④执行interface *interface-type interface-number*命令，进入需要加入VLAN的以太网接口视图。

⑤执行port link-type hybrid命令，配置二层以太网接口属性。默认情况下，端口属性是Hybrid。

⑥关联Hybrid类型接口和VLAN，则执行以下操作。

选择执行其中一个步骤配置Hybrid接口加入VLAN的方式：

- 执行port hybrid untagged vlan { { *vlan-id1* [to *vlan-id2*] } &<1-10> | all }命令，将Hybrid接口以Untagged方式加入VLAN。

Untagged形式是指接口在发送帧时会将帧中的标签剥掉，适用于二层以太网接口直接与终端连接。

- 执行port hybrid tagged vlan { { *vlan-id1* [to *vlan-id2*] } &<1-10> | all }命令，将Hybrid接口以Tagged方式加入VLAN。

Tagged形式是指接口在发送帧时不将帧中的标签剥掉，适用于二层以太网接口与另一台交换机设备的接口连接。

默认情况下，所有接口加入的VLAN和默认VLAN都是VLAN 1。

【例5-1】配置Hybrid接口类型。在交换机上创建VLAN 100，将交换机GigabitEthernet 0/0/1接口配置为Hybrid接口类型连接接入链路，将交换机GigabitEthernet 0/0/2接口配置为Hybrid接口类型连接干道链路。具体配置如下：

```
<Huawei>system-view
Enter system view, return user view with Ctrl+Z.
[Huawei]vlan 100                    #创建 VLAN 100
[Huawei-vlan100]quit                #退出
[Huawei]interface GigabitEthernet 0/0/1               #进入接口视图
[Huawei-GigabitEthernet0/0/1]port hybrid untagged vlan 100
                                    #配置 VLAN 100 的数据帧在通过该接口时不携带标签
[Huawei-GigabitEthernet0/0/1]quit
[Huawei]interface GigabitEthernet 0/0/2
[Huawei-GigabitEthernet0/0/2]port link-type hybrid
                                                      #配置为 Hybrid 接口类型
[Huawei-GigabitEthernet0/0/2]port hybrid tagged vlan 100
                                    #配置 VLAN 100 的数据帧在通过该接口时携带标签
[Huawei-GigabitEthernet0/0/2]
```

配置验证：

```
<Huawei>display vlan
The total number of vlans is : 2
```

```
--------------------------------------------------------------------------------
U: Up;              D: Down;            TG: Tagged;           UT: Untagged;
MP: Vlan-mapping;                       ST: Vlan-stacking;
#: ProtocolTransparent-vlan;            *: Management-vlan;
--------------------------------------------------------------------------------

VID  Type    Ports
--------------------------------------------------------------------------------
1    common  UT: GE0/0/1(D)   GE0/0/2(D)   GE0/0/3(D)   GE0/0/4(D)
                 GE0/0/5(D)   GE0/0/6(D)   GE0/0/7(D)   GE0/0/8(D)
                 GE0/0/9(D)   GE0/0/10(D)  GE0/0/11(D)  GE0/0/12(D)
                 GE0/0/13(D)  GE0/0/14(D)  GE0/0/15(D)  GE0/0/16(D)
                 GE0/0/17(D)  GE0/0/18(D)  GE0/0/19(D)  GE0/0/20(D)
                 GE0/0/21(D)  GE0/0/22(D)  GE0/0/23(D)  GE0/0/24(D)

100  common  UT: GE0/0/1(D)   #UT 表明该接口发送数据帧时，会剥离 VLAN 标签，即此
                              #端口是一个 Access 接口或不带标签的 Hybrid 接口

             TG: GE0/0/2(D)   #TG 表明该接口在转发对应 VLAN 的数据帧时，不会剥离
                              #标签，直接进行转发，该接口可以是 Trunk 或带标签的
                              #Hybrid 接口

VID  Status  Property         MAC-LRN Statistics Description
--------------------------------------------------------------------------------
1    enable  default          enable  disable    VLAN 0001
100  enable  default          enable  disable    VLAN 0100
<Huawei>
```

5.1.4 Hybrid接口恢复VLAN默认配置

如果Hybrid接口恢复VLAN默认配置，要先删除接口下所有VLAN，然后再把默认的VLAN 1 加入。

二层以太网接口直接与终端连接，Hybrid接口以Untagged方式加入的VLAN，在相应的接口视图下执行如下命令：

```
undo port hybrid pvid vlan
undo port hybrid untagged vlan all
port hybrid untagged vlan 1
```

二层以太网端口与另一台交换机端口连接，Hybrid接口以Tagged方式加入的VLAN，在相应的接口视图下执行如下命令：

```
undo port hybrid vlan all
port hybrid untagged vlan 1
```

【**例5-2**】交换机已经配置好的接口GigabitEthernet0/0/1和 GigabitEthernet0/0/2为Hybrid接口类型，GigabitEthernet0/0/1接口用于连接终端设备，GigabitEthernet0/0/2接口用于接入干道链路，现在要把它们恢复为默认状态。具体配置如下：

```
[Huawei-GigabitEthernet0/0/1]undo port hybrid pvid vlan
[Huawei-GigabitEthernet0/0/1]undo port hybrid untagged vlan all
[Huawei-GigabitEthernet0/0/1]port hybrid untagged vlan 1
```

```
[Huawei-GigabitEthernet0/0/1]interface GigabitEthernet 0/0/2
[Huawei-GigabitEthernet0/0/2]undo port hybrid vlan all
[Huawei-GigabitEthernet0/0/2]port hybrid untagged vlan 1
```

5.1.5 Mux VIAN简介

MUX VLAN（Multiplex VLAN）提供了一种通过 VLAN进行网络资源控制的机制。例如，在企业网络中，企业办公区和职工宿舍区可以访问企业的服务器。对于企业来说，希望企业办公区内部员工之间可以互相交流，而企业职工宿舍区之间是隔离的，不能够互相访问。为了实现所有用户都可访问企业服务器，可通过配置 VLAN 间通信实现。如果企业规模很大，拥有大量的用户，就要为不能互相访问的用户都分配 VLAN，这不但需要耗费大量的 VLAN ID，而且增加了网络管理者的工作量，同时也增加了维护量。通过 MUX VLAN 提供的二层流量隔离的机制可以实现企业内部员工之间互相交流，而企业宿舍区之间是隔离的。

MUX VLAN分为Principal VLAN 和 Subordinate VLAN，Subordinate VLAN 又分为 Separate VLAN和 Group VLAN，见表5-1。

表5-1 MUX VLAN 划分表

MUX VLAN	VLAN 类型	所属接口	通信权限
Principal VLAN（主VLAN）	—	Principal port	Principal port可以和MUX VLAN内的所有接口进行通信
Subordinate VLAN（从VLAN）	Separate VLAN（隔离型）	Separate port	Separate port只能和Principal port进行通信，和其他类型的接口实现完全隔离。每个Separate VLAN必须绑定一个Principal VLAN
	Group VLAN（互通型）	Group port	Group port 可以和 Principal port 进行通信，在同一组内的接口也可互相通信，但不能和其他组接口或 Separate port通信。每个Group VLAN必须绑定一个Principal VLAN

5.1.6 Mux VLAN配置

配置Mux VLAN中主从型VLAN，其命令格式如下：

①执行system-view命令，进入系统视图。

②执行vlan batch *vlan-id1 vlan-id2 vlan-id3*命令，创建主从VLAN。

③执行vlan *vlan-id1*命令，进入VLAN视图。

④执行mux-vlan命令，配置主VLAN。

⑤执行subordinate group *vlan-id2*命令，配置vlan-id2为互通型从VLAN。

⑥执行subordinate separate *vlan-id3*命令，配置vlan-id3为隔离型从VLAN。

⑦执行quit命令，退出VLAN视图。

⑧执行interface *interface-type interface-number*命令，进入需要加入VLAN的以太网接口视图。

⑨执行port link-type access命令，配置接口类型为Access。

⑩执行port default vlan {*vlan-id1*| *vlan-id2*| *vlan-id3*}命令，将接口加入VLAN。

⑪执行port mux-vlan enable命令，开启接口的Mux-VLAN功能。

⑫反复执行第⑧~⑪节，直到主从型接口划分完成为止。

5.2 项目实战

5.2.1 项目背景

背景一：某公司有技术部和市场部2个部门。要求技术部和市场部之间不能互相访问，但他们都可以访问公司服务器。为了能够实现这两个部门之间隔离，并又都能与公司服务器之间进行二层通信，公司网络规划采取了非对称VLAN的接口隔离、通信。

该项目需要2台PC、1台服务器和2台交换机，要求使用Hybrid接口类型技术，实现技术部（PC1）、市场部（PC2）与服务器之间可以通信，而技术部与市场部之间不能够相互通信。

背景二：某小型公司园区内部有2个网络区域：办公区和宿舍区，办公区的员工之间可以互相访问，职工宿舍区的住户之间不能互相访问，同时这2个区域内所有用户都可以访问公司园区服务器。对交换机做适当配置，采用Mux VLAN技术将公司园区服务器所在的网络加入主VLAN，办公区网络加入互通型从VLAN，宿舍区网络加入隔离型从VLAN。

需要4台PC、1台服务器和1台交换机，要求使用Mux VLAN技术，实现办公区与服务器之间可以通信、宿舍区与服务器之间可以通信、办公区内部相互通信、宿舍区内部不能够相互通信。

项目实战目的：

①理解Hybrid接口的应用场景。

②理解Hybrid接口处理Tagged数据帧的过程。

③理解Hybrid接口处理Untagged数据帧的过程。

④掌握配置Hybrid接口的方法。

5.2.2 项目规划设计

案例一：基于非对称VLAN模型项目规划设计：配置拓扑如图5-1所示，设备配置地址见表5-2。本案例所选交换机设备为2台S3700，2台PC，1台服务器。其中，LSW4、LSW5为交换机设备，PC1代表技术部，PC2代表市场部，Server为服务器。

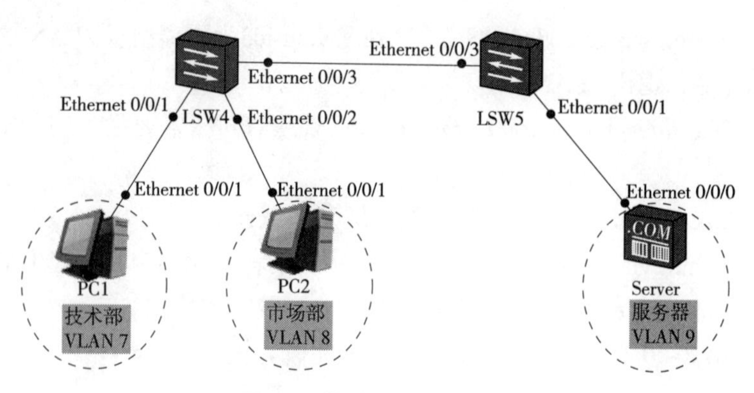

图5-1 非对称VLAN拓扑图

表5-2 设备配置地址

设 备	接 口	IP地址	子网掩码
PC1	Ethernet0/0/1	192.168.70.7	255.255.255.0
PC2	Ethernet0/0/1	192.168.70.8	255.255.255.0
Server	Ethernet0/0/0	192.168.70.9	255.255.255.0
LSW4	E0/0/1、E0/0/2、E0/0/3	×	×
LSW5	E0/0/1、E0/0/3	×	×

案例二：基于Mux VLAN项目规划设计：配置拓扑如图5-2所示，设备配置地址见表5-3。本案例所选交换机设备为1台S3700，4台PC，1台服务器。其中：LSW3为交换机设备，PC3、PC4为技术部用户，PC5、PC6为市场部用户，Server2为服务器。

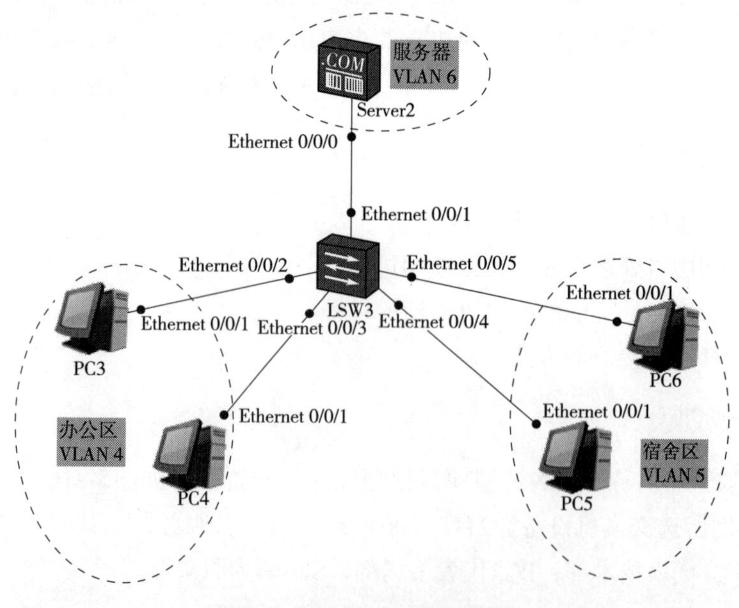

图5-2 基于Mux VLAN拓扑图

表5-3　设备配置地址

设　备	接　口	IP地址	子网掩码
PC3	Ethernet0/0/1	192.168.40.5	255.255.255.0
PC4	Ethernet0/0/1	192.168.40.6	255.255.255.0
PC5	Ethernet0/0/1	192.168.40.7	255.255.255.0
PC6	Ethernet0/0/1	192.168.40.8	255.255.255.0
Server2	Ethernet0/0/0	192.168.40.9	255.255.255.0
LSW3	E0/0/1--E0/0/5	×	×

5.2.3　项目实施

1.基于非对称VLAN模型的接口隔离技术的实现

（1）配置用户设备

根据图5-1搭建拓扑环境，按照表5-2设置PC1、PC2、Server的IP地址、子网掩码。

（2）配置LSW4

```
[LSW4]vlan batch 7 to 9                              # 创建VLAN 7、VLAN 8、VLAN 9
[LSW4]interface Ethernet 0/0/1                       # 进入接口视图
[LSW4-Ethernet0/0/1]port link-type hybrid                   # 配置接口类型为Hybrid
[LSW4-Ethernet0/0/1]port hybrid pvid vlan 7                 # 配置接口e0/0/1，PVID为7
[LSW4-Ethernet0/0/1]port hybrid untagged vlan 7 9   # 允许VLAN 7、VLAN 9的数
                                                    # 据帧以untagged方式通过
[LSW4-Ethernet0/0/1]interface Ethernet 0/0/2        # 进入接口视图
[LSW4-Ethernet0/0/2]port link-type hybrid           # 配置接口类型为Hybrid
[LSW4-Ethernet0/0/2]port hybrid pvid vlan 8         # 配置接口e0/0/2，PVID为8
[LSW4-Ethernet0/0/2]port hybrid untagged vlan 8 9   # 允许VLAN 8、VLAN 9的数据
                                                      帧以untagged方式通过
[LSW4-Ethernet0/0/2]interface Ethernet 0/0/3        # 进入接口视图
[LSW4-Ethernet0/0/3]port link-type hybrid           # 配置接口类型为Hybrid
[LSW4-Ethernet0/0/3]port hybrid tagged vlan 7 to 9  # 允许VLAN 7、VLAN 8、VLAN 9
                                                      的数据帧以tagged方式通过
```

（3）配置LSW5

```
[LSW5]vlan batch 7 to 9                              # 创建VLAN 7、VLAN 8、VLAN 9
[LSW5]interface Ethernet 0/0/1                       # 进入接口视图
[LSW5-Ethernet0/0/1]port link-type hybrid                   # 配置接口类型为Hybrid
[LSW5-Ethernet0/0/1]port hybrid pvid vlan 9                 # 配置接口e0/0/1 PVID为9
[LSW5-Ethernet0/0/1]port hybrid untagged vlan 7 to 9
[LSW5-Ethernet0/0/1]interface Ethernet 0/0/3                # 进入接口视图
[LSW5-Ethernet0/0/3]port link-type hybrid                   # 配置接口类型为Hybrid
[LSW5-Ethernet0/0/3]port hybrid tagged vlan 7 to 9
                        # 允许VLAN 7、VLAN 8、VLAN 9的数据帧以tagged方式通过
```

（4）结果验证

配置成功后，在PC1命令行窗口ping服务器Server。

```
PC>ping 192.168.70.9
Ping 192.168.70.9: 32 data bytes, Press Ctrl_C to break
From 192.168.70.9: bytes=32 seq=1 ttl=255 time=32 ms
From 192.168.70.9: bytes=32 seq=2 ttl=255 time=62 ms
From 192.168.70.9: bytes=32 seq=3 ttl=255 time=62 ms
From 192.168.70.9: bytes=32 seq=4 ttl=255 time=46 ms
From 192.168.70.9: bytes=32 seq=5 ttl=255 time=47 ms
--- 192.168.70.9 ping statistics ---
  5 packet(s) transmitted
  5 packet(s) received
  0.00% packet loss
  round-trip min/avg/max =32/49/62 ms
PC>
```

通过测试，技术部PC1与公司服务器之间可以相互通信。

在PC2命令行窗口ping服务器Server。

```
PC>ping 192.168.70.9
Ping 192.168.70.9: 32 data bytes, Press Ctrl_C to break
From 192.168.70.9: bytes=32 seq=1 ttl=255 time=47 ms
From 192.168.70.9: bytes=32 seq=2 ttl=255 time=62 ms
From 192.168.70.9: bytes=32 seq=3 ttl=255 time=62 ms
From 192.168.70.9: bytes=32 seq=4 ttl=255 time=62 ms
From 192.168.70.9: bytes=32 seq=5 ttl=255 time=63 ms
--- 192.168.70.9 ping statistics ---
  5 packet(s) transmitted
  5 packet(s) received
  0.00% packet loss
  round-trip min/avg/max =47/59/63 ms
PC>
```

通过测试，市场部PC2与公司服务器之间可以相互通信。

验证PC1与PC2之间的连通性。

```
PC>ping 192.168.70.8
Ping 192.168.70.8: 32 data bytes, Press Ctrl_C to break
From 192.168.70.7: Destination host unreachable
From 192.168.70.7: Destination host unreachable
From 192.168.70.7: Destination host unreachable
From 192.168.70.7: Destination host unreachable
From 192.168.70.7: Destination host unreachable
--- 192.168.70.8 ping statistics ---
  5 packet(s) transmitted
  0 packet(s) received
  100.00% packet loss
```

通过测试，技术部PC1与市场部PC2之间不能通信。

2.基于Mux VLAN接口隔离与通信

（1）配置用户设备

根据图5-2搭建拓扑环境，按照表5-3设置PC3、PC4、PC5、PC6、Server2的IP地址、子网掩码。

（2）配置交换机LSW3

①配置Mux VLAN：

```
[LSW3]vlan batch 4 to 6                # 创建 VLAN 4、VLAN 5、VLAN 6
[LSW3]vlan 6                           # 进入 VLAN 管理视图
[LSW3-vlan6]mux-vlan                   # 配置主 VLAN
[LSW3-vlan6]subordinate group 4        # 配置 VLAN 4 为互通型从 VLAN
[LSW3-vlan6]subordinate separate 5     # 配置 VLAN 5 为隔离型从 VLAN
```

②配置交换机LSW3的VLAN：

```
[LSW3]interface Ethernet 0/0/2                      # 进入接口视图
[LSW3-Ethernet0/0/2]port link-type access           # 配置接口类型为 Access
[LSW3-Ethernet0/0/2]port default vlan 4             # 将接口加入 VLAN 4
[LSW3-Ethernet0/0/2]port mux-vlan enable            # 开启接口的 Mux VLAN 功能
[LSW3-Ethernet0/0/2]interface Ethernet 0/0/3        # 仿真软件 eNSP 支持此方式进入接口视图
[LSW3-Ethernet0/0/3]port link-type access           # 配置接口类型为 Access
[LSW3-Ethernet0/0/3]port default vlan 4             # 将接口加入 VLAN 4
[LSW3-Ethernet0/0/3]port mux-vlan enable            # 开启接口的 Mux VLAN 功能
[LSW3-Ethernet0/0/3]interface Ethernet 0/0/4          # 进入接口视图
[LSW3-Ethernet0/0/4]port link-type access           # 配置接口类型为 Access
[LSW3-Ethernet0/0/4]port default vlan 5             # 将接口加入 VLAN 5
[LSW3-Ethernet0/0/4]port mux-vlan enable            # 开启接口的 Mux VLAN 功能
[LSW3-Ethernet0/0/4]interface Ethernet 0/0/5          # 进入接口视图
[LSW3-Ethernet0/0/5]port link-type access           # 配置接口类型为 Access
[LSW3-Ethernet0/0/5]port default vlan 5             # 将接口加入 VLAN 5
[LSW3-Ethernet0/0/5]port mux-vlan enable            # 开启接口的 Mux VLAN 功能
[LSW3-Ethernet0/0/5]interface Ethernet 0/0/1          # 进入接口视图
[LSW3-Ethernet0/0/1]port link-type access           # 配置接口类型为 Access
[LSW3-Ethernet0/0/1]port default vlan 6             # 将接口加入 VLAN 6
[LSW3-Ethernet0/0/1]port mux-vlan enable            # 开启接口的 Mux VLAN 功能
```

（3）结果验证

配置完成后，在PC3上验证与PC4、PC5、Server2的连通性。

```
PC>ping 192.168.40.6
Ping 192.168.40.6: 32 data bytes, Press Ctrl_C to break
From 192.168.40.6: bytes=32 seq=1 ttl=128 time=31 ms
From 192.168.40.6: bytes=32 seq=2 ttl=128 time=31 ms
From 192.168.40.6: bytes=32 seq=3 ttl=128 time=15 ms
From 192.168.40.6: bytes=32 seq=4 ttl=128 time=31 ms
From 192.168.40.6: bytes=32 seq=5 ttl=128 time=32 ms
--- 192.168.40.6 ping statistics ---
  5 packet(s) transmitted
  5 packet(s) received
  0.00% packet loss
  round-trip min/avg/max=15/28/32 ms
PC>ping 192.168.40.7
Ping 192.168.40.7: 32 data bytes, Press Ctrl_C to break
From 192.168.40.5: Destination host unreachable
From 192.168.40.5: Destination host unreachable
From 192.168.40.5: Destination host unreachable
From 192.168.40.5: Destination host unreachable
From 192.168.40.5: Destination host unreachable
--- 192.168.40.7 ping statistics ---
  5 packet(s) transmitted
```

```
    0 packet(s) received
    100.00% packet loss
  PC>ping 192.168.40.9
  Ping 192.168.40.9: 32 data bytes, Press Ctrl_C to break
  From 192.168.40.9: bytes=32 seq=1 ttl=255 time=16 ms
  From 192.168.40.9: bytes=32 seq=2 ttl=255 time<1 ms
  From 192.168.40.9: bytes=32 seq=3 ttl=255 time=16 ms
  From 192.168.40.9: bytes=32 seq=4 ttl=255 time=16 ms
  From 192.168.40.9: bytes=32 seq=5 ttl=255 time=16 ms
  --- 192.168.40.9 ping statistics ---
    5 packet(s) transmitted
    5 packet(s) received
    0.00% packet loss
    round-trip min/avg/max =0/12/16 ms
  PC>
```

通过测试，由于办公区网络使用了互通型从VLAN技术，PC3与PC 4、Server2可以相互通信，PC3与PC5不能通信。即办公区内部可以相互通信，办公区与服务器也可以通信，而办公区与宿舍区不能相互通信。

在PC5上验证与PC6、Server2的连通性。

```
  PC>ping 192.168.40.8
  Ping 192.168.40.8: 32 data bytes, Press Ctrl_C to break
  From 192.168.40.7: Destination host unreachable
  From 192.168.40.7: Destination host unreachable
  From 192.168.40.7: Destination host unreachable
  From 192.168.40.7: Destination host unreachable
  From 192.168.40.7: Destination host unreachable
  --- 192.168.40.8 ping statistics ---
    5 packet(s) transmitted
    0 packet(s) received
    100.00% packet loss
  PC>ping 192.168.40.9
  Ping 192.168.40.9: 32 data bytes, Press Ctrl_C to break
  From 192.168.40.9: bytes=32 seq=1 ttl=255 time=16 ms
  From 192.168.40.9: bytes=32 seq=2 ttl=255 time=16 ms
  From 192.168.40.9: bytes=32 seq=3 ttl=255 time=32 ms
  From 192.168.40.9: bytes=32 seq=4 ttl=255 time=16 ms
  From 192.168.40.9: bytes=32 seq=5 ttl=255 time=16 ms
  --- 192.168.40.9 ping statistics ---
    5 packet(s) transmitted
    5 packet(s) received
    0.00% packet loss
    round-trip min/avg/max =16/19/32 ms
  PC>
```

通过测试，由于宿舍区网络使用了隔离型从VLAN技术，PC5与PC6不能相互通信，PC5与Server2可以相互通信。即宿舍区内部不可以相互通信，而宿舍区与服务器可以通信。

5.3 常见问题与分析

【问题1】Trunk接口可以连接交换机设备，Access接口可以连接终端设备，Hybrid接口既可以连接交换机设备又可以连接终端设备，比较Hybrid接口与Trunk接口、Access接口之间有何区别。

解析：Trunk类型的接口属于多个VLAN，一般用于交换机与交换机相连的接口；Access类型的接口只能属于一个VLAN，一般用于连接计算机的接口；Hybrid类型的接口可用于交换机之间连接，也可用于连接用户的计算机。Hybrid接口和Trunk接口在接收数据时，处理方法是一样的。唯一不同之处在于：发送数据时，Hybrid接口允许多个VLAN的报文发送时不打标签，而Trunk接口只允许默认VLAN的报文发送时不打标签。

交换机接口出入数据处理过程：

①Access接口收报文：收到一个报文，判断是否有VLAN信息。如果没有，则打上接口的PVID，并进行交换转发；如果有，则直接丢弃。

②Access接口发报文：将报文的VLAN信息剥离，直接发送出去。

③Hybrid接口收报文：收到一个报文，判断是否有VLAN信息。如果没有，则打上接口的PVID，并进行交换转发；如果有，则判断该Hybrid接口是否允许该VLAN的数据进入，如果允许进入则转发，否则丢弃。

④Hybrid接口发报文：判断该VLAN在本接口的属性（display vlan 即可看到接口对应的哪些VLAN是untag，哪些VLAN是tag）；如果是untag则剥离VLAN信息，再发送；如果是tag则直接发送。

【问题2】在配置交换机VLAN后，配置验证使用display vlan时，根据显示结果判断交换机某一接口采取何种接口类型配置。

解析：配置验证使用display vlan命令显示结果。其中，UT表明该接口发送数据帧时会剥离VLAN标签，即此接口是一个Access接口或不带标签的Hybrid接口；TG表明该接口在转发对应VLAN的数据帧时，不会剥离标签，直接进行转发。该接口可以是Trunk接口或带标签的Hybrid接口。例如：

```
<Huawei>display vlan
The total number of vlans is : 2
--------------------------------------------------------------------------------
U: Up;          D: Down;          TG: Tagged;           UT: Untagged;
MP: Vlan-mapping;                 ST: Vlan-stacking;
#: ProtocolTransparent-vlan;      *: Management-vlan;
--------------------------------------------------------------------------------
VID  Type    Ports
--------------------------------------------------------------------------------
1    common  UT: GE0/0/1(D)   GE0/0/2(D)    GE0/0/3(D)    GE0/0/4(D)
                 GE0/0/5(D)   GE0/0/6(D)    GE0/0/7(D)    GE0/0/8(D)
                 GE0/0/9(D)   GE0/0/10(D)   GE0/0/11(D)   GE0/0/12(D)
                 GE0/0/13(D)  GE0/0/14(D)   GE0/0/15(D)   GE0/0/16(D)
                 GE0/0/17(D)  GE0/0/18(D)   GE0/0/19(D)   GE0/0/20(D)
                 GE0/0/21(D)  GE0/0/22(D)   GE0/0/23(D)   GE0/0/24(D)
100   common  UT: GE0/0/1(D)
              TG: GE0/0/2(D)
```

从上面的显示结果可以判断出交换机GE0/0/1配置接口的类型为Access接口或不带标签的Hybrid接口，GE0/0/2配置的接口类型为Trunk或带标签的Hybrid接口。

5.4 拓展训练

1.训练目的

完成一个跨越多台交换机（交换机设备为S5700）的二层VLAN间主机通信，实现PC1、PC2既能与PC3通信，又能与PC4通信，但PC1、PC2之间不能通信。要解决这个问题，需要将交换机相关端口配置为Hybrid接口类型。

2.训练拓扑

拓扑结构图如图5-3所示。

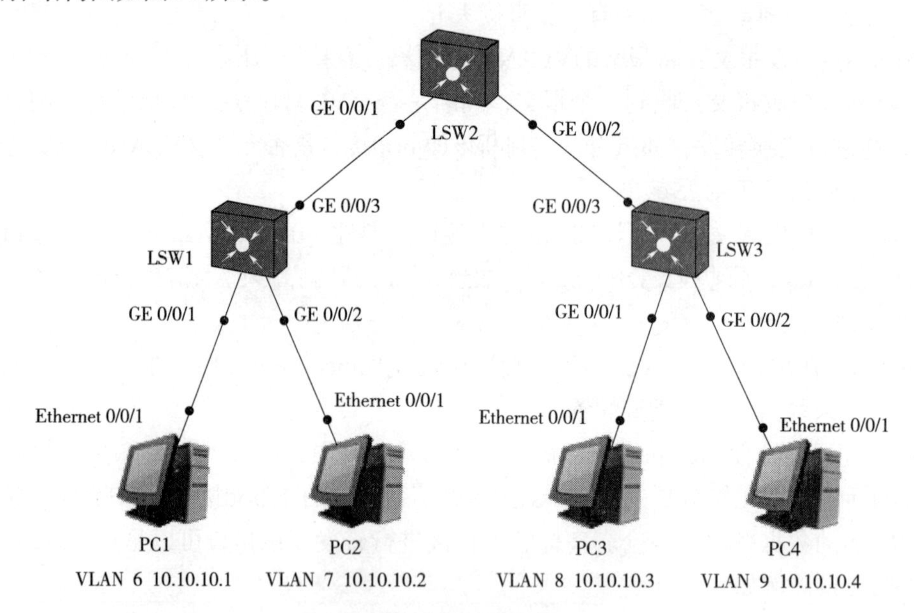

图5-3 拓扑结构图

3.训练要求

（1）网络布线

根据拓扑图进行网络布线。

（2）实验编址

根据网络拓扑图设计网络设备的IP编址，填写表5-4所示的设备配置地址表。根据需要填写，不需要填写打×。

表5-4 设备配置地址表

设　备	接　口	IP地址	子网掩码
PC1	Ethernet 0/0/1		
PC2	Ethernet 0/0/1		
PC3	Ethernet 0/0/1		
PC4	Ethernet 0/0/1		

续表

设　备	接　口	IP地址	子网掩码
LSW1	GE0/0/1		
	GE0/0/2		
	GE0/0/3		
LSW2	GE0/0/1		
	GE0/0/2		
LSW3	GE0/0/1		
	GE0/0/2		
	GE0/0/3		

（3）主要步骤

对交换机接口分别使用Hybrid接口类型完成配置。

①搭建训练环境，配置PC1、PC2、PC3、PC4的IP地址、子网掩码，所有PC地址都在同网段。

②在交换机LSW1上配置：

- 配置交换机名LSW1为SwitchA_1。
- 在交换机SwitchA_1上创建VLAN 6、VLAN 7、VLAN 8、VLAN 9。
- 将SwitchA_1的GigabitEthernet 0/0/1接口配置为Hybrid接口类型加入VLAN 6，GigabitEthernet 0/0/2接口配置为Hybrid接口类型加入到VLAN 7，GigabitEthernet 0/0/3接口配置为Hybrid接口类型。

```
interface GigabitEthernet0/0/1
port hybrid pvid vlan 6
port hybrid untagged vlan 6 8 to 9
#
interface GigabitEthernet0/0/2
port hybrid pvid vlan 7
port hybrid untagged vlan 7 to 9
#
interface GigabitEthernet0/0/3
 port hybrid tagged vlan 6 to 9
```

- 在交换机SwitchA_1上查看VLAN配置情况。

③在交换机LSW2上配置：

- 配置交换机名LSW2为SwitchB_1。
- 在交换机SwitchB_1上创建VLAN 6、VLAN 7、VLAN 8、VLAN 9。
- 将SwitchB_1的GigabitEthernet 0/0/1、GigabitEthernet 0/0/2接口配置Hybrid接口类型。
- 在交换机SwitchB_1上查看VLAN配置情况。

```
#
interface GigabitEthernet0/0/1
port hybrid tagged vlan 6 to 9
#
interface GigabitEthernet0/0/2
port hybrid tagged vlan 6 to 9
#
```

④在交换机LSW3上配置：

- 配置交换机名LSW3为SwitchC_1。
- 在交换机SwitchC_1上创建VLAN 6、VLAN 7、VLAN 8、VLAN 9。
- 将SwitchC_1的GigabitEthernet 0/0/1接口配置为Hybrid接口类型加入VLAN 8，GigabitEthernet 0/0/2接口配置为Hybrid接口类型加入VLAN 9，GigabitEthernet 0/0/3接口配置为Hybrid接口类型。
- 在交换机SwitchC_1上查看VLAN配置情况。

```
#
interface GigabitEthernet0/0/1
port hybrid pvid vlan 8
port hybrid untagged vlan 6 to 8
#
interface GigabitEthernet0/0/2
port hybrid pvid vlan 9
port hybrid untagged vlan 6 to 7 9
#
interface GigabitEthernet0/0/3
port hybrid tagged vlan 6 to 9
#
```

⑤测试主机PC1、PC2与PC3之间的通信。

⑥测试主机PC1、PC2与PC4之间的通信。

⑦测试主机PC1与PC2之间的通信。

第6章　三层VLAN间路由

由于VLAN隔离了二层广播域，也间接隔离了各个VLAN之间的其他二层流量交换，这样导致属于不同VLAN之间的用户不能进行二层的通信，只能经过三层的路由转发才能将报文从一个VLAN转发到另外一个VLAN。

6.1　技术知识

一个VLAN就是一个广播域，就是一个局域网。在一个交换机中划分VLAN后，不仅隔离了广播域，同时也阻止了不同VLAN之间的通信。如果要实现不同VLAN间的通信，就要借助三层设备。VLAN间的通信问题实质就是VLAN间的路由问题。VLAN间路由的方法主要有3种：

①通过路由器上多个接口实现。

②通过路由器上一个接口即单臂路由实现。

③通过三层交换实现。

6.1.1　通过路由器上多个接口实现

将交换机上用于和路由器互联的每个接口设为访问链接，然后分别用网线与路由器上的独立接口互联。如图6-1所示，交换机上有2个VLAN，那么就需要在交换机上预留2个接口用于与路由器互联；路由器上同样需要有2个接口；两者间用2条网线分别连接。如果采用这个办法，不难想象它的扩展性很成问题。每增加一个新的VLAN，都需要消耗路由器的接口和交换机上的访问链接，而且还需要重新布设一条网线。而路由器，通常不会带有太多的LAN接口。新建VLAN时，为了对应增加的VLAN所需的接口，就必须将路由器升级成带有多个LAN接口的高端产品。这部分成本以及重新布线所带来的开销，使得这种接线法不受欢迎。

6.1.2　通过单臂路由实现

通过路由器上一个接口即单臂路由实现，不论VLAN数目多少，都只用一条网线连接路由器与交换机。当使用一条网线连接路由器与交换机进行VLAN间路由时，需要用到汇聚链接。采用这种方法，即使之后在交换机上新建VLAN，仍只需要一条网线连接交换机和路由

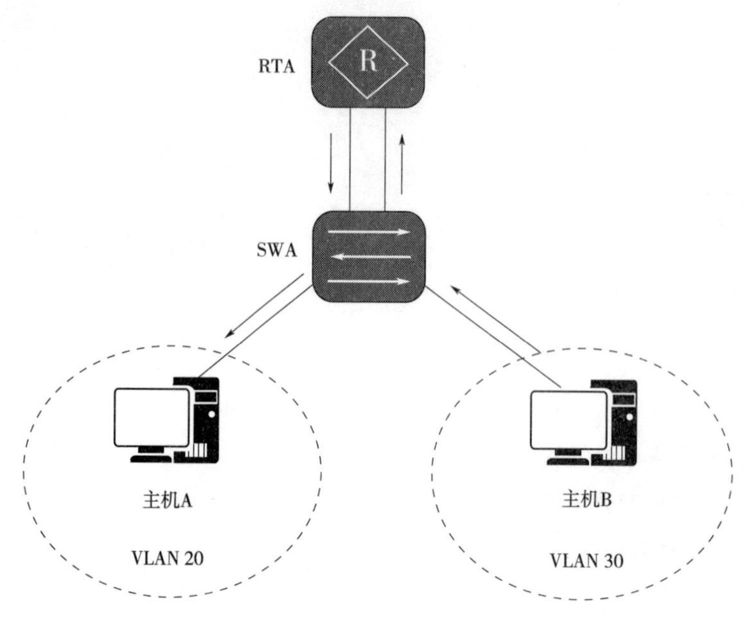

图6-1　多臂路由

器。用户只需要在路由器上新设一个对应新VLAN的子接口即可。与前面的方法相比，扩展性要强得多，也不用担心需要升级VLAN接口数目不足的路由器或者重新布线。

进行VLAN间通信时，即使通信双方都连接在同一台交换机上，也必须经过：

"发送方—交换机—路由器—交换机—接收方"这样一个流程。

其命令格式如下：

①执行system-view命令，进入系统视图。

②用**interface** interface-type *interface-number.sub-interface number*命令创建子接口。sub-interface number代表物理接口内的逻辑接口通道。

③用**dot1q termination** *vlanid*命令来配置子接口dot1q封装的单层vid（VLAN ID）。默认情况下，子接口没有配置dot1q封装的单层VLAN ID。本命令执行成功后，终结子接口对报文的处理如下：接收报文时，剥掉报文中携带的标签后进行三层转发。转发出去的报文是否带Tag由出接口决定。发送报文时，将相应的VLAN信息添加到报文中再发送。

④用**arp broadcast enable**命令用来使能终结子接口的ARP广播功能。默认情况下，终结子接口没有使能ARP广播功能。终结子接口不能转发广播报文，在收到广播报文后它们直接把该报文丢弃。为了允许终结子接口能转发广播报文，可以通过在子接口上执行此命令。

【**例6-1**】如图6-2所示，配置单臂路由实现不同VLAN间通信。

```
[RTA]interface GigabitEthernet0/0/1.20
[RTA-GigabitEthernet0/0/1.20]dot1q termination vid 20
[RTA-GigabitEthernet0/0/1.20]ip address 192.168.2.254 24
[RTA-GigabitEthernet0/0/1.20]arp broadcast enable
[RTA]interface GigabitEthernet0/0/1.30
[RTA-GigabitEthernet0/0/1.30]dot1q termination vid 30
[RTA-GigabitEthernet0/0/1.30]ip address 192.168.3.254 24
[RTA-GigabitEthernet0/0/1.30]arp broadcast enable
```

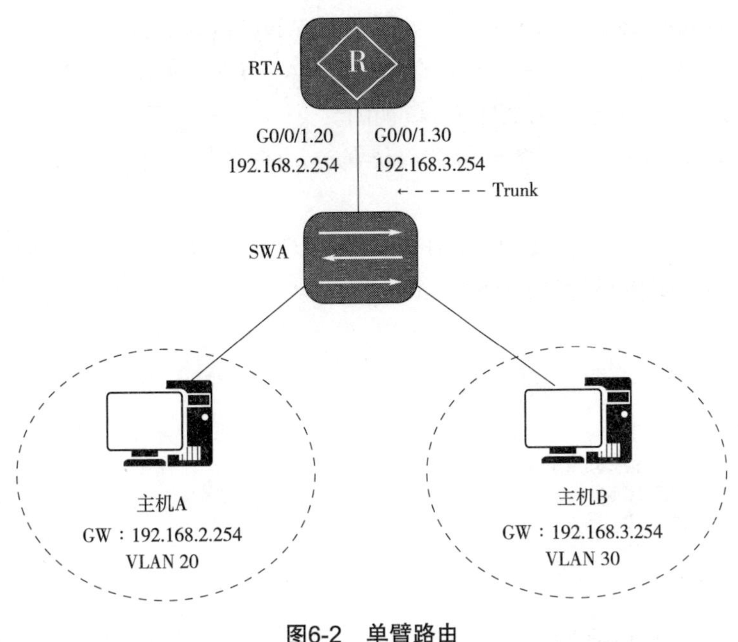

图6-2　单臂路由

6.1.3　三层交换机实现VLAN间路由

用路由器进行VLAN间路由，随着VLAN之间流量的不断增加，很可能导致整个网络出现瓶颈的故障。为了解决单点故障，三层交换机应运而生。

三层交换技术是将路由技术与二层交换技术合二为一的技术，在交换机内部实现了路由，提高了网络的整体性能。三层交换机通过路由表传输第一个数据流后，会产生一个MAC地址与IP地址的映射表。当同样的数据流再次通过时，将根据此表直接从二层通过而不是通过三层。为了保证第一次数据流通过路由表正常转发，路由表中必须有正确的路由表项。因此必须在三层交换机上部署VLANIF接口并部署路由协议，实现三层路由可达。

当交换机需要与网络层的设备通信时，可以在交换机上创建基于VLAN的逻辑接口，即VLANIF接口。VLANIF接口属于逻辑接口，逻辑接口是指物理上不存在且需要通过配置建立的接口。VLANIF接口是网络层接口，创建VLANIF接口前要先创建对应的VLAN，才可以配置IP地址。借助VLANIF接口，交换机才能与其他网络层的设备互相通信，即实现不同VLAN之间相互通信。

1.配置VLANIF接口

VLANIF接口是三层逻辑接口，可以部署在三层交换机上，也可以部署在路由器上。在三层交换机上创建VLANIF接口后，可部署三层特性。创建某VLAN对应的VLANIF接口后，该VLAN不能再用作Sub-VLAN或主VLAN。只有先通过vlan命令创建了编号是vlan-id的VLAN，才能执行interface vlanif命令创建VLANIF接口，然后才能进一步配置IP地址，这里配置好的IP地址是该VLAN内所有主机的网关。其命令格式如下：

①执行**system-view**命令，进入系统视图。

②执行**interface vlanif** *vlan-id*命令，创建VLANIF接口，并进入VLANIF接口视图。VLANIF接口的编号必须对应一个已经创建的VLAN ID。如果VLANIF接口已经存在，interface vlanif命令只用来进入VLANIF接口视图。

③执行**ip address** *ip-address* { *mask* | *mask-length* }命令，配置VLANIF接口的IP地址，实现三层互通。

【例6-2】配置三层交换机VLANIF接口。创建VLAN 100，VLANIF接口IP地址为192.168.100.254，子网掩码为255.255.255.0。

```
<Huawei>system-view
Enter system view, return user view with Ctrl+Z.
[Huawei]vlan 100
[Huawei-vlan100]quit
[Huawei]interface vlanif 100
[Huawei-vlanif100]ip address 192.168.100.254 24
[Huawei-vlanif100]
```

2.删除VLANIF接口

在交换机中创建了VLANIF接口，因某一原因不需要此VLANIF接口，可以在系统视图下将其删除。执行命令如下：

```
undo interface vlanif vlan-id
```

例如，创建了VLANIF 100，可使用undo将其删除。

```
[Huawei]undo interface Vlanif 100
```

6.2 项目实战

6.2.1 项目背景

某公司有2个主要的部门：市场部与技术部。这两个部门拥有相同的业务，如上网、VoIP等业务，而各个部门中的用户位于不同的网段。目前存在不同的部门中相同的业务所属的VLAN不相同，现需要实现不同VLAN中的用户相互通信。市场部门和技术部门中拥有相同的上网业务，但是属于不同的VLAN且位于不同的网段。现要求配置三层交换机或路由器，实现市场部门与技术部门的用户网络互通。

案例一：该案例需要2台PC、2台交换机，要求配置VLANIF接口，实现技术部（PC5）与市场部（PC6）之间可以通信。

案例二：该案例需要4台PC、2台交换机，要求使用配置VLANIF接口，实现技术部（PC1、PC3）与市场部（PC2、PC4）之间可以通信。

项目实战目的：

①理解数据包跨VLAN路由的原理。

②掌握配置VLANIF路由接口的方法。

③掌握测试多层交换网络连通性的方法。

6.2.2 项目规划设计

案例一： 配置拓扑如图6-3所示，设备配置地址见表6-1。本案例所选交换机设备为2台S3700、2台PC。其中，LSW5看作二层交换机，LSW6看作三层交换机，PC6代表技术部，PC7代表市场部。

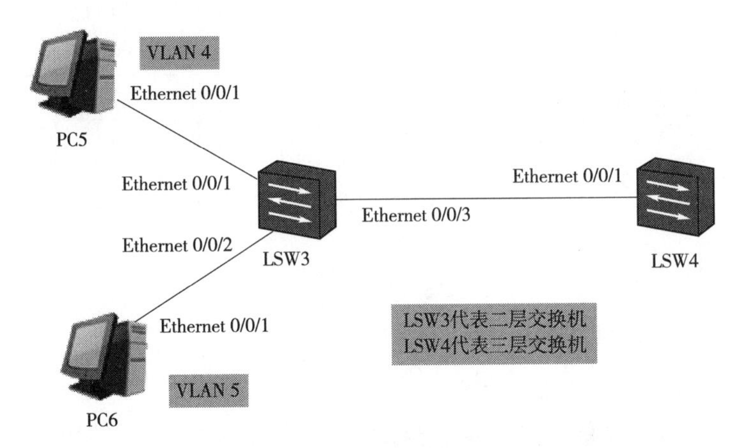

图6-3 VLAN间通信拓扑图（一）

表6-1 设备配置地址1

设 备	接 口	IP地址	子网掩码	网 关
PC5	Ethernet0/0/1	192.168.40.6	255.255.255.0	192.168.40.254
PC6	Ethernet0/0/1	192.168.50.7	255.255.255.0	192.168.50.254
LSW3	×	×	×	×
LSW4	VLANIF 4	192.168.40.254	255.255.255.0	×
	VLANIF 5	192.168.50.254	255.255.255.0	×

案例二： 配置拓扑如图6-4所示，设备配置地址见表6-2。本案例所选交换机设备为2台S3700，4台PC。其中：LSW1、LSW2为交换机设备，PC1、PC3代表技术部、PC2、PC4代表市场部。

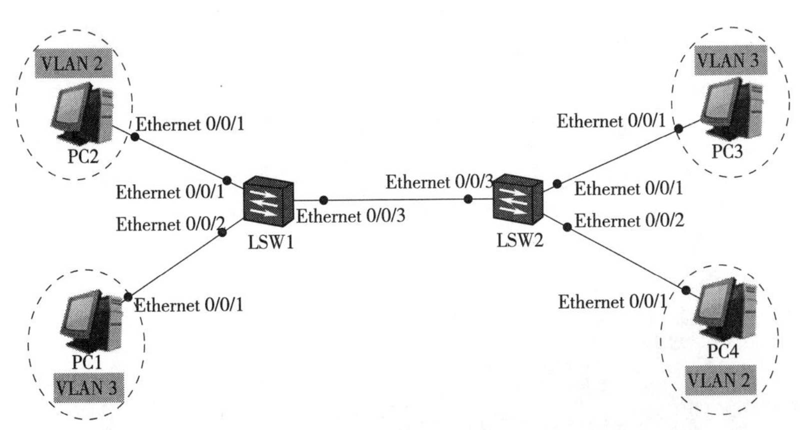

图6-4 VLAN间通信拓扑图（二）

表6-2　设备配置地址2

设　备	接　口	IP地址	子网掩码	网　关
PC1	Ethernet0/0/1	192.168.30.1	255.255.255.0	192.168.30.254
PC2	Ethernet0/0/1	192.168.20.2	255.255.255.0	192.168.20.254
PC3	Ethernet0/0/1	192.168.30.3	255.255.255.0	192.168.30.254
PC4	Ethernet0/0/1	192.168.20.4	255.255.255.0	192.168.20.254
LSW1	VLANIF 2	192.168.20.254	255.255.255.0	×
	VLANIF 3	192.168.30.254	255.255.255.0	×
LSW2	×	×	×	×

6.2.3 项目实施

1.方案一VLAN间通信实现

（1）配置用户设备

根据拓扑图6-3所示搭建拓扑环境，按照表6-1设置PC5、PC6的IP地址、子网掩码、网关。

（2）配置交换机LSW3

①为交换机LSW3命名，并在交换机上创建VLAN 4，将Ethernet 0/0/1接口配置为Access接口、划分给VLAN 4。

```
<Huawei>
<Huawei>system-view
Enter system view, return user view with Ctrl+Z.
[Huawei]sysname LSW3
[LSW3]vlan 4
[LSW3-vlan4]quit
[LSW3-Ethernet0/0/1]port link-type access
[LSW3-Ethernet0/0/1]port default vlan 4
[LSW3-Ethernet0/0/1]
```

②在交换机上创建VLAN 5，将Ethernet 0/0/2接口配置为Access接口、划分给VLAN 5。

```
[LSW3]vlan 5
[LSW3-vlan5]quit
[LSW3]interface Ethernet0/0/2
[LSW3-Ethernet0/0/2]port link-type access
[LSW3-Ethernet0/0/2]port default vlan 5
[LSW3-Ethernet0/0/2]
```

③配置验证。

```
[LSW3]display vlan
The total number of vlans is : 3
--------------------------------------------------------------------------------
U: Up;          D: Down;         TG: Tagged;          UT: Untagged;
MP: Vlan-mapping;                ST: Vlan-stacking;
#: ProtocolTransparent-vlan;     *: Management-vlan;
--------------------------------------------------------------------------------
```

```
VID  Type     Ports
--------------------------------------------------------------------------------
1    common   UT: Eth0/0/3(U)     Eth0/0/4(D)      Eth0/0/5(D)     Eth0/0/6(D)
                  Eth0/0/7(D)     Eth0/0/8(D)      Eth0/0/9(D)     Eth0/0/10(D)
                  Eth0/0/11(D)    Eth0/0/12(D)     Eth0/0/13(D)    Eth0/0/14(D)
                  Eth0/0/15(D)    Eth0/0/16(D)     Eth0/0/17(D)    Eth0/0/18(D)
                  Eth0/0/19(D)    Eth0/0/20(D)     Eth0/0/21(D)    Eth0/0/22(D)
                  GE0/0/1(D)      GE0/0/2(D)
4    common   UT: Eth0/0/1(U)
5    common   UT: Eth0/0/2(U)
VID  Status   Property   MAC-LRN Statistics Description
--------------------------------------------------------------------------------

1    enable   default        enable  disable     VLAN 0001
4    enable   default        enable  disable     VLAN 0004
5    enable   default        enable  disable     VLAN 0005
[LSW3]
```

④配置交换机LSW3的VLAN的汇聚链接。

```
[LSW3]interface Ethernet0/0/3
[LSW3-Ethernet0/0/3]port link-type trunk
[LSW3-Ethernet0/0/3]port trunk allow-pass vlan 4 5
[LSW3-Ethernet0/0/3]
```

（3）配置交换机LSW4

要实现不同VLAN之间相互通信，交换机LSW4需要做三步配置。首先，创建VLAN 4、VLAN 5；其次，配置汇聚连接Trunk接口；最后，创建VLANIF接口及其IP地址、子网掩码。

⑤对交换机命名，并创建VLAN 4、VLAN 5。

```
<Huawei>system-view
Enter system view, return user view with Ctrl+Z.
[Huawei]sysname LSW4
[LSW4]vlan batch 4 5
```

⑥配置交换机LSW4的VLAN的汇聚链接。

```
[LSW4]interface Ethernet0/0/1
[LSW4-Ethernet0/0/1]port link-type trunk
[LSW4-Ethernet0/0/1]port trunk allow-pass vlan 4 5
```

⑦创建VLANIF接口及配置IP地址、子网掩码。

```
[LSW4]interface vlanif 4
[LSW4-vlanif4]
Jul 19 2017 17: 19: 33-08: 00 LSW6 %%01IFNET/4/IF_STATE(l)[0]: Interface Vlanif4
has turned into UP state.
[LSW4-vlanif4]ip address 192.168.40.254 24
[LSW4-vlanif4]interface vlanif 5
[LSW4-vlanif5]ip address 192.168.50.254 24
[LSW4-vlanif5]
```

（4）验证结果

配置完成后，在PC5命令行窗口运行ping 命令：PC5 ping PC6。

```
PC>ping 192.168.50.7
Ping 192.168.50.7: 32 data bytes, Press Ctrl_C to break
From 192.168.50.7: bytes=32 seq=1 ttl=127 time=124 ms
From 192.168.50.7: bytes=32 seq=2 ttl=127 time=78 ms
From 192.168.50.7: bytes=32 seq=3 ttl=127 time=94 ms
From 192.168.50.7: bytes=32 seq=4 ttl=127 time=63 ms
From 192.168.50.7: bytes=32 seq=5 ttl=127 time=94 ms
--- 192.168.50.7 ping statistics ---
  5 packet(s) transmitted
  5 packet(s) received
  0.00% packet loss
  round-trip min/avg/max=63/90/124 ms
PC>
```

2.方案二VLAN间通信实现

（1）配置用户设备

根据拓扑图6-4所示搭建拓扑环境，按照表6-2设置PC1、PC2、PC3、PC4的IP地址、子网掩码。

（2）配置交换机LSW1的VLAN

①在交换机LSW1上创建VLAN 2，将Ethernet 0/0/1接口配置为Access接口、划分给VLAN 2。

```
<Huawei>system-view                        # 进入系统视图
[Huawei]sysname LSW1                       # 修改设备名称
[LSW1]interface Ethernet 0/0/1             # 进入接口视图
[LSW1-Ethernet0/0/1]port link-type access  # 配置接口类型为 Access
[LSW1-Ethernet0/0/1]quit                   # 退出
[LSW1]vlan 2                               # 创建 VLAN 2
[LSW1-vlan2]port Ethernet 0/0/1            # 将 Access 接口加入 VLAN 2
[LSW1-vlan2] quit                          # 退出
```

②创建VLAN 3，将Ethernet 0/0/2接口配置为Access接口类型、划分给VLAN3。

```
[LSW1]interface Ethernet 0/0/2                    # 进入接口视图
[LSW1-Ethernet0/0/2]port link-type access  # 配置接口类型为 Access
[LSW1-Ethernet0/0/2]quit                   # 退出
[LSW1]vlan 3                               # 创建 VLAN 3
[LSW1-vlan3]port Ethernet 0/0/2            # 将 Access 接口加入 VLAN 3
```

③配置交换机LSW1的VLAN的汇聚链接。

```
[LSW1]interface Ethernet0/0/3              # 进入接口视图
[LSW1-Ethernet0/0/3]port link-type trunk   # 配置接口类型为 Trunk
[LSW1-Ethernet0/0/3]port trunk allow-pass vlan 2 to 3
                                           # 配置 Trunk 所允许通过的 VLAN
```

（3）配置交换机LSW2的VLAN

④创建VLAN 3，将Ethernet 0/0/1端口配置为Access接口、划分给VLAN 3。

```
[LSW2]interface Ethernet0/0/1              # 进入接口视图
[LSW2-Ethernet0/0/1]port link-type access  # 配置接口类型为 Access
```

```
[LSW2-Ethernet0/0/1]vlan 3                    # 创建 VLAN 3，仿真软件支持此操作方
                                              # 式创建 VLAN
[LSW2-vlan3]port Ethernet 0/0/1               # 将 Access 接口加入 VLAN 3
[LSW2-vlan3]quit                              # 退出
```

⑤创建VLAN2，将Ethernet 0/0/2接口配置为Access接口，划分给VLAN 2。

```
[LSW2]interface Ethernet0/0/2                 # 进入接口视图
[LSW2-Ethernet0/0/2]port link-type access     # 配置接口类型为 Access
[LSW2-Ethernet0/0/2]vlan 2                    # 创建 VLAN2
[LSW2-vlan2]port Ethernet 0/0/2               # 将 Access 接口加入 VLAN 2
```

⑥配置交换机LSW2的VLAN的汇聚链接。

```
[LSW2]interface Ethernet0/0/3                        # 进入接口视图
[LSW2-Ethernet0/0/3]port link-type trunk             # 配置接口类型为 Trunk
[LSW2-Ethernet0/0/3]port trunk allow-pass vlan 2     # 配置 Trunk 允许 VLAN 2 通过
[LSW2-Ethernet0/0/3]port trunk allow-pass vlan 3     # 配置 Trunk 允许 VLAN 3 通过
```

（4）过程验证

通过上面的实验操作，技术部PC1与市场部PC2之间不能通信，但每个部门内部可以相互通信。在PC1命令行窗口运行ping 命令：PC1 ping通PC3，PC1 ping不通PC2、PC4。

PC1 ping通PC3验证显示：

```
PC>ping 192.168.30.3
Ping 192.168.30.3: 32 data bytes, Press Ctrl_C to break
From 192.168.30.3: bytes=32 seq=1 ttl=128 time=78 ms
From 192.168.30.3: bytes=32 seq=2 ttl=128 time=46 ms
From 192.168.30.3: bytes=32 seq=3 ttl=128 time=62 ms
From 192.168.30.3: bytes=32 seq=4 ttl=128 time=62 ms
From 192.168.30.3: bytes=32 seq=5 ttl=128 time=63 ms
--- 192.168.30.3 ping statistics ---
  5 packet(s) transmitted
  5 packet(s) received
  0.00% packet loss
  round-trip min/avg/max=46/62/78 ms
```

PC1 ping不通PC2验证显示：

```
PC>ping 192.168.20.2
Ping 192.168.20.2: 32 data bytes, Press Ctrl_C to break
From 192.168.30.1: Destination host unreachable
```

（5）创建VLANIF接口

在交换机LSW1上创建VLANIF接口，并配置IP地址。

```
[LSW1]interface vlanif 2
[LSW1-vlanif2]ip address 192.168.20.254 24
[LSW1]interface vlanif 3
[LSW1-vlanif3]ip address 192.168.30.254 24
```

（6）设置网关地址

设置PC1、PC2、PC3、PC4的网关地址。VLANIF接口的IP地址作为主机的网关IP地址，和主机的IP地址必须位于同一网段。

（7）结果验证

在PC1命令行窗口运行ping 命令：PC1 ping PC2、PC4。

PC1 ping PC2验证显示：

```
PC>ping 192.168.20.2
Ping 192.168.20.2: 32 data bytes, Press Ctrl_C to break
From 192.168.20.2: bytes=32 seq=1 ttl=127 time=47 ms
From 192.168.20.2: bytes=32 seq=2 ttl=127 time=47 ms
From 192.168.20.2: bytes=32 seq=3 ttl=127 time=31 ms
From 192.168.20.2: bytes=32 seq=4 ttl=127 time=47 ms
From 192.168.20.2: bytes=32 seq=5 ttl=127 time=47 ms
--- 192.168.20.2 ping statistics ---
  5 packet(s) transmitted
  5 packet(s) received
  0.00% packet loss
  round-trip min/avg/max =31/43/47 ms
```

PC1 ping PC4验证显示：

```
PC>ping 192.168.20.4
Ping 192.168.20.4: 32 data bytes, Press Ctrl_C to break
From 192.168.20.4: bytes=32 seq=1 ttl=127 time=78 ms
From 192.168.20.4: bytes=32 seq=2 ttl=127 time=78 ms
From 192.168.20.4: bytes=32 seq=3 ttl=127 time=78 ms
From 192.168.20.4: bytes=32 seq=4 ttl=127 time=78 ms
From 192.168.20.4: bytes=32 seq=5 ttl=127 time=62 ms
--- 192.168.20.4 ping statistics ---
  5 packet(s) transmitted
  5 packet(s) received
  0.00% packet loss
  round-trip min/avg/max =62/74/78 ms
```

结果显示：不同VLAN间可以相互通信。

6.3 常见问题与分析

【问题1】在做三层VLAN间通信实验过程中，有时用户忘记配置主机网关地址，导致不同VLAN之间不能互相通信，请问网关在此过程中起到什么作用？

解析：同一VLAN、同一网段主机之间相互通信，属于数据链路层设备之间通信，不需要网关，只要在同一VLAN、主机IP地址在同一子网就可以相互通信。

如果是不同VLAN、不同网段之间相互通信，则属于网络层设备之间相互通信，就需要网关。不同VLAN、不同子网相互通信的设备可以使用三层交换机或路由器，它们之间报文转发过程中，首先需要确定转发路径以及通往目的网段的接口，然后将报文封装在以太帧中通过指定的物理接口转发出去。如果目的主机与源主机不在同一网段，报文需要先转发到网关，然后通过网关将报文转发到目的网段。

网关是指接收并处理本地网段主机发送的报文转发到目的网段的设备。为实现此功能，网关必须知道目的网段的IP地址。网关设备上连接本地网段的接口地址即为该网段的网关地址。

6.4 拓展训练

1.训练目的

本训练要完成一个跨越多台交换机的三层VLAN间主机通信，实现PC8、PC9、PC10、PC11之间相互通信。要解决这个问题，需要掌握交换机相关接口的配置并学会创建VLANIF接口。

2.训练拓扑

拓扑结构图如图6-5所示。

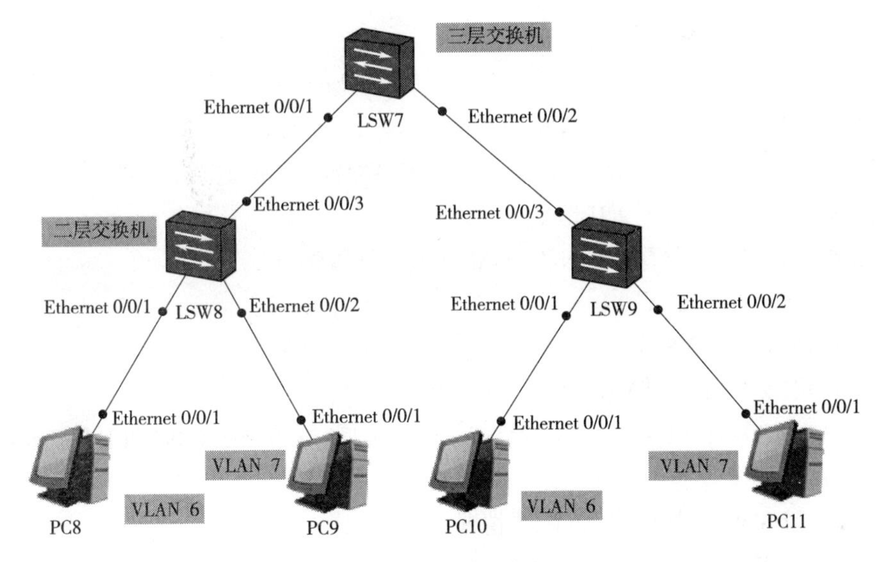

图6-5 拓扑结构图

3.训练要求

（1）网络布线

根据拓扑图进行网络布线。

（2）实验编址

根据网络拓扑图设计网络设备的IP编址，填写表6-3所示的设备配置地址表。根据需要填写，不需要填写打×。

表6-3 设备配置地址表

设　备	接　口	IP地址	子网掩码	网　关
PC8	Ethernet 0/0/1			
PC9	Ethernet 0/0/1			
PC10	Ethernet 0/0/1			
PC11	Ethernet 0/0/1			

续表

设　备	接　口	IP地址	子网掩码	网　关
LSW7	VLANIF 6			
	VLANIF 7			
LSW8	×			
LSW9	×			

（3）主要步骤

①搭建训练环境，根据表6-3填写的IP地址，设置PC8、PC9、PC10、PC11的IP地址、子网掩码以及网关。

②在交换机LSW7上配置：

- 配置交换机名LSW7。
- 在交换机LSW7上创建VLAN 6、VLAN 7。
- 将LSW7的Ethernet 0/0/1和 Ethernet 0/0/2接口配置为Trunk接口类型。
- 创建VLANIF接口并配置IP地址、子网掩码。
- 在交换机LSW7上查看VLAN和VLANIF接口配置情况。

③ 在交换机LSW8上配置：

- 配置交换机名LSW8。
- 在交换机LSW8上创建VLAN 6、VLAN 7。
- 将LSW8的Ethernet 0/0/3接口配置Trunk接口类型，Ethernet 0/0/1和 Ethernet 0/0/2接口配置为Access接口类型。
- 在交换机LSW8上查看VLAN配置情况。

④在交换机LSW9上配置：

- 配置交换机名LSW9。
- 在交换机LSW9上创建VLAN 6、VLAN 7。
- 将LSW8的Ethernet 0/0/3接口配置Trunk接口类型，Ethernet 0/0/1和 Ethernet 0/0/2接口配置为Access接口类型。
- 在交换机LSW9上查看VLAN配置情况。

⑤测试主机PC8与PC9、PC10、PC11之间的通信。

第7章　生成树协议与链路聚合

生成树协议逻辑上断开环路，防止广播风暴的产生，当线路出现故障时，阻塞接口被激活，恢复通信，起备份线路的作用。链路聚合增加链路带宽及链路的可靠性，也具有链路备份的功能。

7.1　技术知识

7.1.1　生成树协议

生成树协议（Spanning Tree Protocol，STP）是一种用于解决二层交换网络的协议。在二层交换网络中，一旦存在环路就会造成报文在环路内不断循环和增生，产生广播风暴，从而占用所有的有效带宽，使网络变得不可用。通过生成树协议可以有选择地阻塞网络冗余链路来达到消除网络二层环路的目的，同时也具备了链路备份的功能。

7.1.2　基本术语

STP主要用于在环路结构的二层网络中构建一个无环的树状的二层拓扑，协议由IEEE 802.1D定义。

1.交换机MAC地址

每台交换机都有一个MAC地址，交换机可以把这些MAC地址分别用作不同的用途。

2.桥ID

一个桥ID由优先级和MAC地址两部分组成，前16位是交换机的优先级值，后48位表示交换机MAC地址构成的一组数值。比较桥ID的大小，值越小越优先。先比较优先级值大小，如果优先级值一样再比较MAC地址。所有交换机上默认的优先级值都一样：32 768，除非网络管理员手动修改为其他值。本章节涉及“桥”的概念描述，都可以描述为“交换机”，例如此处的“桥ID”，也可以描述为“交换机ID”，“根桥”也可描述为“根交换机”等。

3.链路开销

链路开销，即该路径经过的所有接口的开销总和。接口开销表示数据从该接口发送时的开销值，即出接口的开销，而接收数据的接口是没有开销的。接口的开销和接口的带宽有关，带宽越高，链路的传输速率越高，其开销越低。

4.桥协议数据单元

桥协议数据单元（Bridge Protocol Data Unit，BPDU），这种数据帧中包含了所有STP选举所需要的信息，包括由根网桥的优先级值、根网桥的MAC、交换机去往根网桥的链路开销等。

7.1.3 STP的工作流程

STP的选举过程主要按照下面4个步骤进行操作：

①选举根网桥：根网桥也称为根交换机或根（网）桥，是交换网络中的一台交换机，每个STP网络中有且仅有一台根网桥。桥ID数值最小的当选。

②选举根接口：非根交换机在自己的所有接口之间，选择出距离根网桥最近的接口。选择根路径开销（Root Path Cost，RPC）最低的接口；若有多个接口的RPC相等，选择对端桥ID最低的接口；若有多个接口的对端ID相等，选择对端接口ID最低的接口。选择根接口的初衷是选出STP网络中每台交换机上与根交换机通信效率最高的接口。

③选举指定接口：位于同一网段中的所有接口之间选择出一个距离根网桥最近的接口，也就是两台直连交换机的接口距离根网桥最近的那一个接口。选择RPC最低的接口；若有多个接口的RPC相等，选择桥ID最低的接口；若有多个接口的桥ID相等，选择接口ID最低的端口。

④阻塞剩余接口：在选出了根接口和指定接口后，STP网络中除去根接口和指定接口剩下的其他所有接口置于阻塞状态。

7.1.4 STP端口角色

配置STP完成后，STP接口角色主要有根接口、指定接口、预备接口。

①根接口（Root Port，ROOT）：指非根交换机上距离根网桥最近的接口，处于转发状态（FORWARDING）。

②指定接口（Designated Port，DESI）：指每个网段中距离根网桥最近的接口，处于转发状态。根网桥的所有接口都是指定接口，根网桥自身存在物理的情况例外。

③预备接口（Alternate Port，ALTE）：指一个 STP 域中既不是根接口，也不是指定接口的接口。预备接口会处于逻辑的阻塞状态（DISCARDING），这类接口不会接收或发送任何数据，但会监听 BPDU。在网络因为一些接口出现故障时，STP 会让预备接口开始转发数据，以此恢复网络的正常通信。

7.1.5 链路聚合概述

在企业网络中，所有设备的流量在转发到其他网络前都会汇聚到核心层，再由核心区设备转发到其他网络，或者转发到外网。因此，在核心层设备负责数据的高速交换时，容易发生拥塞。在核心层部署链路聚合，可以提升整个网络的数据吞吐量，解决拥塞问题。

链路聚合是把两台设备之间的多条物理链路聚合在一起，当作一条逻辑链路来使用。这两台设备可以是一对路由器、一对交换机，或者是一台路由器和一台交换机。一条聚合链路可以包含多条成员链路，在ARG3系列路由器和X7系列交换机上默认最多为8条。

链路聚合能够提高链路带宽。理论上，通过聚合几条链路，一个聚合接口的带宽可以扩展为所有成员接口带宽的总和，这样就有效地增加了逻辑链路的带宽。

链路聚合为网络提供了高可靠性。配置了链路聚合之后，如果一个成员接口发生故障，该成员接口的物理链路会把流量切换到另一条成员链路上。

链路聚合还可以在一个聚合接口上实现负载均衡，一个聚合接口可以把流量分散到多个不同的成员接口上，通过成员链路把流量发送到同一个目的地，将网络产生拥塞的可能性降到最低。

7.1.6　链路聚合模式

链路聚合包含两种模式：手动负载均衡模式和LACP（Link Aggregation Control Protocol，链路汇聚控制协议）模式。

手工负载分担模式下，Eth-Trunk的建立、成员接口的加入由手工配置，没有链路聚合控制协议的参与。该模式下所有活动链路都参与数据的转发，平均分担流量，因此称为负载分担模式。如果某条活动链路出现故障，链路聚合组自动在剩余的活动链路中平均分担流量。当需要在两个直连设备间提供一个较大的链路带宽而设备又不支持LACP协议时，可以使用手工负载分担模式。

在LACP模式中，链路两端的设备相互发送LACP报文，协商聚合参数。协商完成后，两台设备确定活动接口和非活动接口。在LACP模式中，需要手动创建一个Eth-Trunk接口，并添加成员接口。LACP协商选举活动接口和非活动接口。LACP模式也称M：N模式。M代表活动成员链路，用于在负载均衡模式中转发数据。N代表非活动链路，用于冗余备份。如果一条活动链路发生故障，该链路传输的数据被切换到一条优先级最高的备份链路上，这条备份链路转变为活动状态。

两种链路聚合模式的主要区别是：在LACP模式中，一些链路充当备份链路。在手动负载均衡模式中，所有的成员接口都处于转发状态。

7.1.7　命令视图

1.STP命令格式

STP的配置步骤见表7-1。

表7-1　STP的配置步骤

步骤	命　令	解　　释
1	**system-view**	进入系统视图
2	**stp enable**	启用STP
3	**stp mode stp**	配置STP工作模式

续表

步骤	命 令	解 释
4	**stp priority** *priority*	配置交换设备在系统中的优先级。默认情况下，交换设备的优先级取值是32 768。如果为当前设备配置系统优先级的目的是配置当前设备为根桥设备，则可以直接选择执行stp root primary命令，配置后该设备优先级数值自动为0。 执行stp root secondary命令可以配置当前交换设备为备份根桥设备，配置后该设备优先级数值自动为4 096。 同一台交换设备不能既作为根桥，又作为备用根桥
5	**stp cost** *value*	配置接口开销，华为交换机默认使用IEEE 802.1t（dot1t）作为开销计算标准，千兆接口开销是20000

2.检查STP配置结果

STP配置成功后，检查配置见表7-2。

表7-2 STP的检查配置

命 令	解 释
display stp [**interface** *interface-type interface-number*] [**brief**]	查看生成树的状态信息与统计信息

3.链路聚合配置

链路聚合的配置步骤见表7-3。

表7-3 链路聚合的配置步骤

步骤	命 令	解 释
1	**system-view**	进入系统视图
2	**undo portswitch**	（可选）把聚合链路从二层转为三层链路，如果是三层链路聚合需要执行此步骤
3	**interface Eth-trunk** *trunk-id*	创建了一个Eth-Trunk接口，并且进入该Eth-Trunk接口视图。trunk-id用来唯一标识一个Eth-Trunk接口，该参数的取值可以是0~63之间的任何一个整数。如果指定的Eth-Trunk接口已经存在，执行interface eth-trunk命令可直接进入该Eth-Trunk接口视图
4	**interface** *interface-type interface-number*	进入接口视图
5	**eth-trunk** *trunk-id*	把接口加入Eth-Trunk接口

4.检查链路聚合配置结果

链路聚合配置成功后，检查配置见表7-4。

表7-4 链路聚合的检查配置

命 令	解 释
display interface eth-trunk *trunk-id*	查看链路聚合信息

Eth-Trunk接口和成员接口配置需要注意以下规则：

①只能删除不包含任何成员口的Eth-Trunk接口。

②把接口加入Eth-Trunk接口时，二层Eth-Trunk接口的成员接口必须是二层接口，三层Eth-Trunk接口的成员口必须是三层接口。

③一个Eth-Trunk接口最多可以加入8个成员接口。

④加入Eth-Trunk接口的接口必须是Hybrid接口（默认的接口类型）。

⑤一个Eth-Trunk接口不能充当其他Eth-Trunk接口的成员口。

⑥一个以太接口只能加入一个Eth-Trunk接口。如果把一个以太网接口加入另一个Eth-Trunk接口，必须先把该以太接口从当前所属的Eth-Trunk口中删除。

⑦一个Eth-Trunk接口的成员口类型必须相同。例如，一个快速以太网接口（FE接口）和一个千兆以太网接口（GE接口）不能加入同一个Eth-Trunk。

⑧位于不同接口板（LPU）上的以太网接口可以加入同一个Eth-Trunk口。如果一个对端接口直接和本端Eth-Trunk接口的一个成员接口相连，该对端接口也必须加入一个Eth-Trunk接口，否则两端无法通信。

⑨如果成员接口的传输速率不同，速率较低的接口可能会拥塞，报文可能会被丢弃。

⑩接口加入Eth-Trunk接口后，Eth-Trunk接口学习MAC地址，成员接口不再学习。

【例7-1】如图7-1所示，如果设备A和设备B为二层交换机，则二层链路聚合配置设备A命令如下，设备B命令省略。

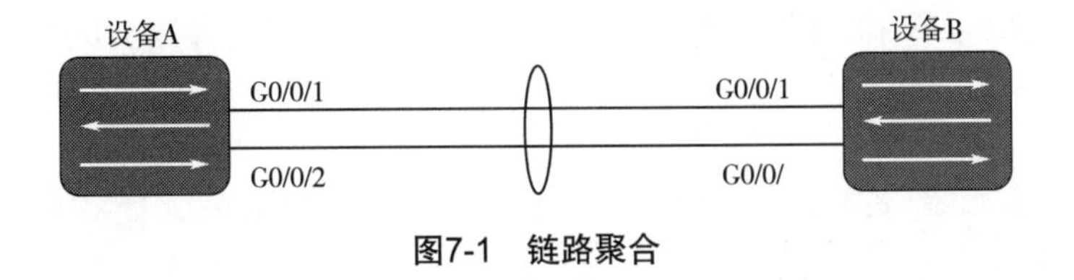

图7-1 链路聚合

```
[SWA]interface Eth-Trunk 1
[SWA-Eth-Trunk1]interface GigabitEthernet0/0/1
[SWA-GigabitEthernet0/0/1]eth-trunk 1
[SWA-GigabitEthernet0/0/1]interface GigabitEthernet0/0/2
[SWA-GigabitEthernet0/0/2]eth-trunk 1
```

如果设备A和设备B为路由器，在路由器上配置三层链路聚合，需要首先创建Eth-Trunk接口，然后在Eth-Trunk逻辑接口上执行undo portswitch命令，把聚合链路从二层转为三层链路。执行undo portswitch命令后，可以为Eth-Trunk逻辑接口分配一个IP地址。三层链路聚合设备A配置命令如下，设备B命令省略。

```
[RTA]interface Eth-Trunk 1
[RTA-Eth-Trunk1]undo portswitch
```

```
[RTA-Eth-Trunk1]ip address 100.1.1.1 24
[RTA-Eth-Trunk1]quit
[RTA]interface GigabitEthernet 0/0/1
[RTA-GigabitEthernet0/0/1]eth-trunk 1
[RTA-GigabitEthernet0/0/1]quit
[RTA]interface GigabitEthernet0/0/2
[RTA-GigabitEthernet0/0/2]eth-trunk 1
[RTA-GigabitEthernet0/0/2]quit
```

7.2 项目实战

7.2.1 项目背景

某公司有1个主要的部门：技术部。这个部门的计算机网络通过两台交换机互联组成内部局域网，为了提高网络的可靠性，网络管理员用2条链路将交换机互联进行链路备份，现要在交换机上做适当配置，使网络避免出现环路，同时要实现部门内部网络相互通信。

本项目需要两台交换机、两台PC，组成环路网络。PC1、PC2设为技术部。

项目实战目的：

①理解STP的选举过程。

②掌握STP的配置命令。

③掌握修改网桥优先级影响根网桥选举的方法。

④掌握影响根接口和指定接口选举的方法。

⑤掌握链路聚合原理及配置方法。

7.2.2 项目规划设计

配置拓扑如图7-2所示，设备配置地址见表7-5。本案例选两台S5700交换机，两台终端设备PC。

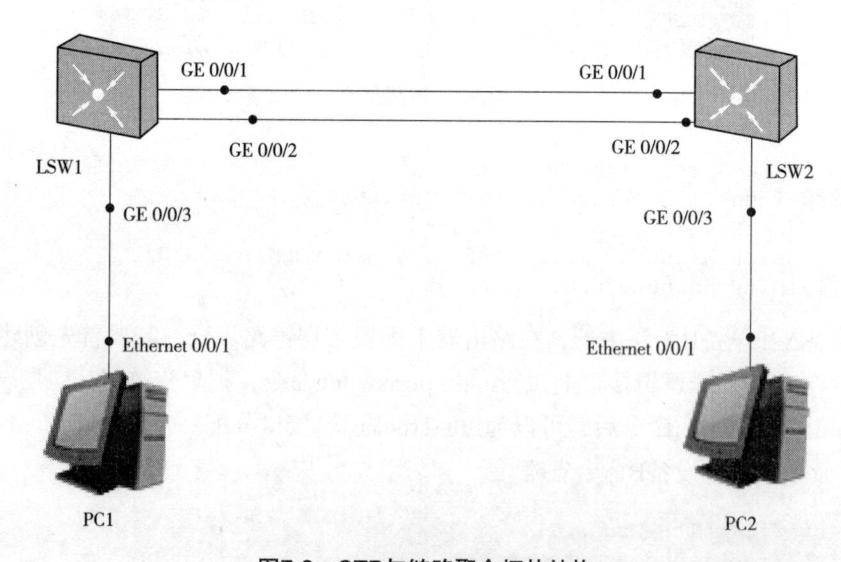

图7-2 STP与链路聚合拓扑结构

表7-5 设备配置地址

设 备	接 口	IP地址	子网掩码	网 关
PC1	Ethernet0/0/1	12.1.1.11	255.255.255.0	×
PC2	Ethernet0/0/1	12.1.1.22	255.255.255.0	×
LSW1	G0/0/1	×	×	×
	G0/0/2	×	×	×
	G0/0/3	×	×	×
LSW2	G0/0/1	×	×	×
	G0/0/2	×	×	×
	G0/0/3	×	×	×

7.2.3 项目实施

1.STP项目实施过程

（1）配置STP

配置交换机运行基本的STP模式，主要命令如下：

```
<Huawei>system-view                #配置LSW1交换机
Enter system view, return user view with Ctrl+Z.
[Huawei]sysname LSW1
[LSW1]stp enable
[LSW1]stp mode stp
<Huawei>system-view                #配置LSW2交换机
Enter system view, return user view with Ctrl+Z.
[Huawei]sysname LSW2
[LSW2]stp enable
[LSW2]stp mode stp
```

（2）检验配置

查看STP的状态信息，使用display stp命令查看大量与STP有关的信息。

```
[LSW1]display stp
-------[CIST Global Info][Mode STP]-------
CIST Bridge                     : 32768.4c1f-ccd2-2008
Config Times                    : Hello 2s MaxAge 20s FwDly 15s MaxHop 20
Active Times                    : Hello 2s MaxAge 20s FwDly 15s MaxHop 20
CIST Root/ERPC                  : 32768.4c1f-cc07-3475 / 20000
CIST RegRoot/IRPC               : 32768.4c1f-ccd2-2008 / 0
CIST RootPortId                 : 128.1
BPDU-Protection                 : Disabled
TC or TCN received              : 35
TC count per hello              : 0
STP Converge Mode               : Normal
Time since last TC              : 0 days 0h: 0m: 49s
Number of TC                    : 4
Last TC occurred                : GigabitEthernet0/0/1
```

```
----[Port1(GigabitEthernet0/0/1)][FORWARDING]----
 Port Protocol                  : Enabled
 Port Role                      : Root Port
 Port Priority                  : 128
 Port Cost(Dot1T)               : Config=auto/Active=20000
 Designated Bridge/Port         : 32768.4c1f-cc07-3475/128.1
 Port Edged                     : Config=default/Active=disabled
 Point-to-point                 : Config=auto/Active=true
 Transit Limit                  : 147 packets/hello-time
 Protection Type                : None
 Port STP Mode                  : STP
 Port Protocol Type             : Config=auto/Active=dot1s
 BPDU Encapsulation             : Config=stp/Active=stp
 PortTimes                      : Hello 2s MaxAge 20s FwDly 15s RemHop 0
 TC or TCN send                 : 3
 TC or TCN received             : 18
 BPDU Sent                      : 18
          TCN: 0, Config: 18, RST: 0, MST: 0
 BPDU Received                  : 40
          TCN: 0, Config: 40, RST: 0, MST: 0
----[Port2(GigabitEthernet0/0/2)][DISCARDING]----
 Port Protocol                  : Enabled
 Port Role                      : Alternate Port
 Port Priority                  : 128
 Port Cost(Dot1T)               : Config=auto/Active=20000
 Designated Bridge/Port         : 32768.4c1f-cc07-3475/128.2
 Port Edged                     : Config=default/Active=disabled
 Point-to-point                 : Config=auto/Active=true
 Transit Limit                  : 147 packets/hello-time
 Protection Type                : None
 Port STP Mode                  : STP
 Port Protocol Type             : Config=auto/Active=dot1s
 BPDU Encapsulation             : Config=stp/Active=stp
 PortTimes                      : Hello 2s MaxAge 20s FwDly 15s RemHop 0
 TC or TCN send                 : 5
 TC or TCN received             : 17
 BPDU Sent                      : 20
          TCN: 0, Config: 20, RST: 0, MST: 0
 BPDU Received                  : 42
          TCN: 0, Config: 42, RST: 0, MST: 0
----[Port3(GigabitEthernet0/0/3)][FORWARDING]----
 Port Protocol                  : Enabled
 Port Role                      : Designated Port
 Port Priority                  : 128
 Port Cost(Dot1T)               : Config=auto/Active=20000
 Designated Bridge/Port         : 32768.4c1f-ccd2-2008/128.3
 Port Edged                     : Config=default/Active=disabled
 Point-to-point                 : Config=auto/Active=true
 Transit Limit                  : 147 packets/hello-time
 Protection Type                : None
 Port STP Mode                  : STP
 Port Protocol Type             : Config=auto/Active=dot1s
 BPDU Encapsulation             : Config=stp/Active=stp
 PortTimes                      : Hello 2s MaxAge 20s FwDly 15s RemHop 20
```

```
  TC or TCN send                  : 38
  TC or TCN received              : 0
  BPDU Sent                       : 62
        TCN: 0, Config: 62, RST: 0, MST: 0
   ---- More ----
```

（3）修改桥优先级，控制根桥选举

在LSW1上修改桥优先级，配置LSW1为根桥。

```
[LSW1]stp priority 0              #配置桥优先级，优先级的范围是0~61 440，输入的值必须
                                  #是4 096的倍数
[LSW1]display stp
-------[CIST Global Info][Mode STP]-------
CIST Bridge                       : 0     .4c1f-ccd2-2008
Config Times                      : Hello 2s MaxAge 20s FwDly 15s MaxHop 20
Active Times                      : Hello 2s MaxAge 20s FwDly 15s MaxHop 20
CIST Root/ERPC                    : 0     .4c1f-ccd2-2008 / 0
CIST RegRoot/IRPC                 : 0     .4c1f-ccd2-2008 / 0
CIST RootPortId                   : 0.0
BPDU-Protection                   : Disabled
TC or TCN received                : 35
TC count per hello                : 0
STP Converge Mode                 : Normal
Time since last TC                : 0 days 0h: 3m: 6s
Number of TC                      : 4
Last TC occurred                  : GigabitEthernet0/0/1
----[Port1(GigabitEthernet0/0/1)][DISCARDING]----
 Port Protocol                    : Enabled
 Port Role                        : Designated Port
 Port Priority                    : 128
 Port Cost(Dot1T)                 : Config=auto/Active=20000
 Designated Bridge/Port           : 0.4c1f-ccd2-2008/128.1
 Port Edged                       : Config=default/Active=disabled
 Point-to-point                   : Config=auto/Active=true
 Transit Limit                    : 147 packets/hello-time
 Protection Type                  : None
  ---- More ----
```

（4）修改接口优先级，控制根接口和指定接口的选举

查看STP摘要信息：

```
[LSW1]display stp brief
 MSTID  Port                        Role  STP State     Protection
   0    GigabitEthernet0/0/1        DESI  FORWARDING      NONE
   0    GigabitEthernet0/0/2        DESI  FORWARDING      NONE
   0    GigabitEthernet0/0/3        DESI  FORWARDING      NONE
[LSW2]display stp brief
 MSTID  Port                        Role  STP State     Protection
   0    GigabitEthernet0/0/1        ROOT  FORWARDING      NONE
   0    GigabitEthernet0/0/2        ALTE  DISCARDING      NONE
   0    GigabitEthernet0/0/3        DESI  FORWARDING      NONE
```

修改LSW1上接口优先级，让LSW2的G0/0/2接口成为根接口。在LSW1上有两种方法可以调整：将G0/0/2接口优先级调小；或将G0/0/1接口优先级调大。

①将G0/0/2接口优先级调小。原来接口优先级默认为128，接口设置优先级需要按照16的倍数调整，例如将G0/0/2接口优先级调为32。

```
[LSW1]interface GigabitEthernet 0/0/2
[LSW1-GigabitEthernet0/0/2]stp port priority 32

[LSW2]display stp brief                      # 查看 G0/0/2 成为根端口
 MSTID  Port                                 Role  STP State     Protection
   0    GigabitEthernet0/0/1                 ALTE  DISCARDING      NONE
   0    GigabitEthernet0/0/2                 ROOT  FORWARDING      NONE
   0    GigabitEthernet0/0/3                 DESI  FORWARDING      NONE
```

②将G0/0/1接口优先级调大，调整为144。

- 恢复LSW1接口G0/0/2优先级默认值：

```
[LSW1]interface GigabitEthernet 0/0/2
[LSW1-GigabitEthernet0/0/2]stp port priority 128  # 恢复接口优先级默认值
```

- 查看LSW2 STP接口状态：

```
[LSW2]display stp brief
 MSTID  Port                                 Role  STP State     Protection
   0    GigabitEthernet0/0/1                 ROOT  FORWARDING      NONE
   0    GigabitEthernet0/0/2                 ALTE  DISCARDING      NONE
   0    GigabitEthernet0/0/3                 DESI  FORWARDING      NONE
```

- 在LSW1上将G0/0/1接口优先级调大。

```
[LSW1]interface GigabitEthernet 0/0/1
[LSW1-GigabitEthernet0/0/1]stp port priority 144
```

再一次查看LSW2 STP接口状态，此时G0/0/2为根接口。

```
[LSW2]display stp brief                      # 查看 G0/0/2 成为根端口
 MSTID  Port                                 Role  STP State     Protection
   0    GigabitEthernet0/0/1                 ALTE  DISCARDING      NONE
   0    GigabitEthernet0/0/2                 ROOT  DISCARDING      NONE
   0    GigabitEthernet0/0/3                 DESI  FORWARDING      NONE
```

（5）修改接口开销、控制根接口和指定接口的选举

在LSW2上修改接口开销，让LSW2的G0/0/2接口成为根接口。如果执行了上面的配置，需要在LSW1上将G0/0/1接口优先级恢复为默认值。

查看LSW2 STP接口状态：

```
[LSW2]display stp brief                      # 查看 G0/0/1 成为根接口
 MSTID  Port                                 Role  STP State     Protection
   0    GigabitEthernet0/0/1                 ROOT  DISCARDING      NONE
   0    GigabitEthernet0/0/2                 ALTE  DISCARDING      NONE
   0    GigabitEthernet0/0/3                 DESI  FORWARDING      NONE
```

在LSW2上修改接口优先级，让LSW2的G0/0/2接口选举为根接口。在LSW2上有两种方法可以调整：将G0/0/1接口开销调大；或将G0/0/2接口开销调小。

①将G0/0/1接口开销调大，选举G0/0/2接口为根接口。

```
[LSW2]display stp interface g0/0/1
-------[CIST Global Info][Mode STP]-------
CIST Bridge                 : 32768.4c1f-cc07-3475
Config Times                : Hello 2s MaxAge 20s FwDly 15s MaxHop 20
Active Times                : Hello 2s MaxAge 20s FwDly 15s MaxHop 20
CIST Root/ERPC              : 0.4c1f-ccd2-2008/20000
CIST RegRoot/IRPC           : 32768.4c1f-cc07-3475/0
CIST RootPortId             : 128.1
BPDU-Protection             : Disabled
TC or TCN received          : 275
TC count per hello          : 0
STP Converge Mode           : Normal
Time since last TC          : 0 days 0h: 6m: 25s
Number of TC                : 29
Last TC occurred            : GigabitEthernet0/0/1
----[Port1(GigabitEthernet0/0/1)][FORWARDING]----
 Port Protocol              : Enabled
 Port Role                  : Root Port
 Port Priority              : 128
 Port Cost(Dot1T)           : Config=auto / Active=20000 #G0/0/1 的接口开销
                              是 20000
 Designated Bridge/Port     : 0.4c1f-ccd2-2008/128.1
 Port Edged                 : Config=default/Active=disabled
 Point-to-point             : Config=auto/Active=true
 Transit Limit              : 147 packets/hello-time
 Protection Type            : None
  ---- More ----
[LSW2]display stp interface g0/0/2
-------[CIST Global Info][Mode STP]-------
CIST Bridge                 : 32768.4c1f-cc07-3475
Config Times                : Hello 2s MaxAge 20s FwDly 15s MaxHop 20
Active Times                : Hello 2s MaxAge 20s FwDly 15s MaxHop 20
CIST Root/ERPC              : 0.4c1f-ccd2-2008/20000
CIST RegRoot/IRPC           : 32768.4c1f-cc07-3475/0
CIST RootPortId             : 128.1
BPDU-Protection             : Disabled
TC or TCN received          : 275
TC count per hello          : 0
STP Converge Mode           : Normal
Time since last TC          : 0 days 0h: 12m: 55s
Number of TC                : 29
Last TC occurred            : GigabitEthernet0/0/1
----[Port2(GigabitEthernet0/0/2)][DISCARDING]----
 Port Protocol              : Enabled
 Port Role                  : Alternate Port
 Port Priority              : 128
 Port Cost(Dot1T)           : Config=auto/Active=20000   #G0/0/2 的接口开销
                                                         #是 20000
 Designated Bridge/Port     : 0.4c1f-ccd2-2008/128.2
 Port Edged                 : Config=default/Active=disabled
 Point-to-point             : Config=auto/Active=true
 Transit Limit              : 147 packets/hello-time
 Protection Type            : None
  ---- More ----
```

根据上面信息显示G0/0/1的接口和G0/0/2的接口开销都是20 000，由于桥ID一样，从G0/0/1接口收到BPDU包中接口ID较小，所以G0/0/1接口被选举为根接口。在LSW2的G0/0/1端口下修改接口开销为50 000，大于G0/0/2接口开销，让G0/0/2接口选举为根接口。

```
[LSW2]interface GigabitEthernet 0/0/1
[LSW2-GigabitEthernet0/0/1]stp cost 50000
[LSW2]display stp
-------[CIST Global Info][Mode STP]-------
CIST Bridge                  : 32768.4c1f-cc07-3475
Config Times                 : Hello 2s MaxAge 20s FwDly 15s MaxHop 20
Active Times                 : Hello 2s MaxAge 20s FwDly 15s MaxHop 20
CIST Root/ERPC               : 0    .4c1f-ccd2-2008/20000
CIST RegRoot/IRPC            : 32768.4c1f-cc07-3475/0
CIST RootPortId              : 128.2
BPDU-Protection              : Disabled
TC or TCN received           : 310
TC count per hello           : 0
STP Converge Mode            : Normal
Time since last TC           : 0 days 0h: 2m: 16s
Number of TC                 : 31
Last TC occurred             : GigabitEthernet0/0/2
----[Port1(GigabitEthernet0/0/1)][DISCARDING]----
 Port Protocol               : Enabled
 Port Role                   : Alternate Port
 Port Priority               : 128
 Port Cost(Dot1T)            : Config=50000/Active=50000
 Designated Bridge/Port      : 0.4c1f-ccd2-2008/128.1
 Port Edged                  : Config=default/Active=disabled
 Point-to-point              : Config=auto/Active=true
 Transit Limit               : 147 packets/hello-time
 Protection Type             : None
 Port STP Mode               : STP
 Port Protocol Type          : Config=auto/Active=dot1s
 BPDU Encapsulation          : Config=stp/Active=stp
 PortTimes                   : Hello 2s MaxAge 20s FwDly 15s RemHop 0
 TC or TCN send              : 38
 TC or TCN received          : 126
 BPDU Sent                   : 163
          TCN: 3，Config: 160，RST: 0，MST: 0
 BPDU Received               : 8054
          TCN: 0，Config: 8054，RST: 0，MST: 0
----[Port2(GigabitEthernet0/0/2)][FORWARDING]----
 Port Protocol               : Enabled
 Port Role                   : Root Port
 Port Priority               : 128
 Port Cost(Dot1T)            : Config=auto/Active=20000
 Designated Bridge/Port      : 0.4c1f-ccd2-2008/128.2
 Port Edged                  : Config=default/Active=disabled
 Point-to-point              : Config=auto/Active=true
 Transit Limit               : 147 packets/hello-time
 Protection Type             : None
 Port STP Mode               : STP
 Port Protocol Type          : Config=auto/Active=dot1s
 BPDU Encapsulation          : Config=stp/Active=stp
 PortTimes                   : Hello 2s MaxAge 20s FwDly 15s RemHop 0
```

```
  ---- More ----
```

修改接口开销后，G0/0/2接口被选举为根接口。

```
[LSW2]display stp brief
 MSTID  Port                        Role  STP State     Protection
   0    GigabitEthernet0/0/1        ALTE  DISCARDING      NONE
   0    GigabitEthernet0/0/2        ROOT  FORWARDING      NONE
   0    GigabitEthernet0/0/3        DESI  FORWARDING      NONE
```

②将G0/0/2接口开销调小。如果已经将G0/0/1接口开销调大了，需要将其恢复为默认值，然后将G0/0/2接口开销调小为10000，选举G0/0/2接口为根接口。

```
[LSW2]interface GigabitEthernet 0/0/1              # 恢复接口开销为默认值
[LSW2-GigabitEthernet0/0/1]stp cost 20000
[LSW2]display stp brief
 MSTID  Port                        Role  STP State     Protection
   0    GigabitEthernet0/0/1        ROOT  DISCARDING      NONE
   0    GigabitEthernet0/0/2        ALTE  DISCARDING      NONE
   0    GigabitEthernet0/0/3        DESI  FORWARDING      NONE
[LSW2]interface GigabitEthernet 0/0/2
[LSW2-GigabitEthernet0/0/2]stp cost 10000          # 将接口开销修改为 10000,
                                                   # 小于 G0/0/1 接口
[LSW2-GigabitEthernet0/0/2]quit
[LSW2]display stp brief                            # 查看根接口为 G0/0/2
 MSTID  Port                        Role  STP State     Protection
   0    GigabitEthernet0/0/1        ALTE  DISCARDING      NONE
   0    GigabitEthernet0/0/2        ROOT  DISCARDING      NONE
   0    GigabitEthernet0/0/3        DESI  DISCARDING      NONE
```

2.链路聚合项目实施过程

（1）二层链路聚合配置LSW1

```
<Huawei>undo terminal monitor #用来使能终端显示信息中心发送信息的功能
Info: Current terminal monitor is off.
<Huawei>system-view
[Huawei]sysname SWA
[SWA]interface Eth-Trunk 1
[SWA-Eth-Trunk1]port link-type trunk
[SWA-Eth-Trunk1]port trunk allow-pass vlan all
[SWA-Eth-Trunk1]quit
[SWA]interface GigabitEthernet 0/0/1
[SWA-GigabitEthernet0/0/1]eth-trunk 1
Info: This operation may take a few seconds. Please wait for a moment...done.
[SWA-GigabitEthernet0/0/1]interface GigabitEthernet 0/0/2
[SWA-GigabitEthernet0/0/2]eth-trunk 1
Info: This operation may take a few seconds. Please wait for a moment...done.
[SWA-GigabitEthernet0/0/2]
```

（2）二层链路聚合配置LSW2

```
<Huawei>undo terminal monitor
Info: Current terminal monitor is off.
<Huawei>system-view
Enter system view, return user view with Ctrl+Z.
```

```
[Huawei]sysname SWB
[SWB]interface Eth-Trunk 1
[SWB-Eth-Trunk1]port link-type trunk
[SWB-Eth-Trunk1]port trunk allow-pass vlan all
[SWB-Eth-Trunk1]quit
[SWB]interface g0/0/1
[SWB-GigabitEthernet0/0/1]eth-trunk 1
Info: This operation may take a few seconds. Please wait for a moment...done.
[SWB-GigabitEthernet0/0/1]interface g0/0/2
[SWB-GigabitEthernet0/0/2]eth-trunk 1
Info: This operation may take a few seconds. Please wait for a moment...done.
[SWB-GigabitEthernet0/0/2]
```

（3）结果验证

按照表7-5所示，配置PC1与PC2的IP地址，在PC1上做连通性测试，结果如图7-3所示。

图7-3 链路聚合测试结果

7.3 常见问题与分析

【问题1】根路径开销和路径开销的区别是什么?

解析：根路径开销是到根桥的路径的总开销，而路径开销指的是交换机接口的开销。

【问题2】根桥产生故障后，其他交换机会被选举为根桥，那么原来的根桥恢复正常之后，网络又会发生什么变化?

解析：如果生成树网络里根桥发生了故障，则其他交换机中优先级较高的交换机会被选举为新的根桥。如果原来根桥再次激活，则网络又会根据BID来重新选举新的根桥。

7.4 拓展训练

1.训练目的

理解生成树协议的工作原理；配置三台交换机之间的冗余主干道，对运行的生成树协议进行诊断。

2.训练拓扑

拓扑结构图如图7-4所示。图中LSW3、LSW4、LSW5为S5700，其中LSW3作为三层交换机，LSW4和LSW5作为二层交换机。对交换机进行STP配置，并运行相关命令对其进行诊断，同时实现全网互通。

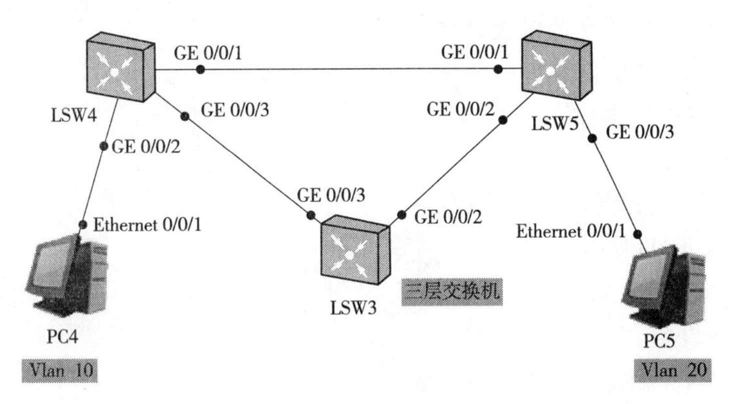

图7-4　拓扑结构图

3.训练要求

（1）网络布线

根据拓扑图进行网络布线。

（2）实验编址

根据网络拓扑图设计网络设备的IP编址，填写表7-6所示地址分配表。根据需要填写，不需要填写打×。

表7-6　设备配置地址表

设备	接　口	IP地址	子网掩码	网　关	接口类型
LSW3	G0/0/2				
	G0/0/3				
	interface vlanif 10				
	interface vlanif 20				
LSW4	G0/0/1				
	G0/0/2				
	G0/0/3				
LSW5	G0/0/1				
	G0/0/2				
	G0/0/3				
PC4	Ethernet0/0/1				
PC5	Ethernet0/0/1				

3.主要步骤

① 搭建训练环境，根据表7-6填写的IP地址，进行PC4、PC5地址设置。

②在交换机LSW4上配置：

- 配置交换机名。
- 创建VLAN，配置交换机接口类型。
- 配置交换机STP协议。

③在交换机LSW5上配置：

- 配置交换机名。
- 创建VLAN，配置交换机接口类型。
- 配置交换机STP协议。

④在交换机LSW3上配置：

- 配置交换机名。
- 创建VLAN，配置交换机接口类型。
- 配置交换机虚拟接口。
- 配置交换机STP协议。

⑤查看运行生成树协议，并进行诊断。

⑥验证测试：PC4 ping通PC5。

路由基础篇

重要知识

第8章　路由器的基本配置

路由器是网络上最重要的设备之一，它起到了桥梁作用，架起了整个网络。所有在网络上流动的数据都是以数据包的形式发送、传输和接收处理的，接入网络的任何一台计算机要与别的计算机相互通信交换信息时就必须拥有一个地址。作为网络管理员，怎样对路由器进行地址配置并远程进行管理呢?

8.1　技术知识

8.1.1　路由概述

以太网交换机工作在数据链路层，用于在网络内进行数据转发。而企业网络的拓扑结构一般会比较复杂，不同的部门或者总部和分支可能处在不同的网络中，此时就需要使用路由器来连接不同的网络，实现网络之间的数据转发。

路由器是网络层中最典型的设备，它决定了数据包在网络中传输的路径。路由器在接收到数据包时，会查看它的目的网络层地址，然后根据路由表的本地数据库来判断如何转发这个数据包。路由器与路由器之间进行数据传输必须执行路由协议标准，以便路由器之间同步信息。

简单地说，路由器是根据路由表和数据包的目的地址来决定如何转发数据包。在现实生活中多数人都用过手机导航软件，通过导航软件查找目的地。数据包中的目的地址好比导航软件中的目的地，而路由表就是导航软件中的数据库。

8.1.2　路由表

路由表是路由器转发数据包的数据库，当路由器接收到一个数据包时，它会用数据包的目的IP地址去匹配路由表中的路由条目，然后根据匹配条目的路由参数决定如何转发这个数据包。

查看路由器的路由表十分简单，管理员只需在系统视图下输入命令display ip routing-table就可以让路由器显示出路由表。

8.1.3　路由选路

路由器负责为数据包选择一条最优路径，并进行转发。路由器收到数据包后，会根据数据包中的目的IP地址选择一条最优的路径，并将数据包转发到下一个路由器，路径上最后的路由器负责将数据包送交目的主机。数据包在网络上的传输就好像是体育运动中的接力赛一样，每一个路由器负责将数据包按照最优的路径向下一跳路由器进行转发，通过多个路由器一站一站地接力，最终将数据包通过最优路径转发到目的地。当然有时候由于实施了一些特别的路由策略，数据包通过的路径可能并不一定是最佳的。

路由器能够决定数据报文的转发路径。如果有多条路径可以到达目的地，则路由器会通过计算来决定最佳下一跳。计算的原则会随实际使用的路由协议不同而不同。

8.1.4　路由信息的来源

从路由器向路由表中填充路由条目的方式看，路由信息的来源可以分为3种：直连路由（Direct）、静态路由（Static）、动态路由（OSPF、RIP等）。

①直连路由：通过链路层协议发现的路由。只要连接该网络的接口状态正常，管理员就不需要进行任何配置，直连路由就会出现在路由表中。直连路由顾名思义，就是路由器本身接口连接的网络。在没有人为配置路由器的情况下，直连路由是路由器唯一拥有的路由。

②静态路由：通过网络管理员手动配置的路由。静态路由需要管理员通过命令手动添加到路由表中，是路由器事先不知道，而管理员希望路由器知道，专门告诉给它们的路由。

③动态路由：通过动态路由协议发现的路由。动态路由是路由器从邻居路由器那里学习过来的路由。

每个路由协议都有一个协议优先级（取值越小，优先级越高），路由协议优先级默认数值见表8-1。当有多个路由信息时，选择最高优先级的路由作为最佳路由。

表8-1　优先级默认数值

路由类型	Direct	OSPF	Static	RIP
路由协议优先级	0	10	60	100

如果路由器无法用优先级来判断最优路由，则使用度量值（Metric）来决定需要加入路由表的路由。一些常用的度量值有跳数、带宽、时延、代价、负载、可靠性等。跳数是指到达目的地所通过的路由器数目。带宽是指链路的容量，高速链路开销（度量值）较小。度量值越小，路由越优先。

8.1.5　命令视图

1.用户视图

当管理员登录进路由器时，会进入默认的用户视图。由用户视图的标识尖括号进行标记，设备的名称位于一对尖括号中。例如：

```
<Huawei>
```

2.进入系统视图

在用户视图中输入关键字system-view，进入系统视图。系统视图由方括号进行标记，设备的名称位于一对方括号中。如果要返回上一视图，可以输入关键字quit退出。

```
<Huawei>system-view
Enter system view，return user view with Ctrl+Z.
[Huawei]
```

无论当前处于哪一种视图的配置模式下，按【Ctrl+Z】组合键都会退回到登录设备时默认的用户视图中。

3.进入和退出以太网接口视图

在系统视图中输入命令“interface 接口类型　接口编号”，进入相应的接口的视图中。下面演示命令输入interface Ethernet0/0/0，进入编号为Ethernet0/0/0的以太网接口。如果要退出该接口视图，可输入关键字quit。

```
[Huawei]interface Ethernet0/0/0
[Huawei-Ethernet0/0/0]quit
```

4.二层接口与三层接口相互切换

AR201系列路由器默认情况下，接口Ethernet0/0/0为二层以太网接口。二层以太网接口不可以直接配置IP地址，网管员可以通过undo portswitch命令将接口Ethernet0/0/0从二层模式切换到三层模式，如果要从三层模式再切换到二层模式可以使用关键字portswitch。

```
[Huawei]interface Ethernet0/0/0
[Huawei-Ethernet0/0/0]undo portswitch
```

5.配置IP地址

管理员需要在相应接口的视图中输入“ip address IP地址　掩码”来给接口配置IP。对于华为设备，其接口默认处于打开状态，如果要切换接口状态，可在相应视图下输入命令shutdown关闭，undo shutdown打开接口。

```
[Huawei]interface Ethernet0/0/0
[Huawei-Ethernet0/0/0]ip address 192.168.0.1 255.255.255.0
```

6.Console 接口配置

Console接口的密码认证登录方式有两种设置方式：

authentication-mode password或set authentication password cipher *****，此处“*****”为输入密码，下面的演示密码为DMGG。

使用authentication-mode password，系统会自动要求输入密码，下面演示密码为DMGG。

```
[Huawei]user-interface console 0
[Huawei-ui-console0]authentication-mode password
Please configure the login password (maximum length 16): DMGG
[Huawei-ui-console0]
```

或

```
[Huawei]user-interface console 0
[Huawei-ui-console0]set authentication password cipher DMGG
[Huawei-ui-console0]
```

7.Telnet密码配置

Telnet密码配置与Console 接口配置命令相似，把参数console 0换成了vty 0 4，进入了从编号0到编号4的5个虚拟接口配置视图中，设置了密码验证，分配了管理级“3”的用户级别。

```
[Huawei]user-interface vty 0 4
[Huawei-ui-vty0-4]authentication-mode password
Please configure the login password (maximum length 16): dmgg
[Huawei-ui-vty0-4]user privilege level 3
[Huawei-ui-vty0-4]
```

或

```
[Huawei]user-interface vty 0 4
[Huawei-ui-vty0-4]set authentication password cipher dmgg
[Huawei-ui-vty0-4]user privilege level 3
[Huawei-ui-vty0-4]
```

8.保存配置文件

在设备上的配置基本上会即刻生效，一旦设备重启，没有保存的配置就会消失。保存配置的命令非常简单，管理员只要在用户视图下输入关键字save按提示保存即可。

```
<Huawei>save
The current configuration will be written to the device.
Are you sure to continue? (y/n)[n]: y
It will take several minutes to save configuration file, please wait........
Configuration file had been saved successfully
Note: The configuration file will take effect after being activated
<Huawei>
```

9.清空配置文件

如果管理员希望将设备的配置文件清空，需要在用户视图下输入命令reset saved-configuration来删除已经配置的文件。

```
<Huawei>reset saved-configuration
This will delete the configuration in the flash memory.
The device configuratio
ns will be erased to reconfigure.
Are you sure? (y/n)[n]: y
 Clear the configuration in the device successfully.
<Huawei>
```

10.测试网络连通性

在路由器上可以用“ping被测IP地址”，测试某个地址的可达性。

```
<AR2>ping 192.168.0.1
  PING 192.168.0.1: 56  data bytes, press CTRL_C to break
    Reply from 192.168.0.1: bytes=56 Sequence=1 ttl=255 time=470 ms
```

```
    Reply from 192.168.0.1: bytes=56 Sequence=2 ttl=255 time=50 ms
    Reply from 192.168.0.1: bytes=56 Sequence=3 ttl=255 time=50 ms
    Reply from 192.168.0.1: bytes=56 Sequence=4 ttl=255 time=50 ms
    Reply from 192.168.0.1: bytes=56 Sequence=5 ttl=255 time=60 ms
  --- 192.168.0.1 ping statistics ---
    5 packet(s) transmitted
    5 packet(s) received
    0.00% packet loss
    round-trip min/avg/max = 50/136/470 ms
```

11.跟踪路径

使用tracert命令可以检测出路径中最终目的地址不可达的问题到底出现在哪里。

```
<AR2>tracert 192.168.0.1
 traceroute to  192.168.0.1(192.168.0.1), max hops: 30,
packet length: 40, press CTRL_C to break
 1 192.168.0.1 120 ms  50 ms  60 ms
<AR2>
```

12.查看路由表

```
[AR1]display ip routing-table
Route Flags: R - relay, D - download to fib
Routing Tables: Public
Destinations: 7      Routes: 7

Destination/Mask    Proto    Pre  Cost  Flags  NextHop        Interface

127.0.0.0/8         Direct   0    0     D      127.0.0.1      InLoopBack0
127.0.0.1/32        Direct   0    0     D      127.0.0.1      InLoopBack0
127.255.255.255/32  Direct   0    0     D      127.0.0.1      InLoopBack0
192.168.0.0/24      Direct   0    0     D      192.168.0.1    Ethernet0/0/0
192.168.0.1/32      Direct   0    0     D      127.0.0.1      Ethernet0/0/0
192.168.0.255/32    Direct   0    0     D      127.0.0.1      Ethernet0/0/0
255.255.255.255/32  Direct   0    0     D      127.0.0.1      InLoopBack0
```

路由器转发数据包的关键是路由表和FIB（Forwarding Information Base）表，每个路由器都至少保存着一张路由表和一张FIB表。路由器通过路由表选择路由，通过FIB表指导报文进行转发。

①上述路由表中R和D是路由标记（Flags）。R表示该路由是迭代路由，D表示该路由下发到FIB表。

②Public表示此路由表是公网路由表，如果是私网路由表，则显示私网的名称，如Routing Tables：ABC。

③Destinations：7 Routes：7表示显示目的网络/主机的总数。

④Destination：目的地址，用来标识IP包的目的地址或者目的网络。

⑤Mask：表示此目的地址的子网掩码长度，与目的地址一起标识目的主机或者路由器所在的网段的地址。将目的地址和子网掩码“逻辑与”后可得到目的主机或路由器所在网段的地址。

⑥Proto：表示学习此路由的路由协议。

⑦Pre：表示此路由的路由协议优先级。针对同一目的地，可能存在不同下一跳、出接口等多条路由，这些不同的路由可能是由不同的路由协议发现的，也可以是手工配置的静态路由。优先级高（数值小）者将成为当前的最优路由。

⑧Cost：路由开销。当到达同一目的地的多条路由具有相同的路由优先级时，路由开销最小的将成为当前的最优路由。Cost用于同一种路由协议内部不同路由的优先级的比较。

⑨Flags：显示路由标记，即路由表头的Route Flags。

⑩Nexthop：表示此路由的下一跳地址。指明数据转发的下一个设备。

⑪Interface：表示此路由的出接口。指明数据将从本地路由器哪个接口转发出去。

路由器收到一个数据包后，会检查其目的IP地址，然后查找路由表。查找到匹配的路由表项之后，路由器会根据该表项所指示的出接口信息和下一跳信息将数据包转发出去。

路由表是路由器转发数据包的依据，是与路由器功能关系最紧密的数据库。查看和分析路由器的路由表是网络管理员日常工作不可或缺的。

8.2 项目实战

8.2.1 项目背景

某IT公司网络中心采购了一台新路由器，现管理员要对它进行常规配置，实现远程访问。本项目需要两台路由器，一台设为公司路由器，另一台设为客户端。

项目实战目的：

①了解路由表与路由条目。

②理解路由信息的3种来源。

③掌握路由器的基础配置命令。

④掌握路由器密码配置。

8.2.2 项目规划设计

配置拓扑如图8-1所示，设备配置地址见表8-2。本项目所选路由器设备为AR201两台，AR1作为公司路由器，AR2模拟客户端。

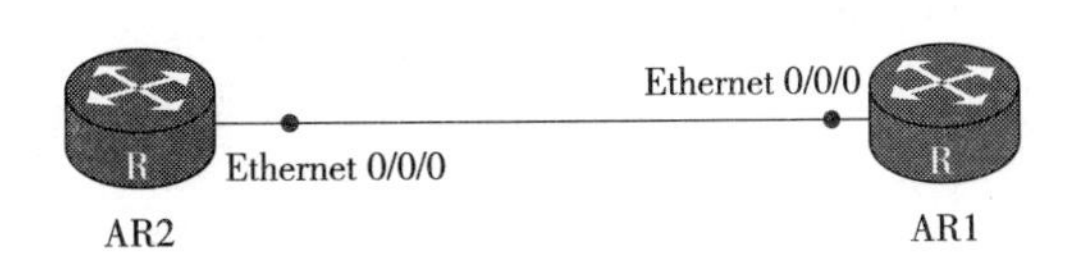

图8-1 路由器基本配置

表8-2 设备配置地址

设 备	接 口	IP地址	子网掩码
AR1	Ethernet0/0/0	192.168.0.1	255.255.255.0
AR2	Ethernet0/0/0	192.168.0.2	255.255.255.0

8.2.3 项目实施

1.配置路由器AR1

①输入system-view命令进入系统视图。双击路由器AR1，在<Huawei>提示符下输入system-view命令，进入系统视图模式。

```
<Huawei>system-view
Enter system view, return user view with Ctrl+Z.
[Huawei]
```

②配置路由器的名称。进入系统视图，使用hostname AR1命令配置路由器名称。具体配置步骤如下：

```
[Huawei]sysname AR1
[AR1]
```

③配置路由器接口的IP地址。路由器接口Ethernet0/0/0的IP地址设置为192.168.0.1，子网掩码为255.255.255.0。如果路由器接口是二层接口模式，需要使用关键字portswitch切换到三层接口。具体配置步骤如下：

```
[AR1]interface Ethernet0/0/0
[AR1-Ethernet0/0/0]ip address 192.168.0.1 255.255.255.0
[AR1-Ethernet0/0/0]quit
```

④配置Telnet远程访问密码。进入用户界面视图，设置认证方式为密码验证方式，设置登录验证的password 密码为DMGG，系统默认 vty 登录方式用户级别为0，设置为3才能进入系统视图。具体配置步骤如下：

```
[AR1]user-interface vty 0 4
[AR1-ui-vty0-4]authentication-mode password
Please configure the login password (maximum length 16): DMGG
[AR1-ui-vty0-4]
```

⑤配置Console。进入用户界面视图，设置本地登录密码，设置登录验证的password 密码为GGDM。具体配置步骤如下：

```
[AR1]user-interface console 0
[AR1-ui-console0]authentication-mode password
Please configure the login password (maximum length 16): GGDM
[AR1-ui-console0]
```

⑥保存配置。

```
<AR1>save
The current configuration will be written to the device.
Are you sure to continue? (y/n)[n]: y
It will take several minutes to save configuration file, please wait.......
Configuration file had been saved successfully
Note: The configuration file will take effect after being activated
<AR1>
```

2.配置客户端AR2

本项目使用路由器AR2作为客户端，模拟Telnet远程登录。

①配置AR2的名称。进入系统视图，使用hostname AR2命令配置路由器名称。具体配置步骤如下：

```
[Huawei]sysname AR2
[AR2]
```

②配置AR2的IP地址。路由器AR2接口Ethernet0/0/0的IP地址设置为192.168.0.2，子网掩码为255.255.255.0。如果路由器接口是二层接口模式，需要使用关键字portswitch切换到三层接口。具体配置步骤如下：

```
[AR2]interface Ethernet0/0/0
[AR2-Ethernet0/0/0]ip address 192.168.0.2 255.255.255.0
[AR2-Ethernet0/0/0]quit
```

3.测试验证

①Telnet远程登录。在客户端AR2中输入telnet 192.168.0.1，显示成功登录，结果如下：

```
<AR2>telnet 192.168.0.1
Press CTRL_] to quit telnet mode
Trying 192.168.0.1...
Connected to 192.168.0.1...
Login authentication
Password: DMGG
<AR1>
```

②本地登录。完全退出路由器AR1登录界面，再次登录时要求输入密码。

```
<AR1>
Please check whether system data has been changed, and save data in time
Configuration console time out, please press any key to log on
Login authentication
Password: GGDM
```

8.3　常见问题与分析

【问题1】路由器用户登录后超时时间是多少？怎样修改空闲超时时间？

解析：默认情况下，路由器超时时间为5 min。执行命令idle-timeout minutes[seconds]来设置用户界面断连的超时时间。

如果管理员需要设置console接口空闲超时时间为15 min，可按如下操作步骤执行：

```
[AR1]user-interface console 0
[AR1-ui-console0]idle-timeout 15 0
```

【问题2】忘记路由器Console接口登录密码怎么处理？

解析：如果忘记了路由器Console接口登录密码，可以通过Telnet登录设备修改Console接口密码；或恢复出厂设置，重新配置。

【问题3】忘记路由器Telnet登录密码怎么处理?

解析： 如果忘记了路由器Telnet登录密码，可以通过Console接口登录设备修改Telnet密码；或恢复出厂设置，重新配置。

8.4 拓展训练

1.训练目的

熟悉路由器的各个视图模式，熟练设备改名（sysname）、测试网络连通性（ping）、跟踪路径（tracert）、查看路由表（display ip routing）等命令的使用，学会帮助的使用，记住常用的快捷键。

2.训练拓扑

拓扑结构图如图8-2所示。

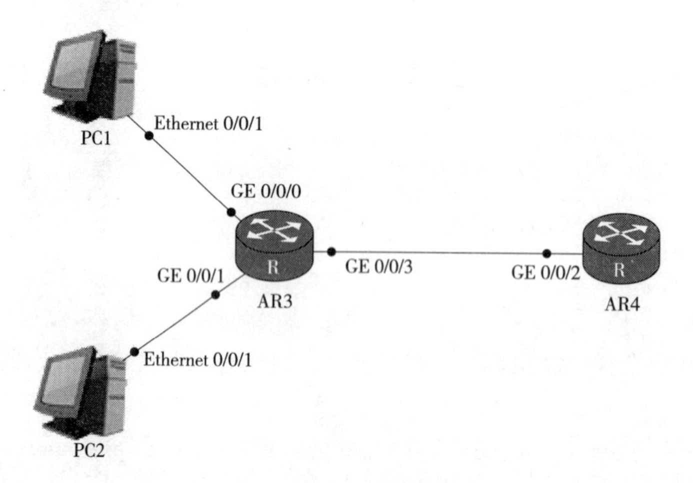

图8-2　拓扑结构图

3.训练要求

（1）网络布线

根据拓扑图进行网络布线（路由器型号使用AR2220）。

（2）实验编址

根据网络拓扑图设计网络设备的IP地址，填写表8-3所示地址分配表。根据需要填写，不需要填写打×。

表8-3　设备配置地址表

设　备	接　口	IP地址	子网掩码	网　关
AR3	GigabitEthernet 0/0/0			
	GigabitEthernet 0/0/1			
	GigabitEthernet 0/0/2			

续表

设　备	接　口	IP地址	子网掩码	网　关
AR4	GigabitEthernet 0/0/2			
PC1	Ethernet 0/0/1			
PC2	Ethernet 0/0/1			

（3）主要步骤

①搭建训练环境，根据表8-3填写的IP地址，设置PC1、PC2的IP地址、子网掩码以及网关。

②在路由器AR3上配置：

- 配置路由器名AR3。
- 在路由器AR3上配置接口GE 0/0/0、GE 0/0/1、GE 0/0/2 IP地址。
- 配置路由器AR3 Console 接口。
- 配置路由器AR3 Telnet密码。

③在模拟客户端路由器AR4上配置：

- 配置路由器名AR4。
- 在路由器AR4上配置接口GE 0/0/2 IP地址。

④验证测试：

- 使用ping命令测试主机PC1与PC2之间的通信。
- 使用tracert命令跟踪路径。
- 使用display ip routing查看路由表。
- 在模拟客户端AR4 Telnet登录测试。

第9章　静态路由的配置

静态路由配置比较简单，被广泛应用于网络中。另外，静态路由还可以实现负载均衡和路由备份。因此，学习并掌握静态路由的应用与配置是非常必要的。

9.1　技术知识

9.1.1　静态路由概述

静态路由是指由管理员手动配置和维护的路由，无须像动态路由那样占用路由器的CPU资源来计算和分析路由更新。当网络结构比较简单时，只需要配置静态路由就可以使网络正常工作。使用静态路由可以改进网络的性能，并可为重要的应用保证带宽。

①路由备份：也称浮动静态路由，在配置去往相同的目的网段多条静态路由时，可以修改静态路由的优先级，使一条静态路由的优先级高于其他静态路由，从而实现静态路由的备份。即主路由失效的情况下，提供备份路由。正常情况下，备份路由不会出现在路由表中。静态路由默认优先级为60，值越大优先级越低。

②负载均衡：当源网络和目的网络之间存在多条链路时，可以通过等价路由来实现流量负载分担。通过配置相同优先级和开销的静态路由来实现负载均衡，使得数据的传输均衡地分配到多条路径上，从而实现数据分流、减轻单条路径负载过重的效果。而当其中某一条路径失效时，其他路径仍然能够正常传输数据。这些等价路由具有相同的目的网络和掩码、优先级和度量值。

③默认路由：当路由表中没有与报文的目的地址匹配的表项时，设备可以选择默认路由作为报文的转发路径。在路由表中，默认路由的目的网络地址为0.0.0.0，掩码也为0.0.0.0。默认静态路由的默认优先级也是60。在路由选择过程中，默认路由会被最后匹配。

9.1.2　静态路由的特点

静态路由的配置全由管理员自己决定，只要符合静态路由配置命令格式即可，因为静态路由的算法取决于网络管理员的思想和对静态路由的认识，并不是由路由器自动学习来完成的。在配置和应用静态路由时，应当全面了解静态路由的以下几个主要特点。

1.手动配置

静态路由需要网络管理员根据实际需要手动配置，路由器不会自动生成所需的静态路由。当网络发生故障或者拓扑发生变化后，静态路由不会自动更新，必须手动重新配置。

2.路由路径相对固定

因为静态路由是手动配置的、静态的，所以每个配置的静态路由在本地路由器上的路径基本上是不变的，除非由网络管理员自己修改。另外，当网络的拓扑结构或链路的状态发生变化时，这些静态路由也不能自动修改，需要网络管理员手工去修改路由表中相关的静态路由信息。

3.永久存在

因为静态路由是由管理员手工创建的，所以一旦创建完成，它会永久在路由表中存在。除非网络管理员自己将其删除，或者静态路由中指定的出接口关闭，或者下一跳IP地址不可达。

4.不可通告性

静态路由信息在默认情况下是私有的，不会通告给其他路由器，也就是当在一个路由器上配置了某条静态路由时，它不会被通告到网络中相连的其他路由器上。但网络管理员可以通过重发布静态路由为其他动态路由，使得网络中其他路由器也可获此静态路由。

5.单向性

静态路由是具有单向性的，也就是它仅为数据提供沿着下一跳的方向进行路由，不提供反向路由。所以，如果想要使源节点与目标节点的网络进行双向通信，就必须同时配置回程静态路由。在现实中经常发现这样的问题，就是配置了到达某节点的静态路由，但是ping不通，其中一个重要原因就是没有配置回程静态路由。

6.接力性

如果某条静态路由中间经过的跳数大于1（也就是整条路由路径经历了3个或以上路由器节点），则必须在除最后一个路由器外的其他路由器上依次配置到达相同目标节点或目标网络的静态路由，这就是静态路由的“接力”特性，否则仅在源路由器上配置静态路由还是不可达的。

7.递归性

许多读者一直存在一个错误的认识，那就是认为静态路由的“下一跳”必须是与本地路由直接连接的下一个路由器接口，其实这是片面的。它的下一跳可以是路径中其他路由器中的任一个接口，只要能保证到达下一跳即可。这就是静态路由的“递归性”。

8.适用小型网络

静态路由一般适用于比较简单的小型网络环境，因为在这样的环境中，网络管理员易于清楚地了解网络的拓扑结构，便于设置正确的路由信息。同时，小型网络所需配置的静态路由条目不会太多。如果网络规模较大，拓扑结构比较复杂，则不宜采用静态路由，因为这样的配置工作量实在太大。

9.1.3 静态路由的缺点

静态路由的缺点在于：它们需要在路由器上手动配置，如果网络结构复杂或者跳数较多，仅通过静态路由来实现路由，则要配置的静态路由可能非常多，而且还可能造成路由环路；如果网络拓扑结构发生改变，路由器上的静态路由必须跟着改变，否则原来配置的静态路由将可能失效。

9.1.4 命令视图

1.静态路由命令格式

静态路由有5个主要参数：目的地址和子网掩码、出接口和下一跳、优先级。

目的IP地址就是报文要到达的目的主机或者目的网络的IP地址，子网掩码就是目的地址所对应的子网掩码。当目的地址和子网掩码全为0时，表示静态默认路由。根据不同的出接口类型（点对点类型、NBMA类型、广播类型），在配置静态路由时，可以选择出接口的方式，也可以指定下一跳IP地址，还可以同时指定出接口和下一跳IP地址。对于不同的静态路由，可以为它们配置不同的优先级。优先级值越小表示静态路由的优先级越高。配置到达相同目的地的多条静态路由，如果指定相同的优先级，则可实现负载分担；如果指定不同优先级，则可以实现路由备份。

静态路由配置过程见表9-1。

表9-1 静态路由配置过程

步骤	命　令	解　释
1	**system-view**	进入系统视图
2	**ip route-static** *ip-address*{*mask*|*mask-length*}*interface-type interface-number* [*nexthop-address*] [**preference** *preference-value*]	参数dest-address指定了一个网络或者主机的目的地址。 参数mask指定了一个子网掩码或者前缀长度。 如果使用了广播接口如以太网接口作为出接口，则必须要指定下一跳地址；如果使用了串口作为出接口，则可以通过参数interface-type和interface-number（如Serial 1/0/0）来配置出接口，此时不必指定下一跳地址。 参数preference-value为优先级值

2.检查配置结果

在配置完静态路由之后，可以使用命令来验证配置结果，见表9-2。

表9-2 静态路由检查配置

序号	命　令	解　释
1	**system-view**	进入系统视图
2	**display ip routing-table**	查看路由表
3	**display ip routing-table protocol static**	查看路由表中的静态路由条目

9.2 项目实战

9.2.1 项目背景

某公司有一个总部和两个分支机构。其中，AR1为总部路由器，总部有一个网段，AR2、AR3为分支机构。AR1通过以太网和串行线缆与分支机构相连，分支机构之间也通过串行线缆实现互联。

因为网络规模较小，所以采用静态路由和浮动静态路由的方式实现网络互通。

本项目需要三台路由器、两台PC。路由器AR1扮演公司总部，路由器AR2和AR3扮演分支机构，两台PC分别扮演两个分部公司中的办公网络。AR1、AR2、AR3之间使用串行线缆连接。

项目实战目的：

①了解静态路由工作场景。

②熟悉静态路由的主要特点。

③掌握配置静态路由的命令。

④理解浮动静态路由的应用场景。

⑤掌握配置浮动静态路由的方法。

⑥掌握测试浮动静态路由的方法。

9.2.2 项目规划设计

项目实战拓扑如图9-1所示，设备配置地址见表9-3。本项目所选路由器设备为AR2220两台（需要在设备里添加串口模块，设备停止后，右击设备，选择“设置”→“eNSP支持的接口卡”，选中2SA模块，拖动到上面视图当中），两台终端设备PC所在的网段分别模拟两个分部中的办公网络。

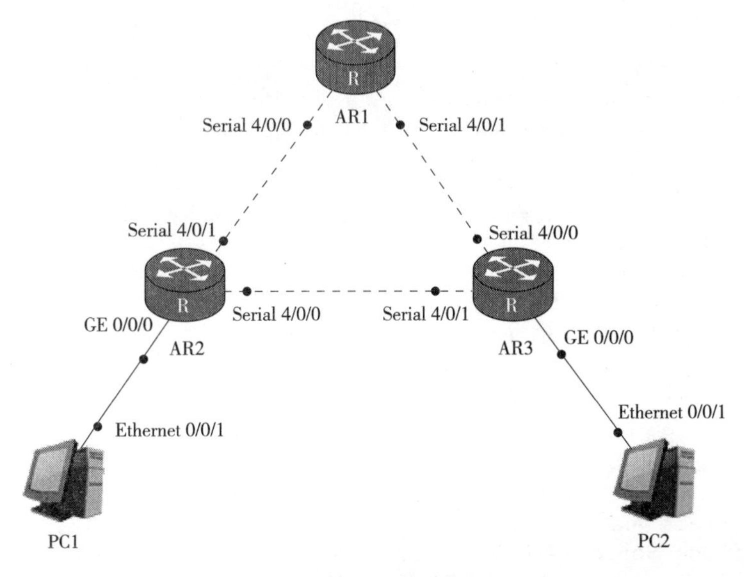

图9-1 静态路由与浮动静态路由拓扑

表9-3 设备编址

设 备	接 口	IP地址	子网掩码	网 关
AR1	S4/0/0	12.1.1.1	255.255.255.0	×
	S4/0/1	13.1.1.1	255.255.255.0	×
AR2	S4/0/0	23.1.1.2	255.255.255.0	×
	S4/0/1	12.1.1.2	255.255.255.0	×
	G0/0/0	22.1.1.2	255.255.255.0	×
AR3	S4/0/0	13.1.1.3	255.255.255.0	×
	S4/0/1	23.1.1.3	255.255.255.0	×
	G0/0/0	33.1.1.3	255.255.255.0	×
PC1	Ethernet0/0/1	22.1.1.22	255.255.255.0	22.1.1.2
PC2	Ethernet0/0/1	33.1.1.33	255.255.255.0	33.1.1.3

9.2.3 项目实施

1.静态路由的配置

（1）基本配置

根据设备编址进行相应的基本配置。

```
<Huawei>system-view     #配置路由器AR1
Enter system view, return user view with Ctrl+Z.
[Huawei]sysname AR1
[AR1]interface Serial 4/0/0
[AR1-Serial4/0/0]ip address 12.1.1.1 24
[AR1-Serial4/0/0]interface Serial 4/0/1
[AR1-Serial4/0/1]ip address 13.1.1.1 24
[AR1-Serial4/0/1]
<Huawei>system-view     #配置路由器AR2
Enter system view, return user view with Ctrl+Z.
[Huawei]sysname AR2
[AR2]interface Serial 4/0/1
[AR2-Serial4/0/1]ip address 12.1.1.2 24
[AR2-Serial4/0/1]quit
[AR2]interface GigabitEthernet 0/0/0
[AR2-GigabitEthernet0/0/0]ip address 22.1.1.2 24
Jul 21 2018 10: 18: 18-08: 00 AR2 %%01IFNET/4/LINK_STATE(l)[0]: The line protocol IP
 on the interface GigabitEthernet0/0/0 has entered the UP state.
[AR2-GigabitEthernet0/0/0]

<Huawei>system-view     #配置路由器AR3
Enter system view, return user view with Ctrl+Z.
[Huawei]sysname AR3
[AR3]interface Serial 4/0/0
[AR3-Serial4/0/0]ip address 13.1.1.3 24
```

```
[AR3-Serial4/0/0]
Jul 21 2018 09: 48: 36-08: 00 AR3 %%01IFNET/4/LINK_STATE(l)[0]: The line
protocol PPP IPCP on the interface Serial4/0/0 has entered the UP state.
[AR3-Serial4/0/0]quit
[AR3]interface GigabitEthernet 0/0/0
[AR3-GigabitEthernet0/0/0]ip address 33.1.1.3 24
Jul 21 2018 10: 16: 34-08: 00 AR3 %%01IFNET/4/LINK_STATE(l)[0]: The line
protocol IP on the interface GigabitEthernet0/0/0 has entered the UP state.
[AR3-Serial4/0/0]
```

（2）配置静态路由

在每台路由器上配置静态路由协议，实现总部与两分部间、两分部间的通信。

静态路由可以应用在串行网络或以太网中，但静态路由在这两种网络中的配置有所不同。

在串行网络中配置静态路由时，可以只指定下一跳地址或只指定出接口。华为ARG3系列路由器中，串行接口默认封装PPP协议，对于这种类型的接口，静态路由的下一跳地址就是与接口相连的对端接口的地址，所以在串行网络中配置静态路由时可以只配置出接口。

如果以太网是广播类型网络，和串行网络情况不同。在以太网中配置静态路由，必须指定下一跳地址。本项目使用的是路由器串行接口，既可以指定出口也可以使用下一跳地址。

①正向路由：在AR2上配置目的网段为主机PC2所在网段的静态路由。

②正向接力路由：在AR1上配置目的网段为主机PC2所在网段的静态路由。

③回程路由：在AR3上配置目的网段为主机PC1所在网段的静态路由。

④回程接力路由：在AR1上配置目的网段为主机PC1所在网段的静态路由。

```
[AR2]ip route-static 33.1.1.0 24 Serial 4/0/1                    #正向路由
[AR1]ip route-static 33.1.1.0 24 Serial 4/0/1                    #正向接力路由
[AR3]ip route-static 22.1.1.0 255.255.255.0 13.1.1.1             #回程路由
[AR1]ip route-static 22.1.1.0 24 Serial 4/0/0                    #回程接力路由
```

配置完成后，查看AR1的路由表。

```
<AR1>display ip routing-table
Route Flags: R - relay, D - download to fib
------------------------------------------------------------------------------
Routing Tables: Public
         Destinations: 14        Routes: 14
Destination/Mask    Proto     Pre    Cost    Flags  NextHop        Interface

      12.1.1.0/24   Direct    0      0        D     12.1.1.1       Serial4/0/0
      12.1.1.1/32   Direct    0      0        D     127.0.0.1      Serial4/0/0
      12.1.1.2/32   Direct    0      0        D     12.1.1.2       Serial4/0/0
    12.1.1.255/32   Direct    0      0        D     127.0.0.1      Serial4/0/0
      13.1.1.0/24   Direct    0      0        D     13.1.1.1       Serial4/0/1
      13.1.1.1/32   Direct    0      0        D     127.0.0.1      Serial4/0/1
      13.1.1.3/32   Direct    0      0        D     13.1.1.3       Serial4/0/1
    13.1.1.255/32   Direct    0      0        D     127.0.0.1      Serial4/0/1
      22.1.1.0/24   Static    60     0        D     12.1.1.1       Serial4/0/0
```

```
      33.1.1.0/24     Static    60     0     D   13.1.1.1       Serial4/0/1
       127.0.0.0/8    Direct    0      0     D   127.0.0.1      InLoopBack0
      127.0.0.1/32    Direct    0      0     D   127.0.0.1      InLoopBack0
127.255.255.255/32    Direct    0      0     D   127.0.0.1      InLoopBack0
255.255.255.255/32    Direct    0      0     D   127.0.0.1      InLoopBack0
```

可以观察到，在AR2的路由表中存在以主机PC1、PC2所在网段为目的的路由条目，它们下一跳路由器分别为AR1、AR2。

（3）验证配置效果

验证两分部之间的连通性，在PC1上测试与PC2之间的连通性。

```
PC>ping 33.1.1.33
Ping 33.1.1.33: 32 data bytes, Press Ctrl_C to break
From 33.1.1.33: bytes=32 seq=1 ttl=125 time=16 ms
From 33.1.1.33: bytes=32 seq=2 ttl=125 time=31 ms
From 33.1.1.33: bytes=32 seq=3 ttl=125 time=15 ms
From 33.1.1.33: bytes=32 seq=4 ttl=125 time=15 ms
From 33.1.1.33: bytes=32 seq=5 ttl=125 time=16 ms
--- 33.1.1.33 ping statistics ---
  5 packet(s) transmitted
  5 packet(s) received
  0.00% packet loss
  round-trip min/avg/max = 15/18/31 ms
PC>
```

两分部之间通信正常，在主机PC1上使用tracert命令测试所经过的网关。

```
PC>tracert 33.1.1.33
traceroute to 33.1.1.33, 8 hops max
(ICMP), press Ctrl+C to stop
 1  22.1.1.2     16 ms   15 ms   <1 ms
 2  12.1.1.1     16 ms   31 ms   16 ms
 3  13.1.1.3     31 ms   16 ms   15 ms
 4  33.1.1.33    16 ms   31 ms   16 ms
```

通过观察发现PC1 ping的数据包是经过AR2、AR1、AR3的顺序到达主机PC2的。

验证总部与两分部之间的通信，在AR1上使用ping命令测试。

```
<AR1>ping 22.1.1.22     #验证总部与分部PC1所在的网段
  PING 22.1.1.22: 56  data bytes, press CTRL_C to break
    Reply from 22.1.1.22: bytes=56 Sequence=1 ttl=127 time=20 ms
    Reply from 22.1.1.22: bytes=56 Sequence=2 ttl=127 time=20 ms
    Reply from 22.1.1.22: bytes=56 Sequence=3 ttl=127 time=30 ms
    Reply from 22.1.1.22: bytes=56 Sequence=4 ttl=127 time=30 ms
    Reply from 22.1.1.22: bytes=56 Sequence=5 ttl=127 time=10 ms
  --- 22.1.1.22 ping statistics ---
    5 packet(s) transmitted
    5 packet(s) received
    0.00% packet loss
    round-trip min/avg/max=10/22/30 ms
<AR1>ping 33.1.1.33     #验证总部与分部PC2所在的网段
  PING 33.1.1.33: 56  data bytes, press CTRL_C to break
    Reply from 33.1.1.33: bytes=56 Sequence=1 ttl=127 time=20 ms
    Reply from 33.1.1.33: bytes=56 Sequence=2 ttl=127 time=10 ms
```

```
    Reply from 33.1.1.33: bytes=56 Sequence=3 ttl=127 time=20 ms
    Reply from 33.1.1.33: bytes=56 Sequence=4 ttl=127 time=20 ms
    Reply from 33.1.1.33: bytes=56 Sequence=5 ttl=127 time=20 ms
  --- 33.1.1.33 ping statistics ---
    5 packet(s) transmitted
    5 packet(s) received
    0.00% packet loss
    round-trip min/avg/max = 10/18/20 ms
```

通过测试，总部路由器AR1能够正常访问两个分部主机PC1和PC2的网络。

2.浮动静态路由的配置

这是在静态路由配置后进行的。实现两分部通信时，直连链路为主用链路，通过总部的链路为备用链路，即当主用链路发生故障时，可以使用备用链路保障两分部网络间的通信。

（1）基本配置

在AR2和AR3增加主用链路接口基本配置。

```
[AR2]interface Serial 4/0/0
[AR2-Serial4/0/0]ip address 23.1.1.2 24
[AR3]interface Serial 4/0/1
[AR3-Serial4/0/1] ip address 23.1.1.3 24
```

（2）配置静态路由

在AR2和AR3增加主用链路静态路由的配置。

```
[AR2]ip route-static 33.1.1.0 24 23.1.1.3
[AR3]ip route-static 22.1.1.0 24 23.1.1.2
```

查看AR2的路由表。

```
<AR2>display ip routing-table
Route Flags: R - relay, D - download to fib
--------------------------------------------------------------------------
Routing Tables: Public
         Destinations: 16        Routes: 17

Destination/Mask    Proto   Pre  Cost  Flags   NextHop     Interface

     12.1.1.0/24    Direct  0    0      D      12.1.1.2    Serial4/0/1
     12.1.1.1/32    Direct  0    0      D      12.1.1.1    Serial4/0/1
     12.1.1.2/32    Direct  0    0      D      127.0.0.1   Serial4/0/1
     12.1.1.3/32    Direct  0    0      D      12.1.1.3    Serial4/0/0
   12.1.1.255/32    Direct  0    0      D      127.0.0.1   Serial4/0/1
     22.1.1.0/24    Direct  0    0      D      22.1.1.2    GigabitEthernet0/0/0
     22.1.1.2/32    Direct  0    0      D      127.0.0.1   GigabitEthernet0/0/0
   22.1.1.255/32    Direct  0    0      D      127.0.0.1   GigabitEthernet0/0/0
     23.1.1.0/24    Direct  0    0      D      23.1.1.2    Serial4/0/0
     23.1.1.2/32    Direct  0    0      D      127.0.0.1   Serial4/0/0
   23.1.1.255/32    Direct  0    0      D      127.0.0.1   Serial4/0/0
     33.1.1.0/24    Static  60   0      D      12.1.1.2    Serial4/0/1
                    Static  60   0      RD     23.1.1.3    Serial4/0/0
     127.0.0.0/8    Direct  0    0      D      127.0.0.1   InLoopBack0
```

```
     127.0.0.1/32   Direct  0    0     D      127.0.0.1   InLoopBack0
127.255.255.255/32   Direct  0    0     D      127.0.0.1   InLoopBack0
255.255.255.255/32   Direct  0    0     D      127.0.0.1   InLoopBack0
<AR2>display ip routing-table protocol static
Route Flags: R - relay, D - download to fib
------------------------------------------------------------------------------
Public routing table: Static
      Destinations: 1        Routes: 2        Configured Routes: 2

Static routing table status: <Active>
      Destinations: 1        Routes: 2

Destination/Mask    Proto   Pre  Cost  Flags   NextHop    Interface

     33.1.1.0/24    Static  60   0      RD     23.1.1.3   Serial4/0/0
                    Static  60   0      D      12.1.1.2   Serial4/0/1

Static routing table status: <Inactive>
      Destinations: 0        Routes: 0
```

通过观察路由表中有两条静态路由，优先级默认都是60，而其路由标记（Flags）不同。除了表示路由已被放入路由转发表的D标记外，在AR2上只使用IP地址作为下一跳参数配置的静态路由中，多了一个路由标记R，这表示该路由是一条迭代路由。也就是说，路由器在将路由放入IP路由表前，会先根据管理员在静态路由命令中配置的下一跳IP地址，自动判断出转发数据包的出站接口，然后再为这条路由添加出站接口信息。而D标记，是直接使用管理员指定的出站接口，无须迭代计算。

（3）配置浮动静态路由

修改AR2去往PC2所在网段经过AR1静态路由的优先级。关键字preference取值越小，优先级越高；取值越大，优先级越小。

```
[AR2]ip route-static 33.1.1.0 255.255.255.0 Serial4/0/1 preference 80
```

修改AR3去往PC1所在网段经过AR1静态路由的优先级。

```
[AR3]ip route-static 22.1.1.0 255.255.255.0 13.1.1.1 preference 80
```

在AR2使用命令查看路由表中静态路由条目。

```
<AR2>display ip routing-table protocol static
Route Flags: R - relay, D - download to fib
------------------------------------------------------------------------------
Public routing table: Static
      Destinations:   1       Routes: 2        Configured Routes: 2

Static routing table status: <Active>
      Destinations:   1       Routes: 1

Destination/Mask    Proto   Pre   Cost  Flags NextHop     Interface

     33.1.1.0/24    Static  60    0     RD    23.1.1.3    Serial4/0/0

Static routing table status: <Inactive>
```

```
         Destinations: 1          Routes: 1

  Destination/Mask    Proto   Pre   Cost    Flags NextHop        Interface

       33.1.1.0/24    Static   80     0          12.1.1.2          Serial4/0/1
```

通过观察输出信息，AR2路由表分成了两部分：<Active>和<Inactive>。<Active>部分显示的路由是路由器当前正在使用的路由，也就是案例中AR2与AR3直连之间的链路为主用路由路径。在<Inactive>部分为管理员配置的第二条路由，其优先级是80，下一跳是12.1.1.2，出站接口是Serial4/0/1。注意这条非活跃路由的路由标记中没有D，说明这条路由没有启用。

（4）验证配置效果

配置完成后，在PC1上测试与PC2之间的连通性。

```
PC>ping 33.1.1.33
Ping 33.1.1.33: 32 data bytes, Press Ctrl_C to break
From 33.1.1.33: bytes=32 seq=1 ttl=126 time=16 ms
From 33.1.1.33: bytes=32 seq=2 ttl=126 time=15 ms
From 33.1.1.33: bytes=32 seq=3 ttl=126 time=15 ms
From 33.1.1.33: bytes=32 seq=4 ttl=126 time=15 ms
From 33.1.1.33: bytes=32 seq=5 ttl=126 time=15 ms
--- 33.1.1.33 ping statistics ---
  5 packet(s) transmitted
  5 packet(s) received
  0.00% packet loss
  round-trip min/avg/max=15/15/16 ms
PC>tracert 33.1.1.33
traceroute to 33.1.1.33, 8 hops max
(ICMP), press Ctrl+C to stop
 1  22.1.1.2    15 ms      <1 ms   16 ms
 2  23.1.1.3    16 ms      <1 ms   15 ms
 3  33.1.1.33   16 ms      15 ms   16 ms
PC>
```

通过观察发现两分部之间可以正常通信，且PC1 ping的数据包是经过AR2、AR3的顺序到达主机PC2的。

9.3　常见问题与分析

【问题1】如何将静态路由配置为浮动静态路由?

解析：在配置静态路由时，需要调整其中一条静态路由的优先级，就可将其修改为浮动静态路由。

【问题2】在路由选择过程中，为什么默认路由会被最后匹配?

解析：在配置默认路由时，目的网络为0.0.0.0，代表的是任意网络。路由器在依据数据包目的IP地址转发数据包时，会采用“最长匹配”原则，即当多条路由均匹配数据包的目的IP地址时，路由器会按照掩码最长的、也就是最精确的那条路由来转发这个数据包。

9.4 拓展训练

1.训练目的

①理解配置静态路由哪种情况下使用指定接口。

②掌握配置静态路由（指定接口）的方法。

③理解配置静态路由哪种情况下使用指定下一跳IP地址。

④掌握配置静态路由（指定下一跳IP地址）的方法。

⑤掌握测试静态路由连通性的方法。

2.训练拓扑

拓扑结构图如图9-2所示。图中AR4、AR5、AR6、AR7为AR2220类型设备，LSW1为S3700交换机。最终实现的效果是AR4能够与AR6/AR7进行通信。

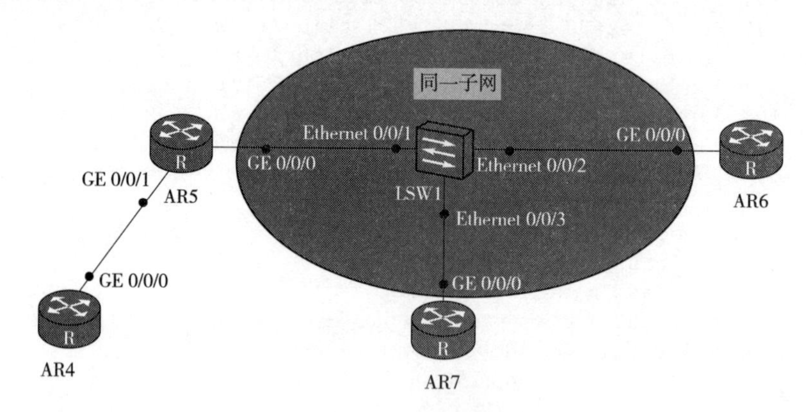

图9-2　拓扑结构图

3.训练要求

（1）网络布线

根据拓扑图进行网络布线（路由器型号使用AR2220）。

（2）实验编址

根据网络拓扑图设计网络设备的IP编址，填写表9-4所示地址分配表。根据需要填写，不需要填写打×。

表9-4　设备配置地址

设　备	接　口	IP地址	子网掩码
AR4	GE0/0/0		
AR5	GE0/0/0		
	GE0/0/1		
AR6	GE0/0/0		

续表

设　备	接　口	IP地址	子网掩码
AR7	GE0/0/0		
LSW1	Ethernet0/0/1		
	Ethernet0/0/2		
	Ethernet0/0/3		

（3）主要步骤

①搭建训练环境。填写表9-4中的IP地址，根据拓扑图绘制拓扑结构。

②基本配置。配置AR4、AR5、AR6、AR7路由器名、接口地址信息。交换机LSW1不需要配置。

③配置静态路由。配置AR4、AR6、AR7的静态路由协议。

④验证测试。配置完成后，在AR4上测试与AR6/AR7之间的连通性。

第10章　RIP的配置

上一章学习了静态路由的配置，静态路由是由管理员手工指定目标地址及下一跳IP地址，不以外部条件变更而变化。当路由器多的时候，一个节点IP的变更都会给管理员带来很大的工作量。RIP是动态路由，宣告的是自身的网段，并学习邻居宣告而来的网段，不需要手工指定下一跳的具体IP，会根据网络环境的变更而产生变化。当设备多的时候，节点的变动不会给管理员造成负担，而且可有效缓解网络管理员工作的烦琐程度。

10.1　技术知识

10.1.1　RIP概述

RIP（Routing Information Protocol，路由信息协议）是一种比较简单的内部网关协议。RIP使用了基于距离矢量的贝尔曼-福特算法（Bellman-Ford）来计算到达目的网络的最佳路径。

最初的RIP协议开发时间较早，所以在带宽、配置和管理方面要求也较低，因此，RIP主要适合于规模较小的网络。

路由器启动时，路由表中只会包含直连路由。运行RIP之后，路由器会发送Request报文，用来请求邻居路由器的RIP路由。运行RIP的邻居路由器收到该Request报文后，会根据自己的路由表，生成Response报文进行回复。路由器在收到Response报文后，会将相应的路由添加到自己的路由表中。

RIP网络稳定以后，每个路由器会周期性地向邻居路由器通告自己的整张路由表中的路由信息，默认周期为30 s。邻居路由器根据收到的路由信息刷新自己的路由表。

10.1.2　运行RIP

每台运行RIP的路由器，都有一个RIP数据库，里面存着路由器所有的RIP路由，包括路由器本身的直连路由，以及从其他路由器收到的路由。RIP数据库的路由条目包含：目的网络地址/网络掩码、度量值、下一跳地址、老化计时器以及路由状态标识等信息。RIP数据库中的有效路由条目会添加到路由器的路由表中。

每台运行RIP的路由器都会定期地通告自己的路由表，当路由器收到RIP路由更新时，如果这些路由是路由表里没有的，并且是有效的，就把它添加到路由表中，同时设置路由的度量值和下一跳地址。

1.路由器启动

如图10-1所示，R1、R2和R3三台路由器直连，三台路由器都已开启 RIP。在启动路由器后，所有路由器自动发现自己的直连路由，并将直连路由添加到路由表中。例如，R1的路由表中添加了192.168.12.0/24和1.0.0.0/8两条直连路由。直连路由的RIP度量值为0跳，0跳表示到达这个网段不需要经过路由器。

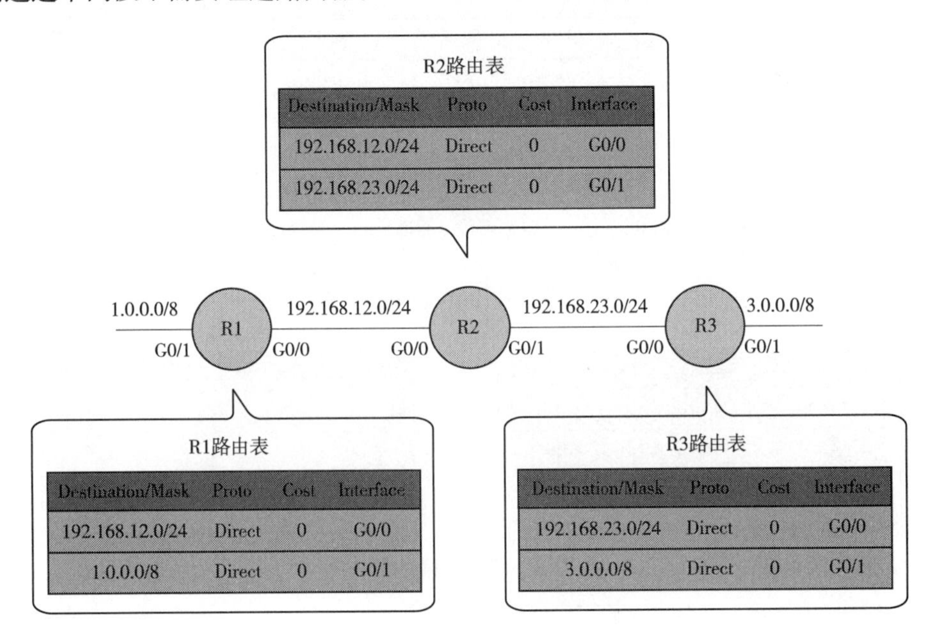

R2路由表

Destination/Mask	Proto	Cost	Interface
192.168.12.0/24	Direct	0	G0/0
192.168.23.0/24	Direct	0	G0/1

R1路由表

Destination/Mask	Proto	Cost	Interface
192.168.12.0/24	Direct	0	G0/0
1.0.0.0/8	Direct	0	G0/1

R3路由表

Destination/Mask	Proto	Cost	Interface
192.168.23.0/24	Direct	0	G0/0
3.0.0.0/8	Direct	0	G0/1

图10-1 路由器启动时路由表

2.第一次交换路由信息

如图10-2所示，运行了RIP的路由器会将自己的路由通过 RIP 报文周期性地从接口发送出去。第一次交换路由信息，R1、R2和R3都是通告自己的直连路由。R2会将自己的路由表从G0/0和G0/1接口发送出去。以192.168.23.0/24为例，R2从G0/0口发送给R1时，会将路由的度量值从0跳改为1跳，RIP路由器将路由发送出去时会把跳数加1，意思是要到达192.168.23.0/24需要经过一个RIP路由器。R1收到R2发出的路由更新后，发现自己的路由表没有192.168.23.0/24这条路由，于是把这条路由添加到路由表中，路由的度量值为1跳，出接口设置为G0/0。

R3也会收到R2的路由更新，R2也会收到R1和R3发送的路由更新。经过第一轮的路由通告和学习，R1学习到192.168.23.0/24的路由，R2学习到1.0.0.0/8和3.0.0.0/8两条路由，R3学习到192.168.12.0/24的路由。

3.路由收敛

如图10-3所示。当到下一个更新周期时，所有路由器又会把自己的路由发送出去。R1收到R2通告的路由，发现3.0.0.0/8在路由表中，R1就把这条路由添加到路由表，度量值为2跳，表示R1到达3.0.0.0/8需要经过两个路由器。另一边的R3也从R2学到了1.0.0.0/8的路由。

这样三台路由器就有了全网各个网段的路由，路由表也稳定下来，这个状态说明网络中的路由已经完成了收敛。网络收敛后，路由器还是会周期性地通告路由，确保路由的有效性。

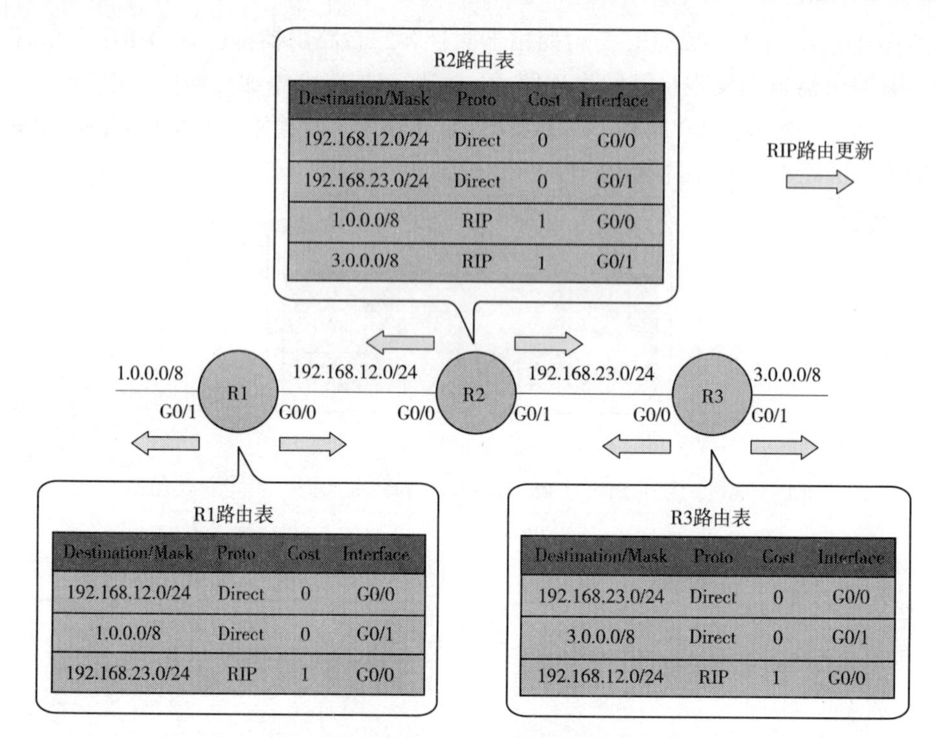

图10-2 首次交换路由信息

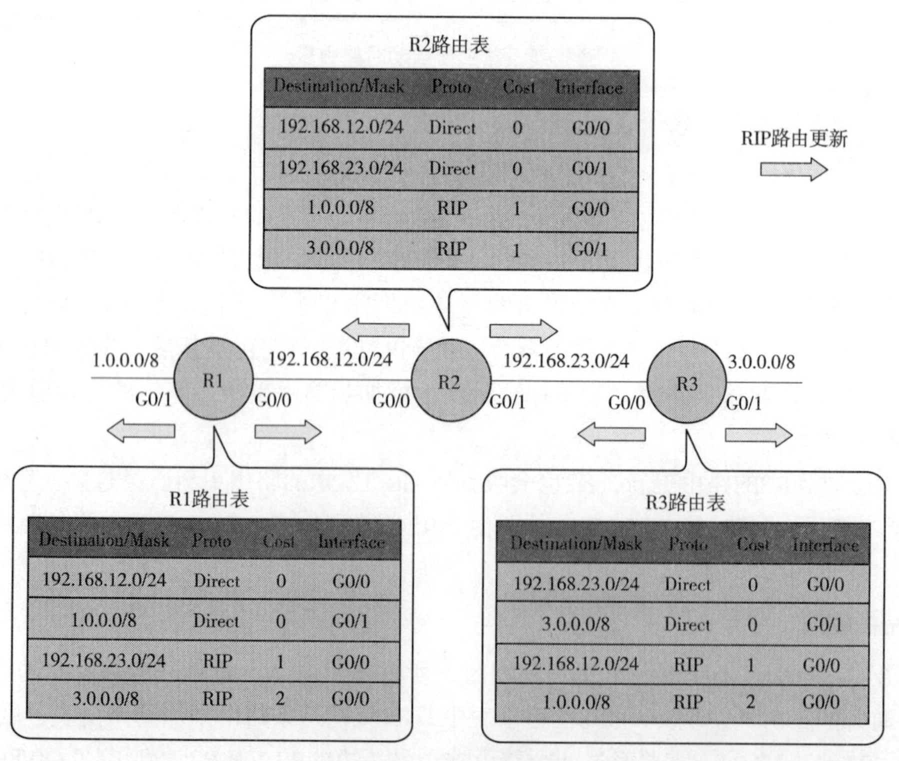

图10-3 路由收敛

10.1.3 RIP度量

RIP使用跳数作为度量值来衡量到达目的网络的距离。在RIP中，路由器到与它直接相连网络的跳数为0，每经过一个路由器后跳数加1。为限制收敛时间，RIP规定跳数的取值范围为0~15之间的整数，大于15的跳数被定义为无穷大，即目的网络或主机不可达。

路由器从某一邻居路由器收到路由更新报文时，将根据以下原则更新本路由器的RIP路由表：

①对于本路由表中已有的路由项，当该路由项的下一跳是该邻居路由器时，不论度量值将增大还是减少，都更新该路由项（度量值相同时只将其老化定时器清零。路由表中的每一路由项都对应了一个老化定时器，当路由项在180 s内没有任何更新时定时器超时，该路由项的度量值变为不可达）。

②当该路由项的下一跳不是该邻居路由器时，如果度量值将减少，则更新该路由项。

③对于本路由表中不存在的路由项，如果度量值小于16，则在路由表中增加该路由项。

某路由项的度量值变为不可达后，该路由会在Response报文中发布四次（120 s），然后从路由表中清除。

10.1.4 RIP版本

RIP包括RIPv1和RIPv2两个版本。

1.RIPv1报文格式

报文格式中每个字段的值和作用如图10-4所示。

①Command：表示该报文是一个请求报文还是响应报文，只能取1或者2。1表示该报文是请求报文，2表示该报文是响应报文。

②Version：表示RIP的版本信息。对于RIPv1，该字段的值为1。

③Must be Zero：表示未使用。

④Address Family Identifier（AFI）：表示地址标识信息，对于IP协议，其值为2。

⑤IP address：表示该路由条目的目的IP地址。这一项可以是网络地址、主机地址。

⑥Metric：标识该路由条目的度量值，取值范围1~16。

一个RIP路由更新消息中最多可包含25条路由表项，每个路由表项都携带了目的网络的地址和度量值。整个RIP报文大小限制为不超过504字节。如果整个路由表的更新消息超过该大小，需要发送多个RIPv1报文。

2.RIPv2报文格式

如图10-5所示，RIPv2在RIPv1基础上进行了扩展，但RIPv2的报文格式仍然同RIPv1类似。

其中不同的字段说明如下：

①Address Family Identifier（AFI）：地址族标识除了表示支持的协议类型外，还可以用来描述认证信息。

②Route Tag：用于标记外部路由。

③Subnet Mask：指定IP地址的子网掩码，定义IP地址的网络或子网部分。

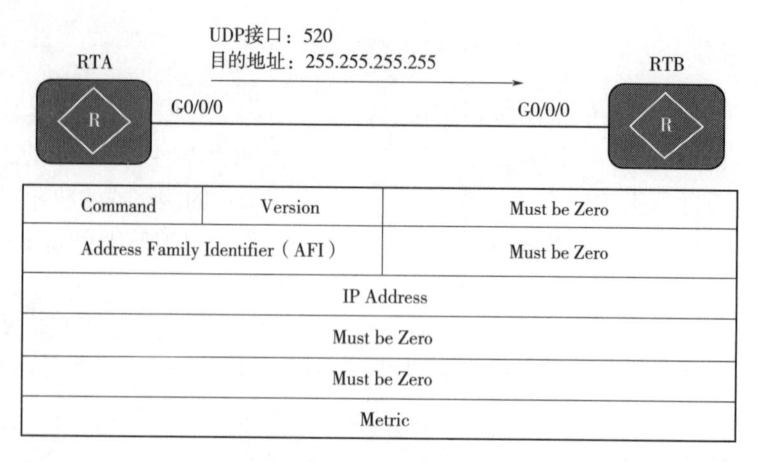

图10-4 RIPv1报文格式

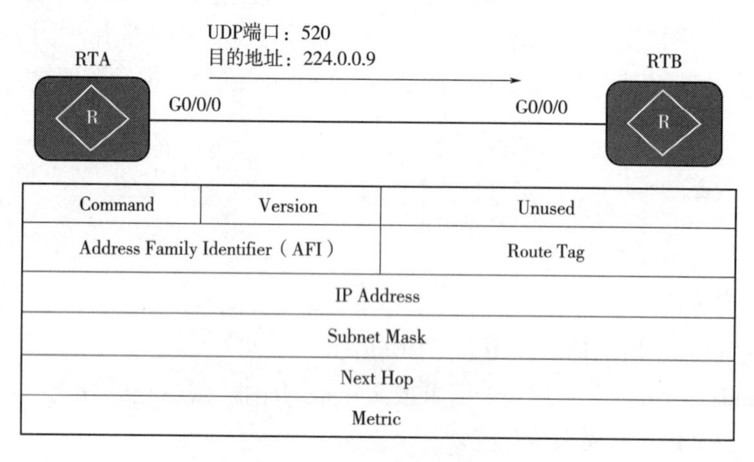

图10-5 RIPv2报文格式

④Next Hop：指定通往目的地址的下一跳IP地址。

RFC1723对RIPv1和RIPv2的兼容性问题进行了分析和讨论，这里不再进行描述。

RIPv1为有类别路由协议，不支持VLSM和CIDR（无类别域间路由，Classless Inter-Domain Routing）。RIPv2为无类别路由协议，支持VLSM，支持路由聚合与CIDR。

RIPv1使用广播发送报文；RIPv2有两种发送方式：广播方式和组播方式，默认是组播方式。RIPv2的组播地址为224.0.0.9。组播发送报文的优点是在同一网络中那些没有运行RIP的网段可以避免接收RIP的广播报文；另外，组播发送报文还可以使运行RIPv1的网段避免错误地接收和处理RIPv2中带有子网掩码的路由。

RIPv1不支持认证功能，RIPv2支持明文认证和MD5密文认证。

10.1.5 RIP协议定时器

RIP协议使用了3个定时器。

1.更新定时器

运行RIP协议的路由器，每隔30 s将路由信息通告给其他路由器。

2.老化定时器

每条路由都有一个无效定时器，路由更新后，无效定时器的值就被复位成初始值（默认为180 s），开始计时。如果到某个网段的路由经过180 s没有更新，无效定时器值为0，这条路由就被设置为无效路由，到该网段的开销就被设置为16。在RIP路由通告中依然包括这条路由，确保网络中的其他路由器也能学到该网段不可到达的信息。

3. 垃圾收集定时器

一条路由的无效定时器为0时，该路由就成了一条无效路由，开销就被设置为16，路由器不会立即将这条路由删除，而是为该无效路由启用一个垃圾收集定时器，开始倒计时，垃圾收集定时器的默认初始值为120 s。

10.1.6 命令视图

1.RIP命令格式

RIP的配置实施步骤，见表10-1。

表10-1 RIP的配置过程

步骤	命 令	解 释
1	**system-view**	进入系统视图
2	**rip** [*process-id*]	启动RIP进程。该命令中，*process-id*指定了RIP进程ID。如果未指定*process-id*，命令将使用1作为默认进程ID
3	**version 2**	RIPv2以支持扩展能力，如支持VLSM、认证等。如果不运行此命令，默认为RIPv1版本
4	**network** <*network-address*>	在RIP中通告网络，*network-address*必须是一个自然网段的地址，也是路由设备的直连网段。只有处于此网络中的接口，才能进行RIP报文的接收和发送
5	**undo network** <*network-address*>	（可选）删除配置错误的RIP
6	**undo summary**	禁用路由自动汇总功能，只有当接口上禁用了水平分割特性后，RIPv2才会执行自动汇总。华为路由器默认接口的水平分割是启用的

在接口上禁用RIP水平分割特性，配置步骤见表10-2。

表10-2 禁用RIP水平分割

步骤	命 令	解 释
1	**system-view**	进入系统视图
2	**interface** *interface-type interface-number*	进入接口视图
3	**undo rip split-horizon**	禁用RIP水平分割特性

2.检查配置结果

在配置完RIP之后，可以使用命令来验证配置结果，见表10-3。

表10-3 RIP的检查配置

序号	命令	解释
1	**system-view**	进入系统视图
2	**display ip routing-table**	查看路由表
3	**display ip routing-table protocol rip**	查看路由表中的RIP路由条目
4	**display rip**	查看RIP详细信息
5	**display current-configuration configuration rip**	查看路由器上的RIP配置

10.2 项目实战

10.2.1 项目背景

某IT培训中心开办初期网络规模较小，总公司在南京，在南京还拥有两家分中心，分中心的工作主要是区域招生。那么需要分中心工作人员每天访问总公司的OA（协同办公自动化）系统、CRM（客户关系管理）系统以及财务系统。各中心间使用城域网专线接入。

本项目需要三台路由器分别扮演南京总部、鼓楼区分中心、江宁区分中心三个中心区角色，三台PC分别扮演三个中心区的办公用户，最终实现所有办公用户之间相互通信。

项目实战目的：

①掌握RIPv2的命令配置。

②学会查看RIP配置命令。

③学会使用undo network <*network-address*>删除错误配置。

10.2.2 项目规划设计

配置拓扑如图10-6所示，设备配置地址见表10-4。本项目所选路由器设备为AR2220三台，三台终端设备PC分别代表南京总部、鼓楼区分中心、江宁区分中心三个中心区的终端用户。

表10-4 设备配置地址

设备	接口	IP地址	子网掩码	网关
AR1	GE0/0/0	12.1.1.1	255.255.255.0	×
	GE0/0/1	13.1.1.1	255.255.255.0	×
	GE0/0/2	11.1.1.1	255.255.255.0	×
AR2	GE0/0/0	12.1.1.2	255.255.255.0	×
	GE0/0/1	22.1.1.1	255.255.255.0	×
AR3	GE0/0/0	33.1.1.1	255.255.255.0	×
	GE0/0/1	13.1.1.3	255.255.255.0	×

续表

设　备	接　口	IP地址	子网掩码	网　关
PC1	Ethernet0/0/1	11.1.1.2	255.255.255.0	11.1.1.1
PC2	Ethernet0/0/1	22.1.1.2	255.255.255.0	22.1.1.1
PC3	Ethernet0/0/1	33.1.1.2	255.255.255.0	33.1.1.1

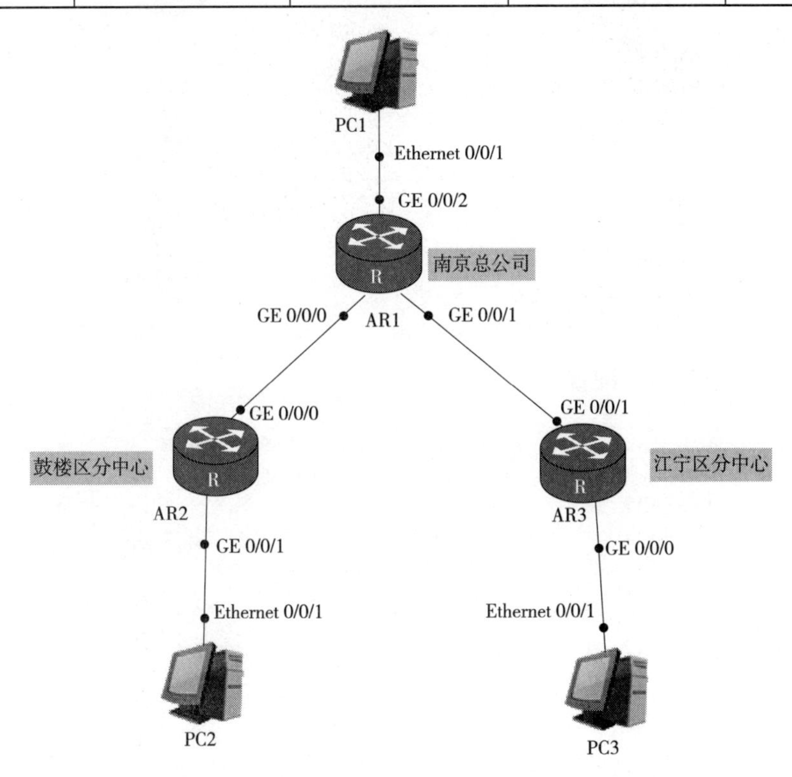

图10-6　IT培训中心南京互联网络

10.2.3　项目实施

1.总公司路由器配置

路由器三个接口地址配置见表10-4。主要命令如下：

```
<Huawei>system-view
Enter system view, return user view with Ctrl+Z.
[Huawei]sysname AR1
[AR1]interface GigabitEthernet 0/0/2
[AR1-GigabitEthernet0/0/2]ip address 11.1.1.1 24
[AR1-GigabitEthernet0/0/2]interface GigabitEthernet 0/0/0
[AR1-GigabitEthernet0/0/0]ip address 12.1.1.1 24
[AR1-GigabitEthernet0/0/0]interface GigabitEthernet 0/0/1
[AR1-GigabitEthernet0/0/1]ip address 13.1.1.1 24
[AR1-GigabitEthernet0/0/1]quit
[AR1]rip
[AR1-rip-1]version 2
```

```
[AR1-rip-1]undo summary
[AR1-rip-1]network 11.0.0.0
[AR1-rip-1]network 12.0.0.0
[AR1-rip-1]network 13.0.0.0
```

2.鼓楼区分中心路由器配置

```
<Huawei>system-view
Enter system view, return user view with Ctrl+Z.
[Huawei]sysname AR2
[AR2]interface GigabitEthernet 0/0/0
[AR2-GigabitEthernet0/0/0]ip address 12.1.1.2 24
[AR2-GigabitEthernet0/0/0]interface GigabitEthernet 0/0/1
[AR2-GigabitEthernet0/0/1]ip address 22.1.1.1 24
[AR2-GigabitEthernet0/0/1]quit
[AR2]rip
[AR2-rip-1]version 2
[AR2-rip-1]network 12.0.0.0
[AR2-rip-1]network 22.0.0.0
```

3.江宁区分中心路由器配置

```
<Huawei>system-view
Enter system view, return user view with Ctrl+Z.
[Huawei]sysname AR3                                 ^
[AR3]interface GigabitEthernet0/0/1
[AR3-GigabitEthernet0/0/1]ip address 13.1.1.3 24
[AR3-GigabitEthernet0/0/1]quit
[AR3]interface GigabitEthernet0/0/0
[AR3-GigabitEthernet0/0/0]ip address 33.1.1.1 24
[AR3-GigabitEthernet0/0/0]quit
[AR3]rip
[AR3-rip-1]version 2
[AR3-rip-1]network 13.0.0.0
[AR3-rip-1]network 33.0.0.0
[AR3-rip-1]
```

4.设置主机IP

对照表10-4，设置PC1、PC2、PC3的IP地址、子网掩码、网关。

5.测试连通性

使用Ping命令进行测试，在PC1中ping PC2和PC3，测试结果如下：

```
PC>ping 22.1.1.2
Ping 22.1.1.2: 32 data bytes, Press Ctrl_C to break
From 22.1.1.2: bytes=32 seq=1 ttl=254 time=31 ms
From 22.1.1.2: bytes=32 seq=2 ttl=254 time=16 ms
From 22.1.1.2: bytes=32 seq=3 ttl=254 time=16 ms
From 22.1.1.2: bytes=32 seq=4 ttl=254 time=31 ms
From 22.1.1.2: bytes=32 seq=5 ttl=254 time<1 ms
--- 22.1.1.2 ping statistics ---
  5 packet(s) transmitted
  5 packet(s) received
```

```
  0.00% packet loss
  round-trip min/avg/max = 0/18/31 ms
PC>ping 33.1.1.2
Ping 33.1.1.2: 32 data bytes, Press Ctrl_C to break
From 33.1.1.2: bytes=32 seq=1 ttl=126 time=16 ms
From 33.1.1.2: bytes=32 seq=2 ttl=126 time=16 ms
From 33.1.1.2: bytes=32 seq=3 ttl=126 time=16 ms
From 33.1.1.2: bytes=32 seq=4 ttl=126 time=16 ms
From 33.1.1.2: bytes=32 seq=5 ttl=126 time=16 ms
--- 33.1.1.2 ping statistics ---
  5 packet(s) transmitted
  5 packet(s) received
  0.00% packet loss
  round-trip min/avg/max = 16/16/16 ms
PC>
```

10.3 常见问题与分析

【问题1】什么是自然网段？

解析：自然网段是按照A，B，C类网段划分。

例如，10.1.1.1/24的自然网段是10.0.0.0，因为这本来是一个A类地址；10.10.20.0/22，子网掩码是22，是非自然网段，因为带有变长子网掩码，那它的自然网段是什么，答案是10.0.0.0。

【问题2】RIP路由跳数是什么时候增加的？

解析：RIP的路由跳数是在路由器发出路由通告之前增加的。

10.4 拓展训练

1.训练目的

在三层交换机中配置RIP，了解RIP版本，熟练配置RIP，学会查看RIP配置、怎样删除RIP配置命令。

2.训练拓扑

拓扑结构图如图10-7所示。图中SW1为S3700交换机，AR5为AR2220。对交换机划分两个VLAN，分别为vlan10和vlan20。要求在AR5、SW1中运行RIP协议配置，保证全网互通。

3.训练要求

（1）网络布线

根据拓扑图进行网络布线（路由器型号使用AR2220）。

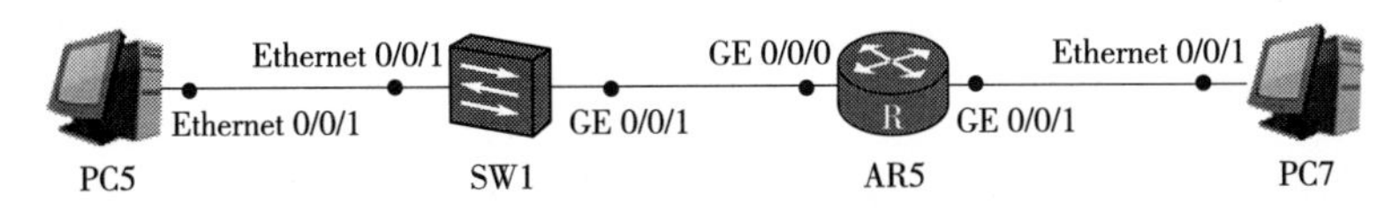

图10-7 拓扑结构图

（2）实验编址

根据网络拓扑图设计网络设备的IP编址，填写表10-5所示地址分配表。根据需要填写，不需要填写打×。

表10-5 设备配置地址表

设备	接口	IP地址	子网掩码	网关
AR5	GigabitEthernet 0/0/0			
	GigabitEthernet 0/0/1			
SW1	Vlanif 10			
	Vlanif 20			
PC5	Ethernet 0/0/1			
PC7	Ethernet 0/0/1			

（3）主要步骤

①搭建训练环境，根据表10-5填写的IP地址，设置PC5、PC7的IP地址、子网掩码及网关。

②在路由器AR5上配置。

- 配置路由器名AR5。
- 在路由器AR5上配置接口GE 0/0/0、GE 0/0/1的 IP地址。
- 运行RIPv2协议。

③在SW1上配置。

- 分别创建vlan10和vlan20，将Ethernet 0/0/1划分给vlan10，将GE 0/0/1划分给vlan20。
- 创建int vlanif 10和int vlanif 20，以及它们的IP地址。
- 运行RIPv2协议。

④验证测试。

PC5 ping通PC7。

第11章　OSPF的配置

RIP虽然实现简单，开销较小，但因传输距离最大跳数为15、收敛时间过长等诸多缺点，一般在规模较小的网络中使用。如果在规模较大的网络，就应当使用OSPF协议，本章将学习动态路由协议OSPF，怎样部署OSPF网络环境。

11.1　技术知识

11.1.1　OSPF概述

OSPF（Open Shortest Path First，开放式最短路径优先）是一个内部网关协议（Interior Gateway Protocol，IGP），用于在单一自治系统（Autonomous System，AS）内决策路由。是对链路状态路由协议的一种实现，隶属内部网关协议（IGP），故运作于自治系统内部。著名的迪克斯加算法（Dijkstra）被用来计算最短路径树。

为什么会出现OSPF？因为RIP是一种基于距离矢量算法的路由协议，存在着收敛慢、易产生路由环路、可扩展性差，最大只能支持15跳等特点。OSPF的出现很好地解决了上述3个问题。

如果说距离矢量路由协议提供的是路标，那么链路状态路由协议提供的就是地图。每个运行链路状态协议的路由器上都有一张完整的网络图。

运行链路状态协议的每一台路由器都会有一张地图库从而避免了环路。

OSPF特点：

①OSPF是一种基于链路状态的路由协议，它从设计上就保证了无路由环路。OSPF支持区域的划分，区域内部的路由器使用SPF最短路径算法保证了区域内部的无环路。OSPF还利用区域间的连接规则保证了区域之间无路由环路。

②OSPF支持触发更新，能够快速检测并通告自治系统内的拓扑变化。

③OSPF可以解决网络扩容带来的问题。当网络上路由器越来越多，路由信息流量急剧增长时，OSPF可以将每个自治系统划分为多个区域，并限制每个区域的范围。OSPF这种分区域的特点，使得OSPF特别适用于大中型网络。OSPF可以提供认证功能。

④OSPF路由器之间的报文可以配置成必须经过认证才能进行交换。

11.1.2 OSPF协议工作原理

每台运行链路状态路由协议的路由器都了解整个网络的链路状态信息，这样才能计算出到达目的地的最优路径。

1.LSA泛洪

OSPF要求每台运行OSPF的路由器都了解整个网络的链路状态信息，这样才能计算出到达目的地的最优路径。OSPF的收敛过程由链路状态公告（Link State Advertisement，LSA）泛洪开始，LSA中包含了路由器已知的接口IP地址、掩码、开销和网络类型等信息。

每台路由器都会将一些关于自己，关于本地直连链路以及这些链路的状态和关于所有直连邻居的信息传送给相邻的其他路由器。

2.建立LSDB

收到LSA的路由器都可以根据LSA提供的信息建立自己的链路状态数据库（Link State Database，LSDB），每台路由器都会收到网络中其他的路由器发送过来的LSA信息，这些所有的LSA信息构成了LSDB。这里需要注意的是当网络稳定后，网络中的所有设备应该具有相同的LSDB。

3.建立最短路径树

运行OSPF协议的路由器在LSDB的基础上使用SPF算法进行运算，建立起到达每个网络的最短路径树。

4.路由计算

最后，通过最短路径树得出到达目的网络的最优路由，并将其加入IP路由表中。

如图11-1所示，路由器RTA、RTB、RTC各自泛洪，形成统一的链路状数据库，然后以SPF算法各自为根建立树并确定最短路径树，最后根据最短路径树进行路由计算得出最优路由，形成一致的路由表。

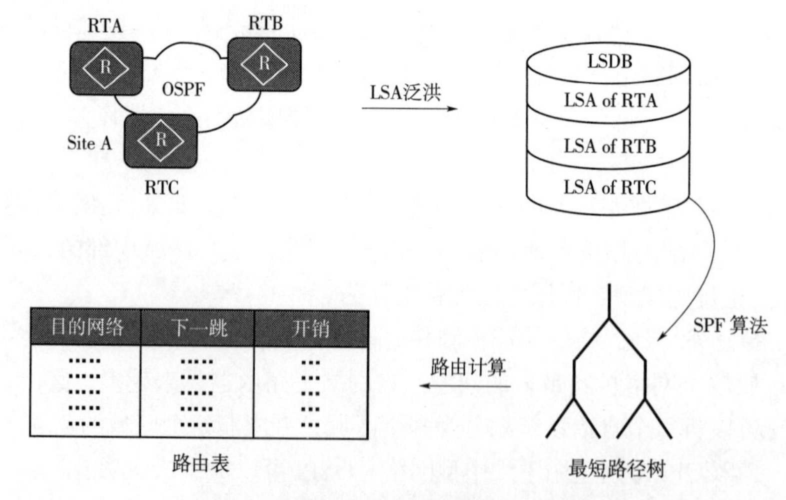

图11-1　OSPF原理

11.1.3 OSPF区域

因为OSPF路由器之间会将所有的链路状态公告（LSA）相互交换，毫不保留，当网络规模达到一定程度时，LSA将形成一个庞大的数据库，势必会给OSPF计算带来巨大的压力。为了能够降低OSPF计算的复杂程度，缓存计算压力，OSPF采用分区域计算，将网络中所有OSPF路由器划分成不同的区域，每个区域负责各自区域精确的LSA传递与路由计算，然后再将一个区域的LSA简化和汇总之后转发到另外一个区域。这样一来，在区域内部，拥有网络精确的LSA，而在不同区域，则传递简化的LSA。区域是从逻辑上将路由器划分为不同的组，每个组用区域号来标识，区域是一组网段的集合。在OSPF中可以划分为多个区域，用数字进行标识，如区域0、区域1、区域2等。

OSPF区域相关术语：

1.区域边界路由器

在OSPF中，并不是全部接口都位于同一个区域的OSPF路由设备为“区域边界路由器（ABR）”，它包含所有相连区域的LSDB。

2.骨干区域

区域0在OSPF中称为“骨干区域”，而非骨干区域之间不允许相互发布区域间路由的信息，即其他区域必须与区域0相连。如果某个非0区域客观上并不与骨干区域相连，也必须通过一种称为“虚链路”的方式与区域0连接起来。

11.1.4 Router ID

Router ID是自治系统网络中运行的OSPF协议的路由器唯一的一个标识，在网络中不可以重复。Router ID是一个32位的值，使用IP地址的形式来表示，确定Router ID方式如下：

①手动指定。管理员可以为每台运行OSPF的路由器手动配置一个Router ID。

②自动选举最大的IP地址。如果未手动指定，设备会按照以下规则自动选举Router ID：

- 如果设备存在多个逻辑接口地址，则路由器使用逻辑接口中最大的IP地址作为Router ID。
- 如果没有配置逻辑接口，则路由器使用物理接口的最大IP地址作为Router ID。

在为一台运行OSPF的路由器配置新的Router ID后，可以在路由器上通过重置OSPF进程来更新Router ID（<Huawei>reset ospf process----Y）。通常建议手动配置Router ID，以防止Router ID因为接口地址的变化而改变。

11.1.5 OSPF协议邻居/邻接

1.邻居（Neighbor）

OSPF路由器启动后，便会通过OSPF接口向外发送Hello报文用于发现邻居。

收到Hello报文的OSPF路由器会检查报文中所定义的一些参数，如果双方的参数一致，就会彼此形成邻居关系。

2.邻接（Adjacency）

形成邻居关系的双方不一定都能形成邻接关系，这要根据网络类型而定。

只有当双方成功交换数据库描述报文（DD），并能交换LSA之后，才形成真正意义上的邻接关系。

11.1.6 OSPF协议网络类型

OSPF协议支持四种网络类型，分别是点到点网络、广播型网络、NBMA网络和点到多点网络。

1.点到点网络

点到点网络是指只把两台路由器直接相连的网络。一个运行PPP的64K位串行线路就是一个点到点网络的例子。

2.广播型网络

广播型网络是指支持两台以上路由器，并且具有广播能力的网络。一个含有三台路由器的以太网就是一个广播型网络的例子。

OSPF可以在不支持广播的多路访问网络上运行，此类网络包括在HUB拓扑上运行的帧中继（FR）和异步传输模式（ATM）网络，这些网络的通信依赖于虚电路。

OSPF定义了两种支持多路访问的网络类型：非广播多路访问网络（NBMA）和点到多点网络（Point To Multi-Points）。

3.NBMA网络

在NBMA网络上，OSPF模拟在广播型网络上的操作，但是每个路由器的邻居需要手动配置。NBMA方式要求网络中的路由器组成全连接。

默认情况下，OSPF认为帧中继、ATM的网络类型是NBMA。

4.P2MP网络

将整个网络看成是一组点到点网络。对于不能组成全连接的网络应当使用点到多点方式。

> **注意：** 现网中遇到的大部分属于点到点网络和广播型网络，因为帧中继、ATM网络基本已经很少用。

11.1.7 DR&BDR选举

为减小广播型网络和NBMA网络中OSPF流量，OSPF会选择一个指定路由器（DR）和一个备份指定路由器（BDR）。

1.选举DR&BDR的条件

每一个至少含有两个路由器的广播型网络和NBMA网络都有一个DR和BDR。在点到点网络和P2MP不需要选举DR&BDR。

2.DR&BDR的工作原理

①当指定了DR后，所有的路由器都与DR建立起邻接关系，DR成为该广播网络上的中心点。

②BDR在DR发生故障时接管业务，一个广播网络上所有路由器都必须同BDR建立邻接关系。

3.需要选举DR&BDR的原因

①DR和BDR可以减少邻接关系的数量，从而减少链路状态信息以及路由信息的交换次数，这样可以节省带宽，降低对路由器处理能力的压力。

②一个既不是DR也不是BDR的路由器只与DR和BDR形成邻接关系并交换链路状态信息以及路由信息，这样就大大减少了大型广播型网络和NBMA网络中的邻接关系数量。

4.DR&BDR的选举

在邻居发现完成之后，路由器会根据网段类型进行DR选举。

①在广播和NBMA网络上，路由器会根据参与选举的每个接口的优先级进行DR选举。优先级取值范围为0~255，值越高越优先。默认情况下，接口优先级为1。如果一个接口优先级为0，那么该接口将不会参与DR或者BDR的选举。

②如果优先级相同时，则比较Router ID，值越大越优先被选举为DR。

为了给DR做备份，每个广播和NBMA网络上还要选举一个BDR。BDR也会与网络上所有的路由器建立邻接关系。

为了维护网络上邻接关系的稳定性，如果网络中已经存在DR和BDR，则新添加进该网络的路由器不会成为DR和BDR，不管该路由器的Router Priority是否最大。如果当前DR发生故障，则当前BDR自动成为新的DR，网络中重新选举BDR；如果当前BDR发生故障，则DR不变，重新选举BDR。这种选举机制的目的是保持邻接关系的稳定，使拓扑结构的改变对邻接关系的影响尽量小。

11.1.8 OSPF协议报文

OSPF直接运行在IP协议之上，使用IP协议号89。

运行OPSF协议的路由器通过5种报文的交互从邻居状态达到邻接状态，完成LSA的泛洪，使网络的路由器LSDB达到一致，每个路由器按照自己LSDB根据SPF算法计算路径，生成最优路由加入路由表。

下面一起看一下这个五种报文类型，每种报文都使用相同的OSPF报文头。

1.Hello报文

Hello报文是最常用的一种报文，用于发现、维护邻居关系。

在广播和NBMA（None-Broadcast Multi-Access）类型的网络中选举指定路由器和备份指定路由器。

2.DD报文

两台路由器进行LSDB数据库同步时，用数据库描述（DD）报文来描述自己的LSDB。

DD报文的内容包括LSDB中每一条LSA的头部（LSA的头部可以唯一标识一条LSA）。LSA头部只占一条LSA的整个数据量的一小部分，所以这样就可以减少路由器之间的协议报文流量。

3.LSR报文

两台路由器互相交换过DD报文之后，知道对端的路由器有哪些LSA是本地LSDB所缺少的，这时需要发送LSR报文向对方请求缺少的LSA。LSR只包含了所需要的LSA的摘要信息。

4.LSU报文

LSU报文用来向对端路由器发送所需要的LSA。

5.LSACK报文

LSACK报文用来对接收到的LSU报文进行确认。

11.1.9 命令视图

1.OSPF命令格式

OSPF的配置实施步骤，见表11-1。

表11-1 OSPF路由协议的配置过程

步骤	命 令	解 释
1	**system-view**	进入系统视图
2	**ospf** [*process-id* | **router-id** *router-id*]	启动OSPF进程，进入OSPF视图
3	**area** *area-id*	进入OSPF区域视图
4	**network** *ip-address wildcard-mask* [**description** *text*]	配置区域所包含的网段。其中，description字段用来为OSPF指定网段配置描述信息。 满足下面两个条件，接口上才能正常运行OSPF协议： 接口的IP地址掩码长度≥network命令指定的掩码长度。 接口的主IP地址必须在network命令指定的网段范围内

2.检查配置结果

OSPF功能配置成功后，检查配置步骤，见表11-2。

表11-2 OSPF路由协议的检查配置

序号	命 令	解 释
1	**display ospf** [*process-id*] **cumulative**	查看OSPF统计信息
2	**display ospf** [*process-id*] **lsdb**	查看OSPF的LSDB信息
3	**display ospf** [*process-id*] **peer**	查看OSPF邻接点的信息
4	**display ospf** [*process-id*] **routing**	查看OSPF路由表的信息

11.2 项目实战

11.2.1 项目背景

某IT培训中心，总公司在南京，随着业务发展壮大，在上海和青岛成立了两家分中心，分中心的工作主要是区域招生。那么需要分中心工作人员每天访问总公司的OA（协同办公自动化）系统、CRM（客户关系管理）系统以及财务系统。各中心间使用专线接入。

本项目需要三台路由器分别扮演南京总公司、上海分中心、青岛分中心三个中心区角色，三台PC分别扮演三个中心区的办公用户，最终实现所有PC之间相互通信。

项目实战目的：

①了解OSPF路由协议的工作原理。

②了解OSPF路由协议的应用场景。

③掌握OSPF路由协议单区域的配置方式。

11.2.2 项目规划设计

配置拓扑如图11-2所示，设备配置地址见表11-3。本项目所选路由器设备为AR2220三台，三台终端设备PC分别代表南京总部、上海分中心、青岛分中心三个中心区的终端用户。

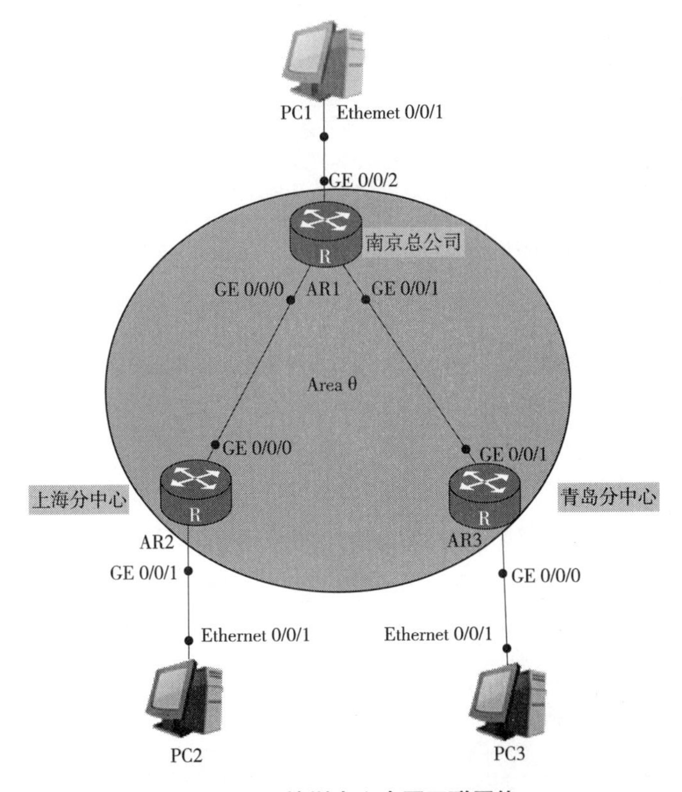

图11-2 IT培训中心全国互联网络

表11-3　设备配置地址

设　备	接　口	IP地址	子网掩码	网　关
AR1	GE0/0/0	12.1.1.1	255.255.255.0	×
	GE0/0/1	13.1.1.1	255.255.255.0	×
	GE0/0/2	11.1.1.1	255.255.255.0	×
AR2	GE0/0/0	12.1.1.2	255.255.255.0	×
	GE0/0/1	22.1.1.1	255.255.255.0	×
AR3	GE0/0/0	33.1.1.1	255.255.255.0	×
	GE0/0/1	13.1.1.3	255.255.255.0	×
PC1	Ethernet0/0/1	11.1.1.2	255.255.255.0	11.1.1.1
PC2	Ethernet0/0/1	22.1.1.2	255.255.255.0	22.1.1.1
PC3	Ethernet0/0/1	33.1.1.2	255.255.255.0	33.1.1.1

11.2.3　项目实施

1.总公司路由器配置

路由器三个接口地址配置见表11-3，主要命令如下：

```
<Huawei>system-view
Enter system view, return user view with Ctrl+Z.
[Huawei]sysname AR1
[AR1]interface GigabitEthernet 0/0/2
[AR1-GigabitEthernet0/0/2]ip address 11.1.1.1 24
[AR1-GigabitEthernet0/0/2]interface GigabitEthernet 0/0/0
[AR1-GigabitEthernet0/0/0]ip address 12.1.1.1 24
[AR1-GigabitEthernet0/0/0]interface GigabitEthernet 0/0/1
[AR1-GigabitEthernet0/0/1]ip address 13.1.1.1 24
[AR1-GigabitEthernet0/0/1]quit
[AR1]ospf
[AR1-ospf-1]area 0
[AR1-ospf-1-area-0.0.0.0]network 12.1.1.0 0.0.0.255
[AR1-ospf-1-area-0.0.0.0]network 13.1.1.0 0.0.0.255
[AR1-ospf-1-area-0.0.0.0]network 11.1.1.0 0.0.0.255
```

2.上海分中心路由器配置

```
<Huawei>system-view
Enter system view, return user view with Ctrl+Z.
[Huawei]sysname AR2
[AR2]interface GigabitEthernet 0/0/0
[AR2-GigabitEthernet0/0/0]ip address 12.1.1.2 24
[AR2-GigabitEthernet0/0/0]interface GigabitEthernet 0/0/1
[AR2-GigabitEthernet0/0/1]ip address 22.1.1.1 24
[AR2-GigabitEthernet0/0/1]quit
[AR2]ospf
[AR2-ospf-1]area 0
```

```
[AR2-ospf-1-area-0.0.0.0]network 12.1.1.0 0.0.0.255
[AR2-ospf-1-area-0.0.0.0]network 22.1.1.0 0.0.0.255
[AR2-ospf-1-area-0.0.0.0]
```

3.青岛分中心路由器配置

```
<Huawei>system-view
Enter system view, return user view with Ctrl+Z.
[Huawei]sysname AR3
[AR3]interface GigabitEthernet0/0/1
[AR3-GigabitEthernet0/0/1]ip address 13.1.1.3 24
[AR3-GigabitEthernet0/0/1]quit
[AR3]interface GigabitEthernet0/0/0
[AR3-GigabitEthernet0/0/0]ip address 33.1.1.1 24
[AR3-GigabitEthernet0/0/0]quit
[AR3]ospf
[AR3-ospf-1]area 0
[AR3-ospf-1-area-0.0.0.0]network 33.1.1.0 0.0.0.255
[AR3-ospf-1-area-0.0.0.0]network 13.1.1.0 0.0.0.255
[AR3-ospf-1-area-0.0.0.0]
```

4.设置主机IP

对照表11-3，设置PC1、PC2、PC3的IP地址、子网掩码、网关。

5.测试连通性

使用Ping命令进行测试，在PC1中ping PC2和PC3，测试结果如下：

```
PC>ping 22.1.1.2
Ping 22.1.1.2: 32 data bytes, Press Ctrl_C to break
From 22.1.1.2: bytes=32 seq=1 ttl=254 time=31 ms
From 22.1.1.2: bytes=32 seq=2 ttl=254 time=16 ms
From 22.1.1.2: bytes=32 seq=3 ttl=254 time=16 ms
From 22.1.1.2: bytes=32 seq=4 ttl=254 time=31 ms
From 22.1.1.2: bytes=32 seq=5 ttl=254 time<1 ms
--- 22.1.1.2 ping statistics ---
  5 packet(s) transmitted
  5 packet(s) received
  0.00% packet loss
  round-trip min/avg/max=0/18/31 ms
PC>ping 33.1.1.2
Ping 33.1.1.2: 32 data bytes, Press Ctrl_C to break
From 33.1.1.2: bytes=32 seq=1 ttl=126 time=16 ms
From 33.1.1.2: bytes=32 seq=2 ttl=126 time=16 ms
From 33.1.1.2: bytes=32 seq=3 ttl=126 time=16 ms
From 33.1.1.2: bytes=32 seq=4 ttl=126 time=16 ms
From 33.1.1.2: bytes=32 seq=5 ttl=126 time=16 ms
--- 33.1.1.2 ping statistics ---
  5 packet(s) transmitted
  5 packet(s) received
  0.00% packet loss
  round-trip min/avg/max=16/16/16 ms
PC>
```

测试结果：所有终端用户都可以相互通信。

11.3 常见问题与分析

【问题1】OSPF与RIP区别?

解析:OSPF对跨越路由器的个数没有限制，它使用的协议是链路状态路由选择协议，选择路由的度量标准是带宽、延迟。而RIP协议是距离矢量路由选择协议，它选择路由的度量标准（Metric）是跳数，最大跳数是15跳，如果大于15跳，它就会丢弃数据包。RIP没有网络延迟和链路开销的概念，路由选路基于跳数，拥有较少跳数的路由总是被选为最佳路由，即使较长的路径有低的延迟和开销。

OSPF协议的路由广播更新只发生在路由状态变化的时候，采用IP多路广播来发送链路状态更新信息，这样对带宽是个节约。而RIP协议不是针对网络的实际情况，而是定期地广播路由表，这对网络的带宽资源是个极大的浪费，特别对大型的广域网。

OSPF在网络中建立起层次区域概念，在自治域中可以划分网络区域，使路由的广播限制在一定的范围内，避免链路中资源的浪费。RIP网络是一个平面网络，对网络没有分区域。

OSPF收敛速度较快，“收到更新”“发送更新”“计算路由”即路由器从邻居收到路由更新后立刻向其他邻居路由器转发，然后在本地计算新的路由。而RIP收敛速度较慢，在“收到更新”“计算路由”“发送更新”的路由收敛过程中，RIP的局限性在于路由器需要在完成路由计算之后才可以向邻居发送路由变化通知。

【问题2】为什么要分区域，优点体现在哪里?

解析:划分区域的根本原因是如果一个区域的路由器太多，势必造成LSDB过大，从而对路由器资源提出了更高的要求并延缓了收敛的时间。同时一旦出现路由动荡，会造成大规模的OSPF重新计算，造成路由器负荷过重引发更大规模的网络问题。因此，划分区域就是为了减少OSPF 资源的要求和屏蔽网络的动荡。

11.4 拓展训练

1.训练目的

理解配置OSPF多区域的使用场景；掌握多区域OSPF的配置方法；理解OSPF区域边界路由器（ABR）的工作特点。

2.训练拓扑

拓扑结构图如图11-3所示。图中AR4 ~ AR7为AR2220。对路由器进行OSPF多区域配置，其中AR5、AR6之间要建立OSPF虚链路，使得区域2也能够在逻辑上连接到区域0，从而实现全网互通。

3.训练要求

（1）网络布线

根据拓扑图进行网络布线。

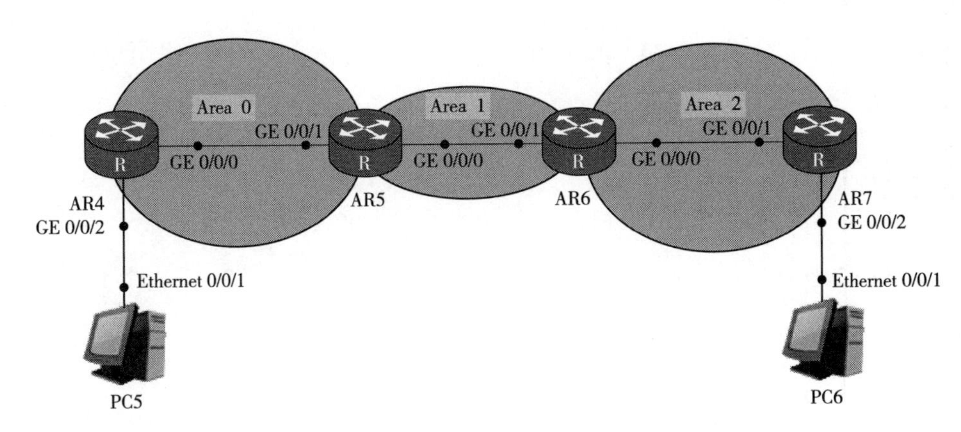

图11-3 拓扑结构图

（2）实验编址

根据网络拓扑图设计网络设备的IP编址，填写表11-4所示地址分配表。根据需要填写，不需要填写打×。

表11-4 设备配置地址表

设备	接 口	IP地址	子网掩码	网 关
AR4	GigabitEthernet 0/0/0			
	GigabitEthernet 0/0/2			
AR5	GigabitEthernet 0/0/0			
	GigabitEthernet 0/0/1			
AR6	GigabitEthernet 0/0/0			
	GigabitEthernet 0/0/1			
AR7	GigabitEthernet 0/0/1			
	GigabitEthernet 0/0/2			
PC5	Ethernet0/0/2			
PC6	Ethernet0/0/2			

（3）主要步骤

①搭建训练环境，根据表11-4填写的IP地址，进行PC5、PC6设置。

②在路由器AR4上配置：

- 配置路由器名AR4。
- 在路由器AR4上配置接口GE 0/0/0、GE 0/0/2 IP地址。
- 运行OSPF协议，所在区域0。

③在路由器AR5上配置：

- 配置路由器名AR5。
- 在路由器AR5上配置接口GE 0/0/0、GE 0/0/1 IP地址。
- 运行OSPF协议，指定路由器ID。

- 配置虚链路。在区域Area 1视图中使用命令“vlink-peer 对端路由器ID”。

```
interface GigabitEthernet0/0/0
ip address 56.1.1.5 255.255.255.0    # 具体参数请根据表 11-4 进行修改
#
interface GigabitEthernet0/0/1
ip address 45.1.1.5 255.255.255.0    # 具体参数请根据表 11-4 进行修改
#
interface GigabitEthernet0/0/2
#
interface NULL0
#
ospf 1 router-id 55.1.1.1
area 0.0.0.0
network 45.1.1.5 0.0.0.0                # 具体参数请根据表 11-4 进行修改
area 0.0.0.1
network 56.1.1.5 0.0.0.0
vlink-peer 66.1.1.1                     #66.1.1.1 为 AR6 的 router-id
#
```

④在路由器AR6上配置：

- 配置路由器名AR6。
- 在路由器AR6上配置接口GE 0/0/0、GE 0/0/1 IP地址。
- 运行OSPF协议，指定路由器ID。
- 配置虚链路。在区域Area 1视图中使用命令“vlink-peer 对端路由器ID”。

```
#
interface GigabitEthernet0/0/0
ip address 67.1.1.6 255.255.255.0    # 具体参数请根据表 11-4 进行修改
#
interface GigabitEthernet0/0/1
ip address 56.1.1.6 255.255.255.0    # 具体参数请根据表 11-4 进行修改
#
interface GigabitEthernet0/0/2
#
interface NULL0
#
ospf 1 router-id 66.1.1.1
area 0.0.0.1
network 56.1.1.6 0.0.0.0                # 具体参数根据表 11-4 进行修改
vlink-peer 55.1.1.1                     #66.1.1.1 为 AR5 的 router-id
area 0.0.0.2
network 67.1.1.6 0.0.0.0                # 具体参数请根据表 11-4 进行修改
#
```

⑤在路由器AR7上配置：

- 配置路由器名AR7。
- 在路由器AR7上配置接口GE 0/0/1、GE 0/0/2 IP地址。
- 运行OSPF协议，所在区域2。

⑥验证测试。PC5 ping通PC6。

广域网技术篇

重要知识

第12章 HDLC协议的配置

HDLC协议是广域网数据链路层的协议，本章将对该协议的配置进行简要介绍。

12.1 技术知识

12.1.1 HDLC原理概述

高级数据链路控制（High-level Data Link Control，HDLC）是一种链路层协议，运行在同步串行链路上。它是由国际标准化组织（ISO）根据IBM公司的同步数据链路控制（Synchronous Data Link Control，SDLC）协议扩展开发而成的，是通信领域曾经广泛应用的一个数据链路层协议。但是，随着技术的进步，目前通信信道的可靠性比过去已经有了非常大的改进，已经没有必要在数据链路层使用很复杂的协议（包括编号、检错重传等技术）来实现数据的可靠传输。作为窄带通信协议的HDLC，在公网的应用逐渐消失，应用范围逐渐减小，只是在部分专网中用来透传数据。透传即透明传送，是指传送网络无论传输业务如何，只负责将需要传送的业务传送到目的节点，同时保证传输的质量即可，而不对传输的业务进行处理。

串行链路普遍用于广域网中。串行链路中定义了两种数据传输方式：异步和同步。

异步传输是以字节为单位来传输数据，并且需要采用额外的起始位和停止位来标记每个字节的开始和结束。起始位为二进制值0，停止位为二进制值1。在这种传输方式下，开始和停止位占据发送数据的相当大的比例，每个字节的发送都需要额外的开销。

同步传输是以帧为单位来传输数据，在通信时需要使用时钟来同步本端和对端的设备通信。同步传输一端为DCE端，另一端为DTE端。DCE即数据通信设备，它提供了一个用于同步DCE设备和DTE设备之间数据传输的时钟信号。DTE即数据终端设备，它通常使用DCE产生的时钟信号。

12.1.2 HDLC的特点

HDLC是一种面向比特的链路层协议，它传送的信息单位为帧。ISO制定的HDLC是一种面向比特的通信规则。作为面向比特的同步数据控制协议的典型，HDLC具有如下特点：

①HDLC协议不依赖于任何一种字符编码集。

②数据报文可透明传输，不必等待确认，可连续发送数据，用于实现透明传输的“0比特插入法”易于硬件实现。

③全双工通信，有较高的数据链路传输效率。

④所有帧采用CRC检验，对信息帧进行顺序编号，可防止漏收或重收，传输可靠性高。

⑤传输控制功能与处理功能分离，具有较大灵活性和较完善的控制功能。

12.1.3　命令行视图

1.HDLC命令格式

配置接口封装HDLC协议，配置实施步骤，见表12-1。

表12-1　HDLC配置步骤

步骤	命　令	解　释
1	**system-view**	进入系统视图
2	**interface** *interface-type interface-number*	进入接口视图
3	**link-protocol hdlc**	配置接口封装的链路层协议为HDLC

2.检查配置结果

HDLC基本功能配置完成之后，查看接口状态、链路层协议及配置信息，见表12-2。

表12-2　HDLC检查配置

命　令	解　释
display interface [*interface-type* [*interface-number*]]	查看接口状态、链路层协议及配置信息

12.2　项目实战

12.2.1　项目背景

某公司开发部门通过部门路由器AR2连接到公司出口网关AR1；市场部门直连到公司出口网关。AR2与AR1之间链路为串行链路，封装HDLC协议，最终实现各部门之间能互相访问。

本项目实战，需要两台路由器链路为串行链路、封装HDLC协议，两台PC分别扮演开发部门、市场部门的办公用户，最终实现部门之间可以相互通信。

项目实战目的：

①理解HDLC的工作场景。

②了解HDLC的特点。

③掌握HDLC的基本配置。

12.2.2　项目规划设计

配置拓扑如图12-1所示，设备配置地址见表12-3。本项目所选路由器设备为AR2220两台

（需要在设备里添加串口模块，设备停止后，选中设备右键-设置-eNSP支持的接口卡-选中2SA模块，拖动到上面视图当中），两台终端设备PC分别代表开发部、市场部。

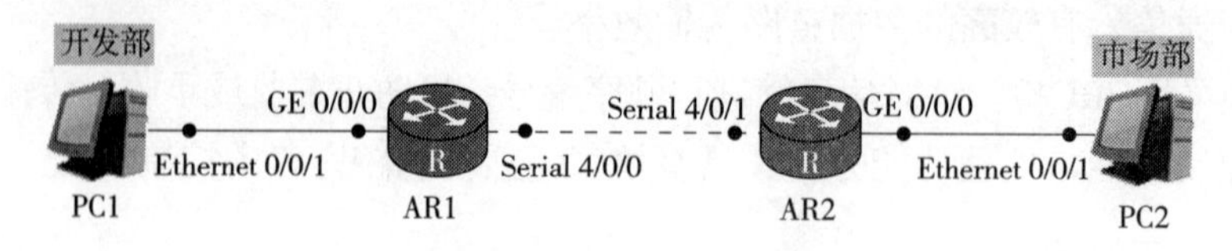

图12-1 HDLC接入拓扑

表12-3 设备配置地址

设 备	接 口	IP地址	子网掩码	网 关
AR1	GE0/0/0	11.1.1.1	255.255.255.0	×
	S4/0/0	12.1.1.1	255.255.255.0	×
AR2	GE0/0/0	22.1.1.2	255.255.255.0	×
	S4/0/1	12.1.1.2	255.255.255.0	×
PC1	Ethernet0/0/1	11.1.1.11	255.255.255.0	11.1.1.1
PC2	Ethernet0/0/1	22.1.1.22	255.255.255.0	22.1.1.2

12.2.3 项目实施

1.基本配置

配置AR1、AR2接口地址：

```
[AR1]interface GigabitEthernet 0/0/0
[AR1-GigabitEthernet0/0/0]ip address 11.1.1.1 24
[AR1-GigabitEthernet0/0/0]quit
[AR1]interface Serial 4/0/0
[AR1- Serial4/0/0]ip address 12.1.1.1 24
[AR1- Serial4/0/0]
[AR2]interface GigabitEthernet 0/0/0
[AR2-GigabitEthernet0/0/0]ip address 22.1.1.2 24
[AR2-GigabitEthernet0/0/0]quit
[AR2]interface Serial 4/0/1
[AR2- Serial4/0/1]ip address 12.1.1.2 24
[AR2- Serial4/0/1]
```

2.配置静态路由

在AR2上配置默认路由指向出口网关AR1，并在AR1上配置目的网段PC1所在网络的路由器，下一跳路由器AR2。

```
[AR2]ip route-static 0.0.0.0 0.0.0.0 12.1.1.1
[AR1]ip route-static 22.1.1.0 255.255.255.0 12.1.1.2
```

在PC1上测试与PC2的连通性：

```
PC>ping 22.1.1.22
Ping 22.1.1.22: 32 data bytes, Press Ctrl_C to break
From 22.1.1.22: bytes=32 seq=1 ttl=126 time=16 ms
From 22.1.1.22: bytes=32 seq=2 ttl=126 time=16 ms
From 22.1.1.22: bytes=32 seq=3 ttl=126 time=16 ms
From 22.1.1.22: bytes=32 seq=4 ttl=126 time=16 ms
From 22.1.1.22: bytes=32 seq=5 ttl=126 time=16 ms
--- 22.1.1.22 ping statistics ---
  5 packet(s) transmitted
  5 packet(s) received
  0.00% packet loss
  round-trip min/avg/max = 16/16/16 ms
```

3.配置HDLC

默认情况下，串行接口封装的链路层协议即为PPP，可以直接在设备AR1上使用display interface Serial4/0/0命令进行查看。

```
[AR1]display interface Serial4/0/0
Serial4/0/0 current state: UP
Line protocol current state: UP
Last line protocol up time: 2018-07-16 22: 31: 38 UTC-08: 00
Description: HUAWEI, AR Series, Serial4/0/0 Interface
Route Port, The Maximum Transmit Unit is 1500, Hold timer is 10(sec)
Internet Address is 12.1.1.1/24
Link layer protocol is PPP
LCP opened, IPCP opened
Last physical up time : 2018-07-16 22: 13: 55 UTC-08: 00
Last physical down time: 2018-07-16 22: 13: 49 UTC-08: 00
Current system time: 2018-07-16 22: 47: 42-08: 00
Physical layer is synchronous, Virtualbaudrate is 64000 bps
Interface is DTE, Cable type is V11, Clock mode is TC
Last 300 seconds input rate 7 bytes/sec 56 bits/sec 0 packets/sec
Last 300 seconds output rate 3 bytes/sec 24 bits/sec 0 packets/sec

Input: 426 packets, 14368 bytes
  Broadcast:            0, Multicast:          0
  Errors:               0, Runts:              0
  Giants:               0, CRC:                0
  Alignments:           0, Overruns:           0
  Dribbles:             0, Aborts:             0
  No Buffers:           0, Frame Error:        0
  ---- More ----
```

在AR1和AR2的串口上分别使用link-protocol命令配置链路层协议为HDLC。

```
[AR1]interface Serial 4/0/0
[AR1-Serial4/0/0]link-protocol hdlc
Warning: The encapsulation protocol of the link will be changed.Continue? [Y/N]
: y
[AR2]interface Serial 4/0/1
[AR2-Serial4/0/1]link-protocol hdlc
Warning: The encapsulation protocol of the link will be changed.Continue? [Y/N]
: y
```

再一次使用display interface Serial4/0/0命令进行查看。

```
[AR1]display interface Serial 4/0/0
Serial4/0/0 current state: UP
Line protocol current state: UP
Last line protocol up time: 2018-07-16 23: 01: 42 UTC-08: 00
Description: HUAWEI, AR Series, Serial4/0/0 Interface
Route Port, The Maximum Transmit Unit is 1500, Hold timer is 10(sec)
Internet Address is 12.1.1.1/24
Link layer protocol is nonstandard HDLC
Last physical up time : 2018-07-16 23: 01: 42 UTC-08: 00
Last physical down time: 2018-07-16 23: 01: 42 UTC-08: 00
Current system time: 2018-07-16 23: 04: 20-08: 00
Physical layer is synchronous, Virtualbaudrate is 64000 bps
Interface is DTE, Cable type is V11, Clock mode is TC
Last 300 seconds input rate 4 bytes/sec 32 bits/sec 0 packets/sec
Last 300 seconds output rate 2 bytes/sec 16 bits/sec 0 packets/sec
Input: 607 packets, 20276 bytes
  Broadcast:              0,  Multicast:              0
  Errors:                 0,  Runts:                  0
  Giants:                 0,  CRC:                    0
  Alignments:             0,  Overruns:               0
  Dribbles:               0,  Aborts:                 0
  No Buffers:             0,  Frame Error:            0
  ---- More ----
```

4.验证配置效果

配置完成后，在PC1上测试与PC2之间的连通性。

```
PC>ping 22.1.1.22
Ping 22.1.1.22: 32 data bytes, Press Ctrl_C to break
From 22.1.1.22: bytes=32 seq=1 ttl=126 time=16 ms
From 22.1.1.22: bytes=32 seq=2 ttl=126 time=16 ms
From 22.1.1.22: bytes=32 seq=3 ttl=126 time=16 ms
From 22.1.1.22: bytes=32 seq=4 ttl=126 time=16 ms
From 22.1.1.22: bytes=32 seq=5 ttl=126 time=16 ms
--- 22.1.1.22 ping statistics ---
  5 packet(s) transmitted
  5 packet(s) received
  0.00% packet loss
  round-trip min/avg/max = 16/16/16 ms
PC>
```

可以正常通信。

12.3 常见问题与分析

【问题1】配置HDLC后，两端ping不通，应如何处理?

解析：故障处理步骤如下。

①在串口接口视图下，执行display this interface命令，查看该接口的物理状态是否是Up。

- 如果物理层的状态不是Up，首先应该检查线路连接是否正确。确保接口的线路连接正确。

- 在serial 4/0/0接口视图下，执行display this命令，查看当前接口下的配置。

观察物理状态是否为Up，确认接口没有执行shutdown命令。

如果接口的物理状态为Down，则需要检查接口，排除接口的故障。

- 经过上述步骤，如果接口的物理状态依然是Down，则可能板卡已经损坏，请联系华为技术支持工程师。

排除了物理层的问题后，如果物理层状态是Up，链路协议层状态是Down，请执行下面的步骤。

②打开HDLC调试开关。

```
<Huawei> debugging hdlc all
<Huawei> terminal debugging
Display the debugging information to terminal may use a large number of cpu re
source and result in system’ s reboot! Continue?[Y/N]: y
% Current terminal debugging is on
<Huawei> terminal monitor
```

当打开HDLC调试开关后，会显示接收和发送报文的详细信息。

③检查两端配置情况。在用户视图下执行display interface[interface-type[interface-number]]命令，或者在相应接口视图下执行display this interface命令，查看两接口是否同时封装了HDLC协议。如果是，则执行下面的步骤；如果否，则进行修改，使两端同时封装HDLC，并执行restart命令重启接口。若问题仍然存在请继续执行下面的步骤。

④检查两端配置的轮询时间间隔配置是否一致。如果不一致，则修改配置，使两端轮询时间间隔一致或同时不配置轮询。修改完毕后，执行restart命令重启接口。

12.4　拓展训练

1.训练目的

①掌握HDLC的配置。

②理解HDLC工作原理。

③熟悉掌握HDLC配置结果检查方法。

2.训练拓扑

拓扑结构图如图12-2所示。图中AR4、AR5、AR6为AR2220类型设备（添加串口2SA模块操作方法见本节其他部分内容），最终实现PC主机之间互通。

3.训练要求

（1）网络布线

根据拓扑图进行网络布线。

（2）实验编址

根据网络拓扑图设计网络设备的IP编址，填写表12-4所示地址分配表。根据需要填写，不需要填写打×。

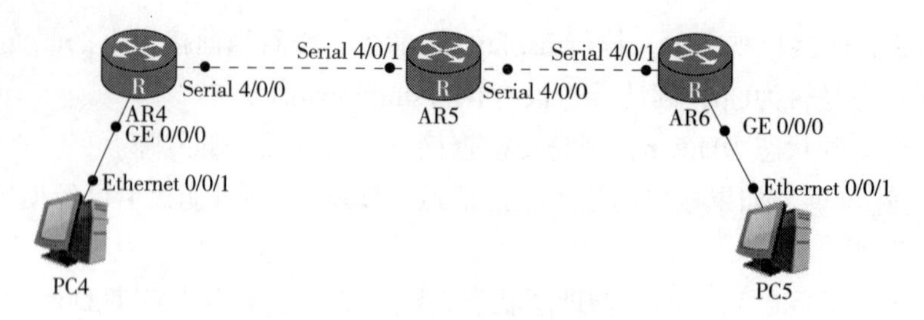

图12-2　拓扑结构图

表12-4　设备配置地址

设　备	接　口	IP地址	子网掩码	网　关
AR4	GE0/0/0			
	S4/0/0			
AR5	S4/0/0			
	S4/0/1			
AR6	S4/0/1			
	GE0/0/0			
PC4	Ethernet0/0/1			
PC5	Ethernet0/0/1			

（3）主要步骤

①搭建训练环境。根据表12-4填写的IP地址，进行PC4、PC5地址设置。

②基本配置。配置AR4、AR5、AR6路由器名、接口地址信息。

③配置静态路由。配置拓扑结构图中所有路由器的静态路由。

④配置HDLC。在AR4、AR5、AR6的串口上分别使用link-protocol命令配置链路层协议为HDLC。

⑤验证测试。配置完成后，在PC4上测试与PC5之间的连通性。

第13章 PPP的配置

PPP也是应用在广域网数据链路层的协议，它可以在多种链路上支持点对点的通信，而且支持多种网络层协议，并且PPP和以太网相结合产生的PPPoE，曾经也得到了比较广泛的应用。随着技术的发展，HDLC几乎不用，PPP却是整个Internet使用得最多的数据链路层协议。

13.1 技术知识

13.1.1 PPP原理概述

PPP（Point-to-Point Protocol，点对点协议）为在点对点连接上传输多协议数据包提供了一个标准方法。PPP位于数据链路层，是一种为同等单元之间传输数据包这样的简单链路设计的链路层协议。这种链路提供全双工操作，并按照顺序传递数据包。

PPP 最初设计是为两个对等节点之间的IP流量传输提供一种封装协议。在TCP/IP协议集中它是一种用来同步调制连接的数据链路层协议（OSI模型中的第二层），替代了原来非标准的第二层协议，即SLIP（串行线路网际协议）。除了IP以外，PPP还可以携带其他协议，包括DECnet和Novell 的Internet网包交换（IPX）。设计目的主要是用来通过拨号或专线方式建立点对点连接发送数据，使其成为各种主机、网桥和路由器之间简单连接的一种共通的解决方案。

相对于其他二层封装协议，PPP协议的最大优势在于其支持认证。常用的PPP认证有PAP和CHAP认证。

13.1.2 PPP组件

PPP协议主要由两个组件构成：链路控制协议（Link Control Protocol，LCP）和网络层控制协议（Network Control Protocol，NCP）。其工作原理也是依赖这两个核心组件完成的。

①LCP的作用：主要负责两个网络设备之间链路的创建、维护、安全鉴别、完成通信后的链路终止等。

②NCP的作用：主要负责将许多不同的第三层网络协议报文，如TCP/IP、IPX/SPX、NetBEUI等进行封装，NCP工作在LCP阶段过后进行操作。

13.1.3 PPP认证

PPP使用LCP报文来协商连接（一种发送配置请求，然后接收响应的简单“握手”过程），协商中双方获得当前点对点连接的状态配置等，之后的“鉴别”阶段使用哪种鉴别方式也在这个协商中确定下来。

鉴别阶段是可选的，如果链接协商阶段并没有设置鉴别方式，则将忽略本阶段直接进入“网络”阶段。鉴别阶段使用链接协商阶段确定下来的鉴别方式来为连接授权，以起到保证点对点连接安全，防止非法终端接入点对点链路的功能。常用的鉴别认证方式有CHAP和PAP方式。

1.PAP认证

密码认证协议（Password Authentication Protocol，PAP）：是一种典型的明文认证协议。

PAP主要是通过使用两次握手（即仅仅通过来回两个报文）提供一种对等结点的建立认证的简单方法，这是建立在初始链路确定的基础上的。被认证方（客户端）向认证方（服务器端）以明文方式发送认证信息，包含用户名和密码。如果用户名和密码与服务器里保存的一致，就通过认证，否则就不能通过（通过两次握手）。PAP认证可以分为单向认证和双向认证。

基于PAP认证的不安全性，才使得力求寻找更加安全的协议，即CHAP认证。

2.CHAP认证

挑战握手认证协议（Challenge-Handshake Authentication Protocol，CHAP）：是PPP链路上基于密文发送的三次握手协议。

LCP协商完成后，认证方一端发起挑战Challenge，将Challenge报文发送给被认证方，报文中含有Identifier信息和一个随机产生的Challenge字符串。此Identifier会被后续报文所使用，一次认证过程所使用的报文均使用相同的Identifier信息，用于匹配请求报文和回应报文。

被认证方收到Challenge，进行一次加密运算，运算公式为MD5{Identifier+密码+Challenge}，进行MD5运算，得到一个16字节长的摘要信息，最后将此摘要信息和端口上配置的CHAP用户名一起封装在Response报文中并发回认证方。

认证方接收到被认证方发送的Response报文之后，按照其中的用户名在本地查找相应的密码信息。得到密码信息后进行一次加密运算，运算方式和被认证方的加密运算方式相同，然后将加密运算得到的摘要信息和Response报文中封装的摘要信息做比较，相同则表示认证成功，不相同则表示认证失败。

使用CHAP认证方式时，被认证方的密码是Hash才进行传输的密文，而MD5算法是不可逆的，无法通过结果得到原始的密码，这样就极大地提高了安全性。

13.1.4 命令行视图

1.PPP命令格式

①配置接口封装的链路层协议为PPP，认证方与被认证方皆要运行PPP协议，实施配置步骤见表13-1。

表13-1 PPP配置过程

步骤	命　令	解　释
1	**system-view**	进入系统视图
2	**interface** *interface-type interface-number*	进入指定的接口视图
3	**link-protocol ppp**	配置当前接口封装的链路层协议为PPP。默认情况下，接口封装的链路层协议为PPP
4	**ip address** *ip-address*{*mask*|*mask-length*}	为接口指定IP地址

②配置认证方以PAP方式认证对端，配置实施步骤，见表13-2。

表13-2 PAP认证方配置过程

步骤	命　令	解　释
1	**system-view**	进入系统视图
2	**interface** *interface-type interface-number*	进入指定的接口视图
3	**ppp authentication-mode pap**	配置PPP认证方式为PAP。默认情况下，PPP协议不进行认证
4	**quit**	退回到系统视图
5	**aaa**	进入AAA视图
6	**local-user** *user-name* **password{cipher|simple}***password*	配置本地用户的用户名和密码。这里配置的用户名和密码要和被认证方配置的认证用户名和密码一致
7	**local-user** *user-name* **service-type ppp**	配置本地用户使用的服务类型为PPP

③配置被认证方以PAP方式被对端认证，配置实施步骤见表13-3。

表13-3 PAP被认证方配置过程

步骤	命　令	解　释
1	**system-view**	进入系统视图
2	**interface** *interface-type interface-number*	进入指定的接口视图
3	**ppp pap local-user** *username* **password**{**cipher**|**simple**}*password*	配置PPP认证方式为PAP。默认情况下，PPP协议不进行认证

④配置认证方以CHAP方式认证对端，配置实施步骤见表13-4。

表13-4 CHAP认证方配置过程

步骤	命　令	解　释
1	**system-view**	进入系统视图
2	**interface** *interface-type interface-number*	进入指定的接口视图
3	**ppp authentication-mode chap**	配置PPP认证方式为CHAP。默认情况下，PPP协议不进行认证
4	**quit**	退回到系统视图
5	**aaa**	进入AAA视图
6	**local-user** *user-name* **password{cipher|simple}***password*	配置本地用户的用户名和密码。这里配置的用户名和密码要和被认证方配置的认证用户名和密码一致
7	**local-user** *user-name* **service-type ppp**	配置本地用户使用的服务类型为PPP

⑤配置被认证方以CHAP方式被对端认证，配置实施步骤见表13-5。

表13-5　CHAP被认证方配置过程

步骤	命　令	解　释
1	**system-view**	进入系统视图
2	**interface** *interface-type interface-number*	进入指定的接口视图
3	**ppp chap user** *username*	配置CHAP认证的用户名
4	**ppp chap password{cipher|simple}***password*	配置CHAP认证的密码

2.检查配置结果

（1）检查认证方配置。PPP认证配置完成后，可以查看配置是否正确，如PPP认证方式、认证的用户名、认证密码等，见表13-6。

表13-6　PPP认证方检查配置

序号	命　令	解　释
1	**system-view**	进入系统视图
2	**interface** *interface-type interface-number*	进入指定的接口视图
3	**display this**	查看接口下配置PPP认证方式
4	**display local-user**	查看本地用户的配置情况

（2）检查被认证方配置。被认证方的配置比较简单，只需要检查配置PPP认证接口下的CHAP/PAP认证的用户名和密码配置是否正确，见表13-7。

表13-7　PPP被认证方检查配置

序号	命　令	解　释
1	**system-view**	进入系统视图
2	**interface** *interface-type interface-number*	进入指定的接口视图
3	**display this**	看接口下配置PPP认证用户名和密码

13.2　项目实战

13.2.1　项目背景

某公司分支机构开发部门通过部门路由器接入端网关设备AR1连接到公司总部出口网关AR2；市场部门直连到公司总部出口网关。出于安全角度考虑，IT部门在分支机构访问总部市场部门时部署PPP认证，AR1是被认证方路由器，AR2是认证方路由器，AR1与AR2之间链路为串行链路，封装PPP协议并进行认证，从而建立PPP连接进行正常访问。

本项目实战需要两台路由器通过串行链路连接，封装PPP协议，分别作为认证方和被认证方；需要两台PC分别扮演开发部、市场部用户，并实现开发部和市场部PC之间相互通信。

项目实战目的：

①掌握配置PPP PAP认证的方法。

②掌握配置PPP CHAP认证的方法。

③理解PPP PAP认证与CHAP认证的区别。

13.2.2 项目规划设计

配置拓扑如图13-1所示，设备配置地址见表13-8。本项目所选路由器设备为AR2220两台（需要在设备里添加串口模块，设备停止后，右击设备，选择“设置”→“eNSP支持的接口卡”，选中2SA模块，拖动到上面视图当中），两台终端设备PC分别代表开发部门、市场部门。

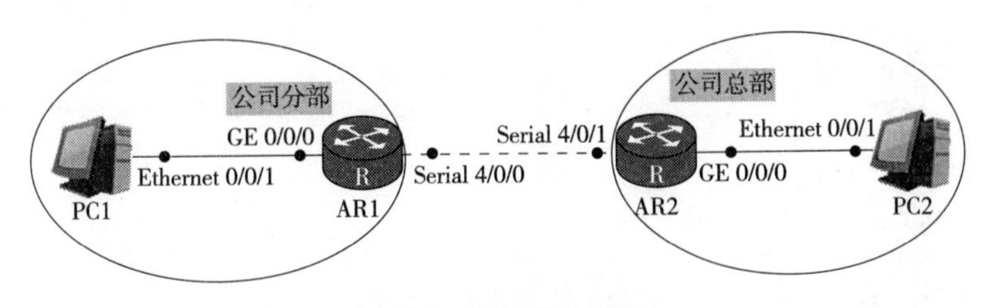

图13-1 PPP拓扑结构

表13-8 设备配置地址

设 备	接 口	IP地址	子网掩码	网 关
AR1	GE0/0/0	11.1.1.1	255.255.255.0	×
	S4/0/0	12.1.1.1	255.255.255.0	×
AR2	GE0/0/0	22.1.1.2	255.255.255.0	×
	S4/0/1	12.1.1.2	255.255.255.0	×
PC1	Ethernet0/0/1	11.1.1.11	255.255.255.0	11.1.1.1
PC2	Ethernet0/0/1	22.1.1.22	255.255.255.0	22.1.1.2

13.2.3 项目实施

1.PAP认证的配置

PAP认证中，口令以明文方式在链路上发送，完成PPP链路建立后，被验证方会不停地在链路上反复发送用户名和口令，直到身份验证过程结束，所以安全性不高。当实际应用过程中，对安全性要求不高时，可以采用PAP认证建立PPP连接。本项目以图13-1进行配置实施。

（1）基本配置

配置AR1、AR2接口地址。

```
[AR1]interface GigabitEthernet 0/0/0
[AR1-GigabitEthernet0/0/0]ip address 11.1.1.1 24
[AR1-GigabitEthernet0/0/0]quit
```

```
[AR1]interface Serial 4/0/0
[AR1- Serial4/0/0]ip address 12.1.1.1 24
[AR2]interface GigabitEthernet 0/0/0
[AR2-GigabitEthernet0/0/0]ip address 22.1.1.2 24
[AR2-GigabitEthernet0/0/0]quit
[AR2]interface Serial 4/0/1
[AR2- Serial4/0/1]ip address 12.1.1.2 24
[AR2- Serial4/0/1]
```

在路由器AR1上验证与路由器AR2的连通性。

```
<AR1>ping 12.1.1.2
  PING 12.1.1.2: 56  data bytes, press CTRL_C to break
    Reply from 12.1.1.2: bytes=56 Sequence=1 ttl=255 time=30 ms
    Reply from 12.1.1.2: bytes=56 Sequence=2 ttl=255 time=20 ms
    Reply from 12.1.1.2: bytes=56 Sequence=3 ttl=255 time=20 ms
    Reply from 12.1.1.2: bytes=56 Sequence=4 ttl=255 time=30 ms
    Reply from 12.1.1.2: bytes=56 Sequence=5 ttl=255 time=20 ms
  --- 12.1.1.2 ping statistics ---
    5 packet(s) transmitted
    5 packet(s) received
    0.00% packet loss
    round-trip min/avg/max=20/24/30 ms
<AR1>
```

（2）搭建OSPF网络

在每台路由器上配置OSPF协议，并通告相应网段到区域0内。

```
[AR1]ospf
[AR1-ospf-1]area 0
[AR1-ospf-1-area-0.0.0.0]network 12.1.1.0 0.0.0.255
[AR1-ospf-1-area-0.0.0.0]network 11.1.1.0 0.0.0.255
[AR2]ospf
[AR2-ospf-1]area 0
[AR2-ospf-1-area-0.0.0.0]network 12.1.1.0 0.0.0.255
[AR2-ospf-1-area-0.0.0.0]network 22.1.1.0 0.0.0.255
```

配置完成后，测试公司分部与总部之间的连通性，即在PC1上测试与PC2的连通性。

```
PC>ping 22.1.1.22
Ping 22.1.1.22: 32 data bytes, Press Ctrl_C to break
From 22.1.1.22: bytes=32 seq=1 ttl=126 time=16 ms
From 22.1.1.22: bytes=32 seq=2 ttl=126 time=16 ms
From 22.1.1.22: bytes=32 seq=3 ttl=126 time=16 ms
From 22.1.1.22: bytes=32 seq=4 ttl=126 time=16 ms
From 22.1.1.22: bytes=32 seq=5 ttl=126 time=16 ms
--- 22.1.1.22 ping statistics ---
  5 packet(s) transmitted
  5 packet(s) received
  0.00% packet loss
  round-trip min/avg/max = 16/16/16 ms
```

（3）配置PAP认证

为了提升公司分部与公司总部通信时的安全性，在公司分部网关设备AR1与公司总部核心设备AR2上部署PPP的PAP认证。AR2作为认证方路由器，AR1作为被认证方路由器。

```
[AR2]interface Serial 4/0/1
[AR2-Serial4/0/1]ppp authentication-mode pap
[AR2-Serial4/0/1]quit
[AR2]aaa
[AR2-aaa]local-user Duomi password cipher ?
  STRING<1-32>/<32-56>  The UNENCRYPTED/ENCRYPTED password string
[AR2-aaa]local-user Duomi password cipher GGDM
Info: Add a new user.
[AR2-aaa]local-user Duomi service-type ppp
[AR2-aaa]
```

关闭AR1与AR2相连接口一段时间后再打开，使AR1与AR2之间的链路重新协商，查看链路状态，并验证公司分部与公司总部之间的连通性。

```
[AR2]interface Serial 4/0/1
[AR2-Serial4/0/1]shutdown
[AR2-Serial4/0/1]undo shutdown
<AR2>display ip interface brief
*down: administratively down
^down: standby
(l): loopback
(s): spoofing
The number of interface that is UP in Physical is 3
The number of interface that is DOWN in Physical is 3
The number of interface that is UP in Protocol is 2
The number of interface that is DOWN in Protocol is 4
Interface                     IP Address/Mask      Physical      Protocol
GigabitEthernet0/0/0          22.1.1.2/24          up            up
GigabitEthernet0/0/1          unassigned           down          down
GigabitEthernet0/0/2          unassigned           down          down
NULL0                         unassigned           up            up(s)
Serial4/0/0                   unassigned           down          down
Serial4/0/1                   12.1.1.2/24          up            down
<AR2>
<AR1>ping 12.1.1.2
  PING 12.1.1.2: 56  data bytes, press CTRL_C to break
    Request time out
    Request time out
    Request time out
    Request time out
    Request time out
  --- 12.1.1.2 ping statistics ---
    5 packet(s) transmitted
    0 packet(s) received
    100.00% packet loss
<AR1>
```

结果显示不能正常通信。因为没有配置被认证方被对端以PAP方式验证时本地发送的PAP用户名和密码。

```
[AR1]interface Serial 4/0/0
[AR1-Serial4/0/0]ppp pap local-user Duomi password cipher GGDM
```

配置完成后，再次查看链路状态并测试连通性。

```
<AR2>display ip interface brief
*down: administratively down
^down: standby
(l): loopback
(s): spoofing
The number of interface that is UP in Physical is 3
The number of interface that is DOWN in Physical is 3
The number of interface that is UP in Protocol is 3
The number of interface that is DOWN in Protocol is 3
Interface                   IP Address/Mask      Physical    Protocol
GigabitEthernet0/0/0         22.1.1.2/24           up          up
GigabitEthernet0/0/1         unassigned            down        down
GigabitEthernet0/0/2         unassigned            down        down
NULL0                        unassigned            up          up(s)
Serial4/0/0                  unassigned            down        down
Serial4/0/1                  12.1.1.2/24           up          up
<AR2>
<AR1>ping 12.1.1.2
  PING 12.1.1.2: 56  data bytes, press CTRL_C to break
    Reply from 12.1.1.2: bytes=56 Sequence=1 ttl=255 time=20 ms
    Reply from 12.1.1.2: bytes=56 Sequence=2 ttl=255 time=20 ms
    Reply from 12.1.1.2: bytes=56 Sequence=3 ttl=255 time=30 ms
    Reply from 12.1.1.2: bytes=56 Sequence=4 ttl=255 time=20 ms
    Reply from 12.1.1.2: bytes=56 Sequence=5 ttl=255 time=20 ms
  --- 12.1.1.2 ping statistics ---
    5 packet(s) transmitted
    5 packet(s) received
    0.00% packet loss
    round-trip min/avg/max=20/22/30 ms
<AR1>
```

（4）验证配置效果

配置完成后，在PC1上测试与PC2之间的连通性。

```
PC>ping 22.1.1.22
Ping 22.1.1.22: 32 data bytes, Press Ctrl_C to break
From 22.1.1.22: bytes=32 seq=1 ttl=126 time=16 ms
From 22.1.1.22: bytes=32 seq=2 ttl=126 time=16 ms
From 22.1.1.22: bytes=32 seq=3 ttl=126 time=16 ms
From 22.1.1.22: bytes=32 seq=4 ttl=126 time=16 ms
From 22.1.1.22: bytes=32 seq=5 ttl=126 time=16 ms
--- 22.1.1.22 ping statistics ---
  5 packet(s) transmitted
  5 packet(s) received
  0.00% packet loss
  round-trip min/avg/max=16/16/16 ms
PC>
```

公司总部与分公司的终端通信正常。

在路由器AR1上查看接口Serial4/0/0抓包分析，可以观察到，在数据包中很容易找到所配置的用户名和密码。Peer-ID显示内容为用户名，Password显示内容为密码，具体内容如图13-2所示。

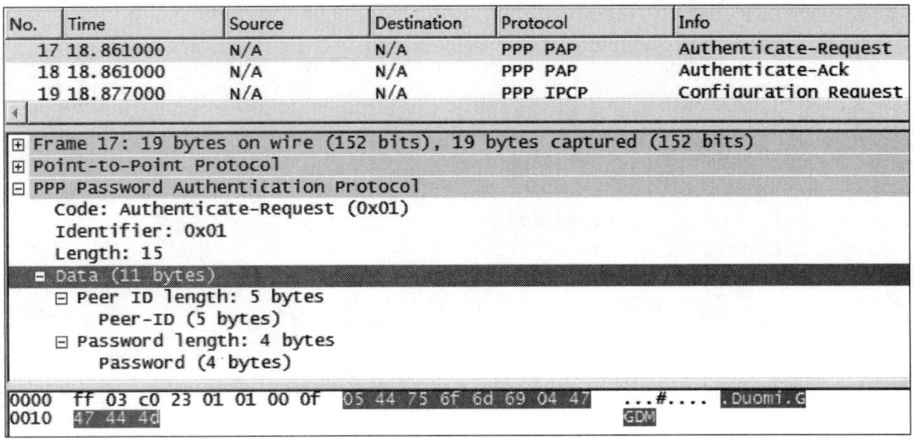

No.	Time	Source	Destination	Protocol	Info
17	18.861000	N/A	N/A	PPP PAP	Authenticate-Request
18	18.861000	N/A	N/A	PPP PAP	Authenticate-Ack
19	18.877000	N/A	N/A	PPP IPCP	Configuration Request

```
⊞ Frame 17: 19 bytes on wire (152 bits), 19 bytes captured (152 bits)
⊞ Point-to-Point Protocol
⊟ PPP Password Authentication Protocol
    Code: Authenticate-Request (0x01)
    Identifier: 0x01
    Length: 15
  ⊟ Data (11 bytes)
    ⊟ Peer ID length: 5 bytes
        Peer-ID (5 bytes)
    ⊟ Password length: 4 bytes
        Password (4 bytes)

0000  ff 03 c0 23 01 01 00 0f  05 44 75 6f 6d 69 04 47   ...#.... .Duomi.G
0010  47 44 4d                                           GDM
```

图13-2 抓包观察

2.CHAP认证的配置

CHAP认证中，验证协议为三次握手验证协议。它只在网络上传输用户名，而并不传输用户密码，因此安全性比PAP认证高。当实际应用过程中，对安全性要求较高时，可以采用CHAP认证建立PPP连接。这里是在PAP配置后进行的，以图13-1进行配置实施。基础配置、OSPF路由配置、认证方AAA配置，见PAP认证配置部分内容。

（1）清除PPP PAP认证配置

这里只删除被认证方的PAP配置，其他与认证方的配置无须删除。

```
[AR1]interface Serial 4/0/0
[AR1-Serial4/0/0]undo ppp pap local-user
```

（2）配置CHAP认证

AR2作为认证方路由器，AR1作为被认证方路由器。

```
[AR2]interface Serial 4/0/1
[AR2-Serial4/0/1]display this
[V200R003C00]
#
interface Serial4/0/1
link-protocol ppp
ppp authentication-mode pap
ip address 12.1.1.2 255.255.255.0
#
return
[AR2-Serial4/0/1]ppp authentication-mode chap        # 将 PAP 认证修改为 CHAP 认证
[AR2-Serial4/0/1]
```

关闭AR1与AR2相连接口一段时间后再打开，使AR1与AR2之间的链路重新协商，并验证公司分部与公司总部之间的连通性。

```
[AR2]interface Serial 4/0/1
[AR2-Serial4/0/1]shutdown
[AR2-Serial4/0/1]undo shutdown
```

```
<AR1>ping 12.1.1.2
  PING 12.1.1.2: 56  data bytes, press CTRL_C to break
    Request time out
    Request time out
    Request time out
    Request time out
    Request time out
  --- 12.1.1.2 ping statistics ---
    5 packet(s) transmitted
    0 packet(s) received
    100.00% packet loss
<AR1>
```

结果显示不能正常通信，因为此时被认证方没有配置用户名和密码。在AR1上配置用户名和密码。

```
[AR1-Serial4/0/0]ppp chap user duomi                    #被认证方配置用户名
[AR1-Serial4/0/0]ppp chap password cipher GGDM          #被认证方配置密码
```

配置完成后测试，测试AR1与AR2的连通性。

```
<AR1>ping 12.1.1.2
  PING 12.1.1.2: 56  data bytes, press CTRL_C to break
    Reply from 12.1.1.2: bytes=56 Sequence=1 ttl=255 time=20 ms
    Reply from 12.1.1.2: bytes=56 Sequence=2 ttl=255 time=20 ms
    Reply from 12.1.1.2: bytes=56 Sequence=3 ttl=255 time=30 ms
    Reply from 12.1.1.2: bytes=56 Sequence=4 ttl=255 time=20 ms
    Reply from 12.1.1.2: bytes=56 Sequence=5 ttl=255 time=20 ms
  --- 12.1.1.2 ping statistics ---
    5 packet(s) transmitted
    5 packet(s) received
    0.00% packet loss
    round-trip min/avg/max=20/22/30 ms
<AR1>
```

（3）验证配置效果

配置完成后，在PC1上测试与PC2之间的连通性。

```
PC>ping 22.1.1.22
Ping 22.1.1.22: 32 data bytes, Press Ctrl_C to break
From 22.1.1.22: bytes=32 seq=1 ttl=126 time=16 ms
From 22.1.1.22: bytes=32 seq=2 ttl=126 time=16 ms
From 22.1.1.22: bytes=32 seq=3 ttl=126 time=16 ms
From 22.1.1.22: bytes=32 seq=4 ttl=126 time=16 ms
From 22.1.1.22: bytes=32 seq=5 ttl=126 time=16 ms
--- 22.1.1.22 ping statistics ---
  5 packet(s) transmitted
  5 packet(s) received
  0.00% packet loss
  round-trip min/avg/max=16/16/16 ms
PC>
```

结果显示：公司总部与分公司的终端通信正常。

在路由器AR1上查看接口Serial4/0/0抓包分析，如图13-3所示可以观察到，数据包内容已经为加密方式发送，无法被攻击者截获认证密码，安全性得到了提升。

```
No.  Time       Source  Destination  Protocol  Info
16 18.439000    N/A     N/A          PPP CHAP  Challenge (NAME='', VALUE=0x98d347a7b09e5f0ac7320d2b421a8e3f)
17 18.439000    N/A     N/A          PPP CHAP  Response (NAME='duomi', VALUE=0xed48319b6b955e0bff6137bc0b3a41f9)
18 18.455000    N/A     N/A          PPP CHAP  Success (MESSAGE='Welcome to .')

⊞ Frame 17: 30 bytes on wire (240 bits), 30 bytes captured (240 bits)
⊞ Point-to-Point Protocol
⊟ PPP Challenge Handshake Authentication Protocol
    Code: Response (2)
    Identifier: 1
    Length: 26
  ⊟ Data (22 bytes)
      Value Size: 16
      Value: ed48319b6b955e0bff6137bc0b3a41f9
      Name: duomi

0000  ff 03 c2 23 02 01 00 1a  10 ed 48 31 9b 6b 95 5e   ...#.... ..H1.k.^
0010  0b ff 61 37 bc 0b 3a 41  f9 64 75 6f 6d 69         ..a7..:A .duomi
```

图13-3 抓包分析

13.3 常见问题与分析

【问题1】在接口上配置PPP协议以后，LCP协商不成功导致接口协议Down，常见原因有哪些?

解析：故障的常见原因主要包括。

①链路两端接口上的PPP相关配置错误。

②接口的物理层没有Up。

③PPP协议报文被丢弃。

④链路存在环路。

⑤检查链路延时是否影响上层业务。

【问题2】当PPP链路UP后，在PPP链路一端加上认证配置而另一端不加，为什么一定要重启接口后认证才能生效使双方不能正常通信?

解析：PPP认证的协商发生在PPP会话建立阶段，当PPP会话成功建立后PPP链路将一直保持通信，不再更改协商的参数直至关闭这条链路的连接。只有关闭连接后重新建立会话时才重新协商参数，认证方式的更改才能生效。

13.4 拓展训练

1.训练目的

①掌握配置PPP CHAP认证的方法。

②理解PPP CHAP工作原理。

③熟悉掌握PPP CHAP配置结果检查方法。

2.训练拓扑

拓扑结构图，如图13-4所示。图中AR4、AR5、AR6为AR2220类型设备（需要在设备里添加串口模块，设备停止后，右击设备，选择“设置”→“eNSP支持的接口卡”，选中2SA模块，拖动到上面视图当中），最终实现PC主机之间互通。

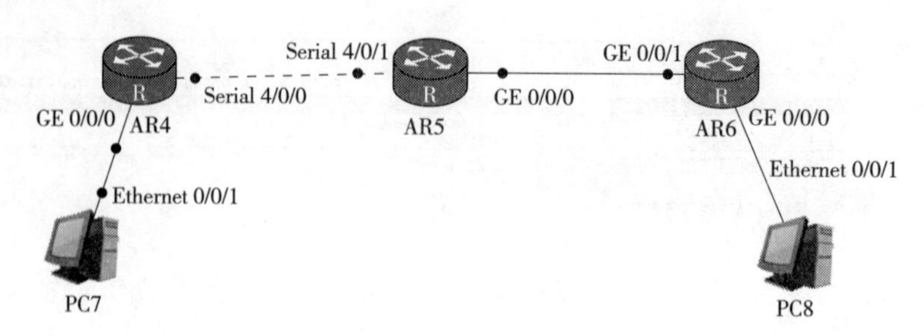

图13-4　拓扑结构图

3.训练要求

（1）网络布线

根据拓扑图进行网络布线。

（2）实验编址

根据网络拓扑图设计网络设备的IP编址，填写表13-9所示地址分配表。根据需要填写，不需要填写打×。

表13-9　设备配置地址

设　备	接　口	IP地址	子网掩码	网　关
AR4	GE0/0/0			
	S4/0/0			
AR5	GE0/0/0			
	S4/0/1			
AR6	GE0/0/0			
	GE0/0/1			
PC7	Ethernet0/0/1			
PC8	Ethernet0/0/1			

（3）主要步骤

①搭建训练环境。根据表13-9填写的IP地址，进行PC7、PC8地址设置。

②基本配置。配置AR4、AR5、AR6路由器名、接口地址信息。

③配置OSPF路由。配置拓扑结构图中所有路由器的OSPF路由协议。

④配置PPP CHAP。配置CHAP，路由器AR4作为被认证方、路由器AR5作为认证方。

⑤验证测试。配置完成后，在PC7上测试与PC8之间的连通性。

第14章　网络地址转换NAT技术

随着Internet的发展和网络应用的增多，IPv4地址枯竭已经成为制约网络发展的瓶颈。尽管IPv6可以从根本上解决IPv4地址空间不足的问题，但目前众多的网络设备和网络应用仍是基于IPv4的，因此在IPv6广泛应用之前，一些过渡技术的使用是解决这个问题的主要技术手段。目前，使用较多的过渡技术就是NAT技术。通过本章学习，可掌握NAT技术的工作原理和基本配置。

14.1　技术知识

14.1.1　NAT简介

NAT（Network Address Translation，网络地址转换）是1994年提出的。当在专用网内部的一些主机本来已经分配到了本地IP地址（即仅在本专用网内使用的专用地址），但现在又想和因特网上的主机通信（并不需要加密）时，可使用NAT方法。

这种方法需要在专用网连接到因特网的路由器上安装NAT软件。装有NAT软件的路由器称为NAT路由器，它至少有一个有效的外部全球IP地址。这样，所有使用本地地址的主机在和外界通信时，都要在NAT路由器上将其本地地址转换成全球IP地址，才能和因特网连接。

NAT技术功能特色主要有：

①NAT不仅能解决IP地址不足的问题，而且还能够有效地避免来自网络外部的攻击，隐藏并保护网络内部的计算机。

②宽带分享：这是 NAT 主机的最大功能。

③安全防护：NAT之内的PC联机到 Internet 上时，它所显示的IP是NAT主机的公共 IP，所以客户端的PC当然就具有一定程度的安全性，外界在进行portscan（接口扫描）时，就侦测不到源Client端的PC。

14.1.2　技术背景

在深入了解NAT之前，先了解现在IPv4地址的使用情况，在IPv4地址中，按使用的对象可分为公有地址和私有地址。私有 IP 地址是指内部网络或主机的IP 地址，公有IP 地址是指在因特网上全球唯一的IP地址。RFC 1918 为私有网络预留出了三个IP 地址块：

A类：10.0.0.0 ~ 10.255.255.255。

B类：172.16.0.0 ~ 172.31.255.255。

C类：192.168.0.0 ~ 192.168.255.255。

上述三个范围内的地址不会在因特网上被分配，因此可以不必向ISP或注册中心申请而在公司或企业内部自由使用。

随着接入Internet的计算机数量的不断猛增，IP地址资源也就愈加显得捉襟见肘。事实上，除了中国教育和科研计算机网（CERNET）外，一般用户几乎申请不到整段的C类IP地址。在其他ISP那里，即使是拥有几百台计算机的大型局域网用户，当他们申请IP地址时，所分配的地址也不过只有几个或十几个IP地址。显然，这样少的IP地址根本无法满足网络用户的需求，于是也就产生了NAT技术。

虽然NAT可以借助于某些代理服务器来实现，但考虑到运算成本和网络性能，很多时候都是在路由器上实现的。

14.1.3 实现方式

目前，NAT的常用实现方式有四种，即静态转换Static NAT、动态转换Dynamic NAT、接口多路复用OverLoad和Easy IP。

1.静态转换

静态转换是指将内部网络的私有IP地址转换为公有IP地址，IP地址对是一对一的，是一成不变的，某个私有IP地址只转换为某个公有IP地址。借助于静态转换，可以实现外部网络对内部网络中某些特定设备（如服务器）的访问。静态NAT如图14-1所示。

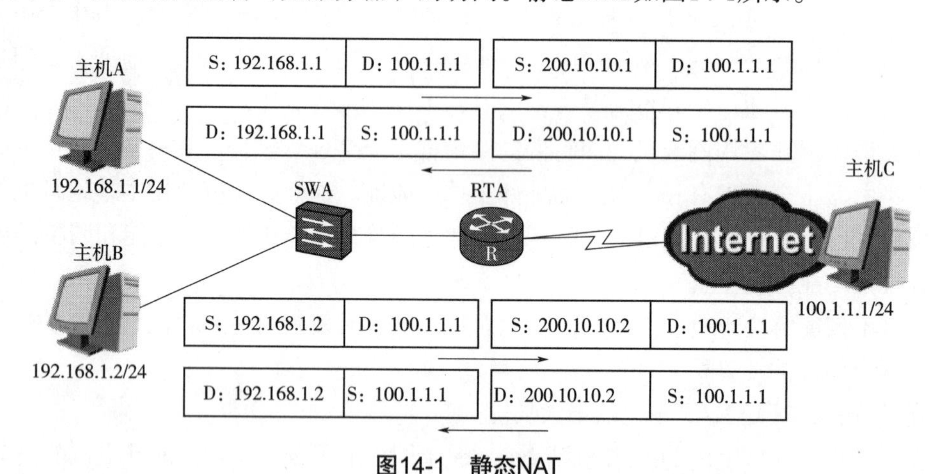

图14-1 静态NAT

2.动态转换

动态转换是指将内部网络的私有IP地址转换为公用IP地址时，IP地址是不确定的，是随机的，所有被授权访问上Internet的私有IP地址可随机转换为任何指定的合法IP地址。也就是说，只要指定哪些内部地址可以进行转换，以及用哪些合法地址作为外部地址时，就可以进行动态转换。动态转换可以使用多个合法外部地址集。当ISP提供的合法IP地址略少于网络内部的计算机数量时，可以采用动态转换的方式。动态NAT（见图14-2）基于地址池来实现私有地址和公有地址的转换。

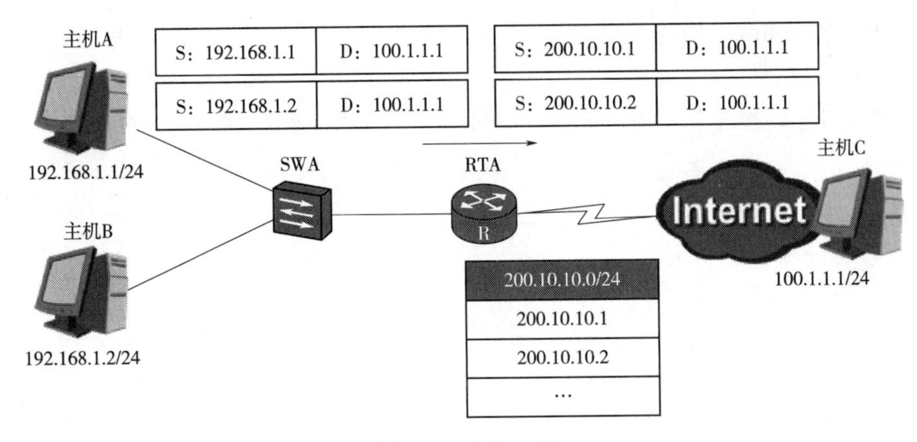

图14-2 动态NAT

3.接口多路复用

接口多路复用（Port address Translation，PAT）是指改变外出数据包的源接口并进行接口转换，即接口地址转换（Port Address Translation，PAT），采用接口多路复用方式。内部网络的所有主机均可共享一个合法外部IP地址实现对Internet的访问，从而可以最大限度地节约IP地址资源。同时，又可隐藏网络内部的所有主机，有效避免来自Internet的攻击。因此，目前网络中应用最多的就是接口多路复用方式，如图14-3所示。

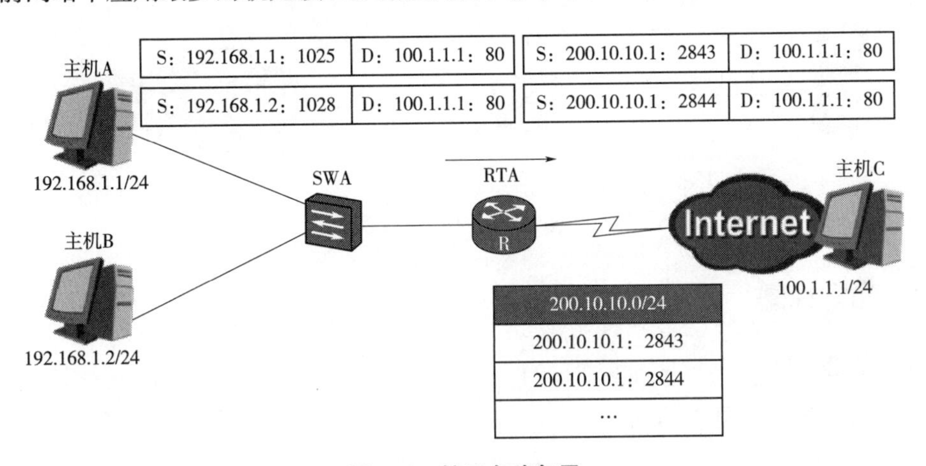

图14-3 接口多路复用

4.Easy IP

Easy IP适用于小规模局域网中的主机访问Internet的场景。小规模局域网通常部署在小型的网吧或者办公室中，这些地方内部主机不多，出接口可以通过拨号方式获取一个临时公网IP地址。Easy IP（见图14-4）可以实现内部主机使用这个临时公网IP地址访问Internet。

5.NAT服务器

NAT在使内网用户访问公网的同时，也屏蔽了公网用户访问私网主机的需求。当一个私网需要向公网用户提供Web和FTP服务时，私网中的服务器必须随时可供公网用户访问。

NAT服务器（见图14-5）可以实现这个需求，但是需要配置服务器私网IP地址和端口号转换为公网IP地址和端口号并发布出去。路由器在收到一个公网主机的请求报文后，根据报文的目的IP地址和端口号查询地址转换表项。路由器根据匹配的地址转换表项，将报文的目的IP地址和端口号转换成私网IP地址和端口号，并转发报文到私网中的服务器。

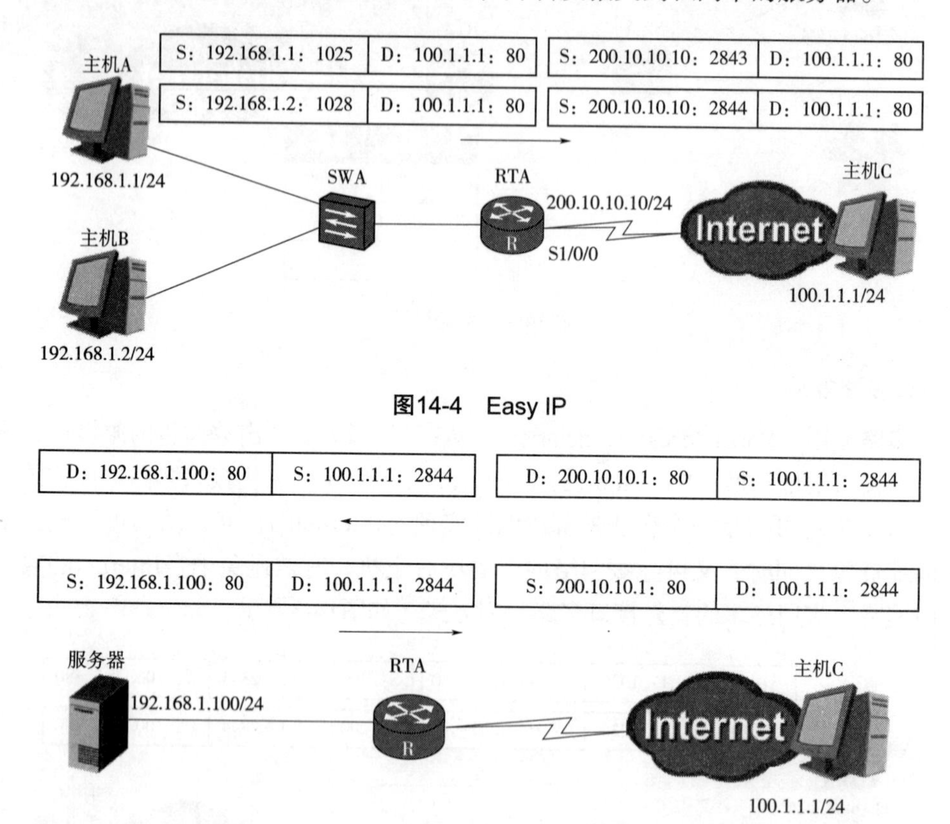

图14-4　Easy IP

图14-5　NAT服务器

14.1.4　命令视图

1.配置静态NAT

静态NAT配置过程见表14-1。

表14-1　静态NAT配置过程

步骤	命　令	解　释
1	system-view	进入系统视图
2	interface *interface-type interface-number*	进入接口视图
3	ip address *ip-address* {*mask*|*mask-length*}	配置接口的IP地址。 一般进行地址转换的设备称为NAT转换器，有专有的NAT转换器或者可以用具有NAT转换功能的路由器来代替。本章节中都用具有NAT转换功能的路由器来代替。 配置接口的IP地址一般需要配置NAT转换器的进口和出口两个接口的地址

续表

步骤	命　令	解　释
4	nat static global{*global-address*}inside{*host-address*}	创建静态NAT。 ①global-address参数用于配置外部地址。 ②host-address参数用于配置内部地址。

2.配置动态NAT

动态NAT配置过程见表14-2。

表14-2　动态NAT配置过程

步骤	命　令	解　释
1	system-view	进入系统视图
2	interface *interface-type interface-number*	进入接口视图
3	nat address-group{[*address-group number*][*start- ip -address*][*end-ip - address*]	配置NAT地址池
4	acl acl- number	定义一个访问控制列表
5	rule [*rule-id*] {deny|permit} source { *source-address source-wildcard*|any}	配置ACL规则
6	quit	退出
7	nat outbound{*acl- number*}{*address-group- number*} no-pat	使用nat outbound命令将ACL 与待转换的网段的流量关联起来，并使用地址池（address-group）中的地址进行地址转换。no-pat表示只转换数据报文的地址而不转换端口信息

3.配置NAPT

NAPT配置过程见表14-3。

表14-3　NAPT配置过程

步骤	命　令	解　释
1	system-view	进入系统视图
2	interface *interface-type interface-number*	进入接口视图
3	nat address-group{[*address-group number*][*start-ip-address*][*end-ip-address*]	配置NAT地址池
4	acl acl- number	定义一个访问控制列表
5	rule[*rule-id*]{deny|permit} source { *source-address source-wildcard*|*any*}	配置ACL规则
6	quit	退出

续表

步骤	命　令	解　释
7	nat outbound{*acl-number*}{*address-group-number*}	NAPT的配置方式和动态NAT类似，只是在最后调用公网和私网地址池时不加no-pat参数即可

4.配置Easy IP

Easy IP配置过程见表14-4。

表14-4　Easy IP配置过程

步骤	命　令	解　释
1	system-view	进入系统视图
2	interface *interface-type interface-number*	进入接口视图
3	acl acl- number	定义一个访问控制列表
4	rule [*rule-id*]{deny|permit} source{*source-address source-wildcard*|any}	配置ACL规则
5	quit	退出
6	interface *interface-type interface-number*	进入设备的出口
7	nat outbound *acl-number*	配置Easy-IP地址转换

5.配置NAT服务器

NAT服务过程见表14-5。

表14-5　NAT服务器过程

步骤	命　令	解　释
1	system-view	进入系统视图
2	interface *interface-type interface-number*	进入接口视图
3	ip address *ip-address* {*mask*|*mask-length*}	分别配置NAT服务器进口和出口的IP地址
4	nat server [*protocol* {protocol-number|icmp|tcp|udp}global {*global-address*|*current-interface global-port*} inside{*host-address host-port*}vpn-instance *vpn-instance-name* acl *acl-number* description *description*]	定义一个内部服务器的映射表，外部用户可以通过公网地址和接口来访问内部服务器。 protocol指定一个需要地址转换的协议。 global-address指定需要转换的公网地址。 inside指定内网服务器的地址

14.1.5　检查配置结果

NAT功能配置成功后，检查配置命令，见表14-6。

表14-6　NAT功能配置检查

命　令	解　释
display nat static	查看静态NAT的配置
display nat address-group *group-number*	查看NAT地址池配置信息
display nat outbound	查看nat outbound配置信息

14.2　项目实战

14.2.1　项目背景

本项目实战案例模拟企业网络场景。R1是公司的出口网关路由器，公司内员工和服务器都通过交换机S1或S2连接到R1上，R2模拟外网设备与R1直连。由于公司内网都使用私有IP地址，为了实现公司内部员工可以访问外网，服务器可以供外网用户访问。网络管理员需要在路由器R1上配置NAT；使用静态NAT和动态NAT技术使部分员工可以访问外网，使用NAT Server技术使服务器可以供外网用户访问。

项目实战目的：

①理解NAT的应用场景。

②掌握静态NAT的配置。

③掌握动态NAT的配置。

④掌握NAT Easy-IP的配置。

⑤掌握NAT Server的配置。

14.2.2　项目规划设计

配置拓扑如图14-6所示，设备配置地址见表14-7。本项目所选交换机设备为2台S3700、2台AR2220路由器、3台PC、1台服务器，其中AR1具有NAT转换功能。

表14-7　设备配置地址

设　备	接　口	IP地址	子网掩码
AR1	GE 0/0/0	202.169.10.1	255.255.255.0
	GE 0/0/1	172.16.1.254	255.255.255.0
	GE 0/0/2	172.17.1.254	255.255.255.0
AR2	GE 0/0/0	202.169.10.2	255.255.255.0
	Loopback 0	202.169.20.1	255.255.255.0
PC1	Ethernet 0/0/1	172.16.1.1	255.255.255.0
PC2	Ethernet 0/0/1	172.17.1.1	255.255.255.0
PC3	Ethernet 0/0/1	172.17.1.3	255.255.255.0
Server1	Ethernet 0/0/0	172.16.1.3	255.255.255.0

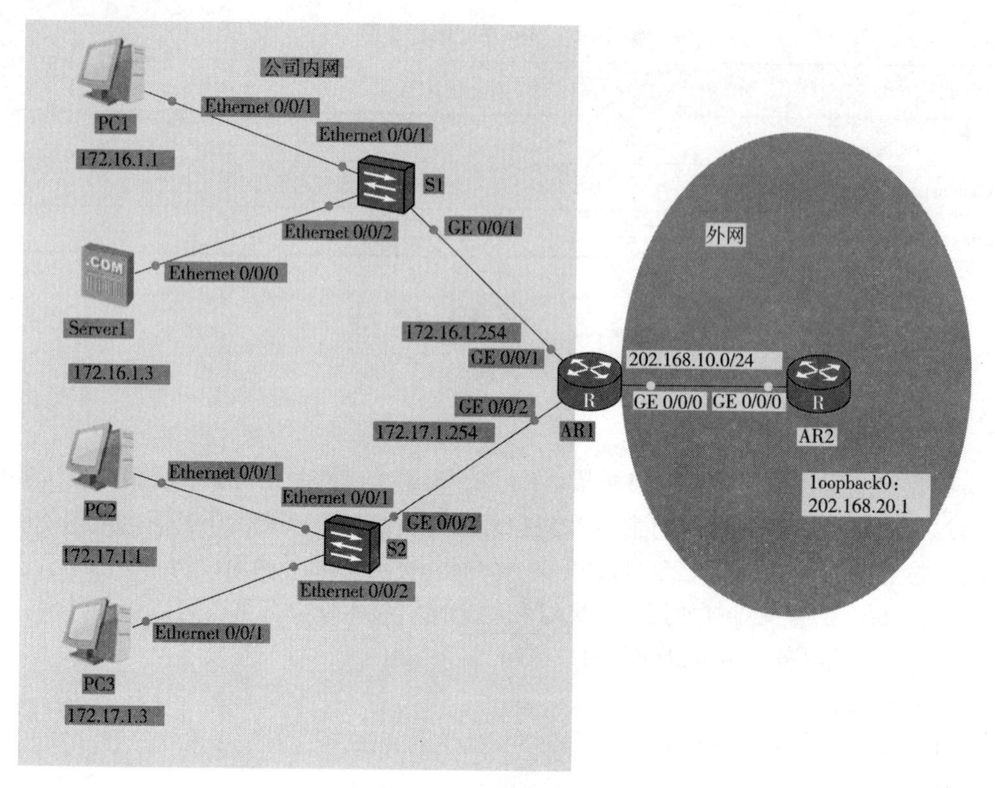

图14-6　NAT拓扑环境

14.2.3　项目实施

1.基本配置

根据任务要求，完成相关设备的IP地址的配置，并连通（此处配置省略）。

在AR2上配置环回接口Loopback0地址。

```
[AR2]interface LoopBack0
[AR2-LoopBack0]ip address 202.169.20.1 24
```

2.在AR1上配置静态NAT（一对一）

公司在网关路由器AR1上配置访问外网的默认路由

```
[AR1]ip route-static 0.0.0.0 0 202.169.10.2
```

由于内网使用的都是私有地址，员工无法直接访问公网。现在需要在网关路由器AR1上配置NAT地址转换，将私网地址转换为公网地址。

PC1为部门领导使用的终端，不仅需要自身能访问外网，还需要外网用户也能直接访问它，因此网络管理员分配一个公网IP地址202.169.10.5给PC1做NAT地址转换。在AR1的GE0/0/0接口下使用nat static命令配置内部地址到外部地址的一对一的转换。

```
[AR1]interface GigabitEthernet 0/0/0
[AR1-GigabitEthernet0/0/0]nat static global 202.169.10.5 inside 172.16.1.1
```

实验测试如下：

①在AR1上查看NAT静态配置信息。

在系统视图下输入display nat static，运行结果如下：

```
[AR1]display nat static
  Static Nat Information:
  Interface: GigabitEthernet0/0/0
    Global IP/Port    : 202.169.10.5/----
    Inside IP/Port    : 172.16.1.1/----
    Protocol: ----
    VPN instance-name: ----
    Acl number         : ----
    Netmask: 255.255.255.255
    Description: ----
  Total:    1
```

②在PC1设备中测试网络互通性。在Telnet客户端设备用户视图下ping AR2设备IP地址202.169.20.1，ping通说明网络是互通的，完成静态NAT的配置。测试结果如下：

```
ping 202.169.20.1
  PING 202.169.20.1: 32  data bytes, press CTRL_C to break
    Reply from 202.169.20.1: bytes=32 Sequence=1 ttl=255 time=10 ms
    Reply from 202.169.20.1: bytes=32 Sequence=2 ttl=255 time=50 ms
    Reply from 202.169.20.1: bytes=32 Sequence=3 ttl=255 time=50 ms
    Reply from 202.169.20.1: bytes=32 Sequence=4 ttl=255 time=50 ms
    Reply from 202.169.20.1: bytes=32 Sequence=5 ttl=255 time=50 ms
  --- 202.169.20.1 ping statistics ---
    5 packet(s) transmitted
    5 packet(s) received
    0.00% packet loss
    round-trip min/avg/max=10/42/50 ms
```

PC1通过静态NAT地址转换，成功访问外网，在路由器AR1的GE0/0/0接口抓包查看NAT地址是否转换成功，结果如图14-7所示。

```
Capturing from Standard input - Wireshark
No. Time      Source        Destination   Protocol Info
 1 0.000000  202.169.10.5  202.169.20.1  ICMP  Echo (ping) request  (id=0xe9f7, seq(be/le)=1/256, ttl=127)
 2 0.016000  202.169.20.1  202.169.10.5  ICMP  Echo (ping) reply    (id=0xe9f7, seq(be/le)=1/256, ttl=255)
 3 1.047000  202.169.10.5  202.169.20.1  ICMP  Echo (ping) request  (id=0xeaf7, seq(be/le)=2/512, ttl=127)
 4 1.063000  202.169.20.1  202.169.10.5  ICMP  Echo (ping) reply    (id=0xeaf7, seq(be/le)=2/512, ttl=255)
 5 2.094000  202.169.10.5  202.169.20.1  ICMP  Echo (ping) request  (id=0xebf7, seq(be/le)=3/768, ttl=127)
 6 2.109000  202.169.20.1  202.169.10.5  ICMP  Echo (ping) reply    (id=0xebf7, seq(be/le)=3/768, ttl=255)
 7 3.156000  202.169.10.5  202.169.20.1  ICMP  Echo (ping) request  (id=0xecf7, seq(be/le)=4/1024, ttl=127)
 8 3.172000  202.169.20.1  202.169.10.5  ICMP  Echo (ping) reply    (id=0xecf7, seq(be/le)=4/1024, ttl=255)
 9 4.203000  202.169.10.5  202.169.20.1  ICMP  Echo (ping) request  (id=0xedf7, seq(be/le)=5/1280, ttl=127)
10 4.203000  202.169.20.1  202.169.10.5  ICMP  Echo (ping) reply    (id=0xedf7, seq(be/le)=5/1280, ttl=255)

Frame 5: 74 bytes on wire (592 bits), 74 bytes captured (592 bits)
Ethernet II, Src: HuaweiTe_67:2f:9a (00:e0:fc:67:2f:9a), Dst: HuaweiTe_a3:01:0d (00:e0:fc:a3:01:0d)
Internet Protocol, Src: 202.169.10.5 (202.169.10.5), Dst: 202.169.20.1 (202.169.20.1)
  Version: 4
  Header length: 20 bytes
  Differentiated Services Field: 0x00 (DSCP 0x00: Default; ECN: 0x00)
  Total Length: 60
```

图14-7　AR1的GE0/0/0接口抓包图

可以看到，AR1已经成功把来自PC1的ICMP报文的源地址172.16.1.1转换成公网地址

202.169.10.2在AR2使用的环回接口Loopback0模拟外网用户访问PC1，在PC1的E0/0/1接口上抓包观察，如图14-8所示。

```
[AR2]ping -a 202.169.20.1 202.169.10.2
  PING 202.169.20.5: 56  data bytes, press CTRL_C to break
    Reply from 202.169.10.5: bytes=56 Sequence=1 ttl=127 time=10 ms
    Reply from 202.169.10.5: bytes=56 Sequence=2 ttl=127 time=50 ms
    Reply from 202.169.10.5: bytes=56 Sequence=3 ttl=127 time=40 ms
    Reply from 202.169.10.5: bytes=56 Sequence=4 ttl=127 time=70 ms
    Reply from 202.169.10.5: bytes=56 Sequence=5 ttl=127 time=50 ms
  --- 202.169.10.5 ping statistics ---
    5 packet(s) transmitted
    5 packet(s) received
    0.00% packet loss
    round-trip min/avg/max=10/44/70 ms
```

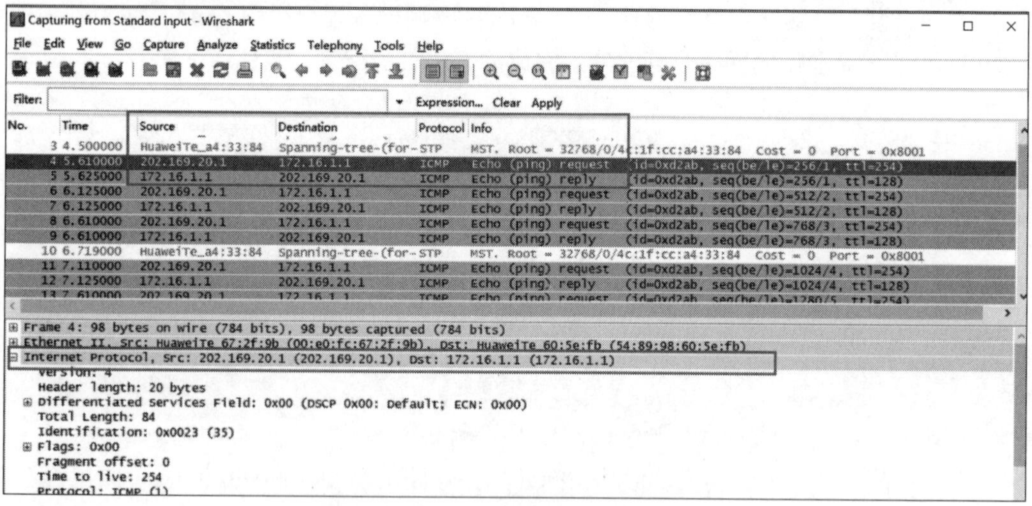

图14-8　PC1的E0/0/1接口抓包图

可以发现，PC1的私网地址被转换为唯一的公网地址，外网用户也能主动访问PC1，且数据包经过AR1进入内网时，AR1把目的IP转换与公网地址202.169.10.2对应的私网地址172.16.1.1发给PC1。

3.在AR1上配置动态NAT（多对多）

配置市场部的员工，都需要能够访问外网。市场部使用私网IP地址172.17.1.0/24网段，现在要求使用公网地址池202.169.10.50~202.169.10.60为市场部员工做NAT转换。

在AR1上使用nat address-group命令配置NAT地址池，设置起始和结束地址分别为202.169.10.50和202.169.10.60。

```
[AR1]nat address-group 1 202.169.10.50 202.169.10.60
```

创建基本acl2000，匹配172.17.1.0。

```
[AR1]acl 2000
[AR1-acl-basic-2000]rule 5 permit source 172.17.1.0 0.0.0.255
```

在GE 0/0/0接口使用nat outbound命令将ACL 2000 与地址池相关联，使得ACL中规定的地址可以使用地址池进行地址转换。

```
[AR1]interface GigabitEthernet 0/0/0
[AR1-GigabitEthernet0/0/0]nat outbound 2000 address-group 1 no-pat
```

实验测试如下：

配置完后，在AR1上查看NAT Outbound的信息。

```
[AR1]display nat outbound
 NAT Outbound Information:
 --------------------------------------------------------------------------
 Interface                  Acl      Address-group/IP/Interface      Type
 --------------------------------------------------------------------------
 GigabitEthernet0/0/0       2000     1                              no-pat
 --------------------------------------------------------------------------
  Total: 1
```

可以看到，AR1上的NAT Ountbound 配置信息，使用PC2检测与外网的连通性，并在R1的接口GE 0/0/0上抓包观察地址转换情况，如图14-9所示。

```
ping 202.169.20.1
  PING 202.169.20.1: 32  data bytes, press CTRL_C to break
    Reply from 202.169.20.1: bytes=32 Sequence=1 ttl=254 time=40 ms
    Reply from 202.169.20.1: bytes=32 Sequence=2 ttl=254 time=56 ms
    Reply from 202.169.20.1: bytes=32 Sequence=3 ttl=254 time=60 ms
    Reply from 202.169.20.1: bytes=32 Sequence=4 ttl=254 time=65 ms
    Reply from 202.169.20.1: bytes=32 Sequence=5 ttl=254 time=55 ms
  --- 202.169.20.1 ping statistics ---
    5 packet(s) transmitted
    5 packet(s) received
    0.00% packet loss
 round-trip min/avg/max=40/55/65ms
```

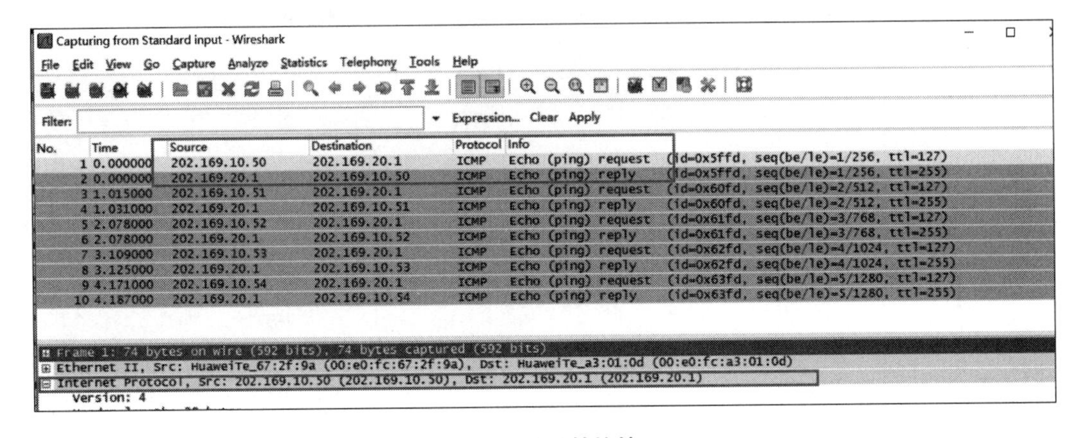

图14-9　地址转换情况

PC2 ping通外网，通过抓包分析，来自PC2的ICMP数据包，在AR1的GE 0/0/0接口上源地址172.17.1.2被替换为地址池中第一个地址202.169.10.50。

4. 配置NAT的Easy-IP（多对一）

由于公司发展人员扩招，若继续使用多对多的NAT转换方式，就必须增加公司地址池的地址数。为了节约公网地址，网络管理员使用多对一的Easy-IP转换方式实现公司员工访问外网的需求。

在AR1的GE 0/0/0接口上删除NAT Outbound 配置，并使用nat outbound命令配置Easy0IP特效，直接使用接口IP地址作为NAT转换后的地址。

```
[AR1]interface GigabitEthernet 0/0/0
[AR1-GigabitEthernet0/0/0]undo nat outbound 2000 address-group 1 no-pat
[AR1-GigabitEthernet0/0/0]nat outbound 2000
```

配置完后，在PC2和PC3上使用UDP发包工具发送UDP数据包到公网地址202.169.20.1，配置好目的IP和UDP源、目的端口号后，输入字符串数据后单击“发送”按钮，如图14-10和图14-11所示。

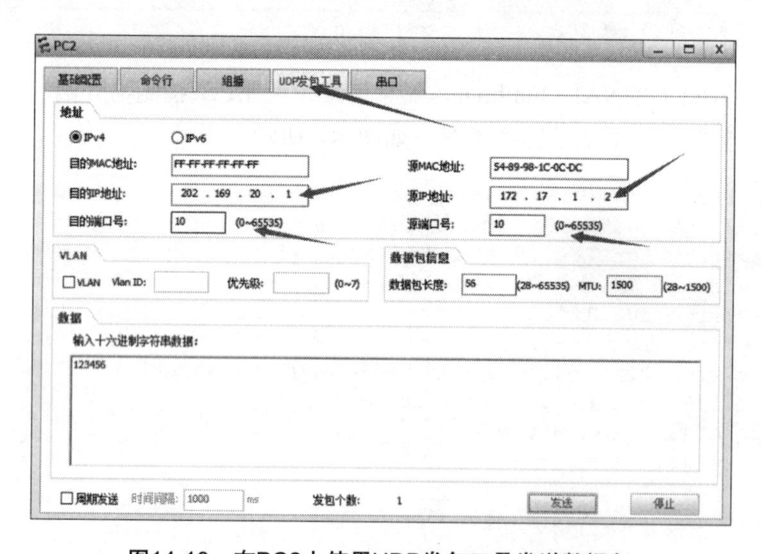

图14-10　在PC2上使用UDP发包工具发送数据包

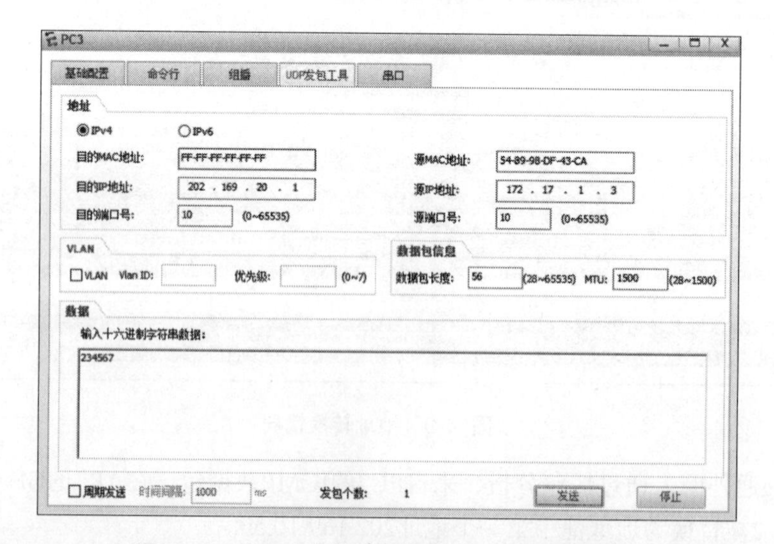

图14-11　在PC3上使用UDP发包工具发送数据包

发送完后，在R1上查看NAT Session的详细信息。

```
<AR1>display nat session protocol udp verbose
  NAT Session Table Information:
     Protocol          : UDP(17)
     SrcAddr  Port Vpn: 172.17.1.1       2560
     DestAddr Port Vpn: 202.169.20.1      2560
     Time To Live      : 120 s
     NAT-Info
       New SrcAddr     : 202.169.10.1
       New SrcPort     : 10241
       New DestAddr    : ----
       New DestPort    : ----
  Total: 1
<AR1>display nat session protocol udp verbose
  NAT Session Table Information:
     Protocol          : UDP(17)
     SrcAddr  Port Vpn: 172.17.1.3       2560
     DestAddr Port Vpn: 202.169.20.1      2560
     Time To Live      : 120 s
     NAT-Info
       New SrcAddr     : 202.169.10.1
       New SrcPort     : 10242
       New DestAddr    : ----
       New DestPort    : ----
  Total: 1
```

可以看到，源地址为172.17.1.1的UDP数据包被，新源地址202.169.10.1和新源端口号10241替换，源地址为172.17.1.3的UDP数据包被新源地址202.169.20.1和新源端口好10242替换，R1借用自身GE 0/0/0接口的公网IP地址为所有私网地址做NAT转换，使用不同的端口号来区分不同私网数据，此方式不需要创建地址池，大幅节省了地址空间。

5.配置NAT Server

公司内Server提供FTP服务供外网用户访问，配置NAT Server并使用公网IP地址202.169.10.6对外公布服务器地址，然后开启器NAT ALG（Application Lager Gateways，NAT应用层网关）功能。因为对于封装在IP数据报文中的应用层、协议报文，正常的NAT转换会导致错误，在开启某应用协议的NAT ALG功能后，该应用层协议报文可以正常进行NAT转换，否则该应用协议不能正常工作。

在AR1的GE 0/0/0接口上，使用nat server命令定义内部服务器的映射表，指定服务器通信协议类型为TCP，配置服务器使用的公网IP地址为202.169.10.6，服务器内网通信地址为172.16.1.3，指定接口为21，该常用端口号可以直接使用关键字ftp代替。

```
[AR1]interface GigabitEthernet 0/0/0
[AR1-GigabitEthernet0/0/0]nat server protocol tcp global 202.169.10.6 ftp inside 
172.16.1.3 ftp
```

配置完后，在R1上查看NAT Server信息：

```
<AR1>display nat server
  Nat Server Information:
```

```
  Interface: GigabitEthernet0/0/0
    Global IP/Port    : 202.169.10.6/21(ftp)
    Inside IP/Port    : 172.16.1.3/21(ftp)
    Protocol: 6(tcp)
    VPN instance-name: ----
    Acl number        : ----
    Description: ----
  Total:   1
```

可以看到，配置已经生效，现在去Server终端开启服务器的FTP功能，如图14-12所示。

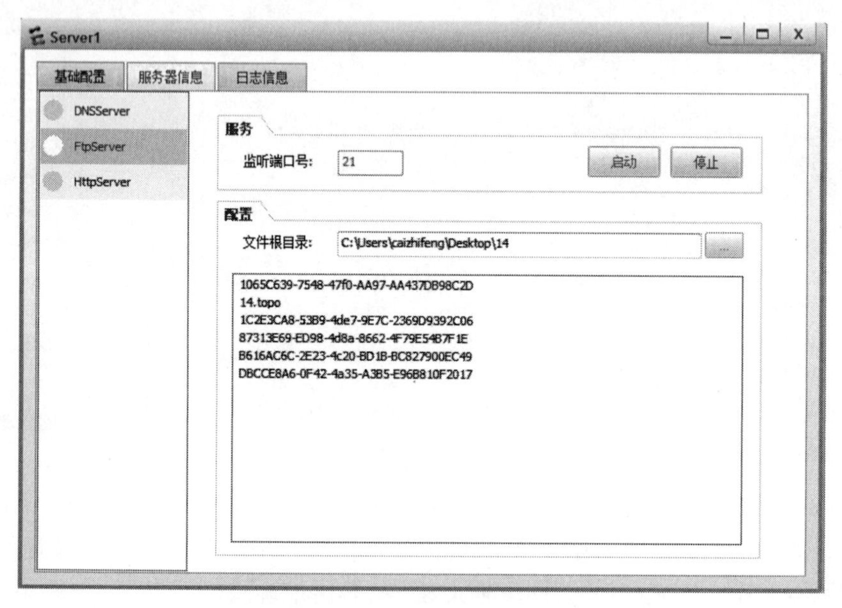

图14-12　开启FTP功能

设置完后，在AR2上模拟公网用户访问该私网服务器。

```
<AR2>ftp 202.169.10.6
Trying 202.169.10.6 ...
Press CTRL+K to abort
Connected to 202.169.10.6.
220 FtpServerTry FtpD for free
User(202.169.10.6: (none)): huawei
331 Password required for huawei.
Enter password:
230 User huawei logged in , proceed
[AR2-ftp]ls
200 Port command okay.
150 Opening ASCII NO-PRINT mode data connection for ls -l.
1065C639-7548-47f0-AA97-AA437DB98C2D
14.topo
1C2E3CA8-53B9-4de7-9E7C-2369D9392C06
87313E69-ED98-4d8a-8662-4F79E54B7F1E
B616AC6C-2E23-4c20-BD1B-BC827900EC49
DBCCE8A6-0F42-4a35-A3B5-E96B810F2017
226 Transfer finished successfully.Data connection closed.
FTP: 199 byte(s) received in 3.600 second(s) 55.27byte(s)/sec.
```

可以看到，公网用户可以成功登入公司内的私网FTP服务器。

14.3　常见问题与分析

【问题】什么情况下需要使用NAT的双向转换？

解析：当两个私有网络的IP地址相同（发生重叠），又想能够实现互相访问时，就可以通过中间的设备部署双向的NAT转换。

14.4　拓展训练

1.训练目的

熟悉静态NAT、动态NAT和Easy-IP等基本配置命令的使用。

2.训练拓扑

拓扑结构图如图14-13所示。

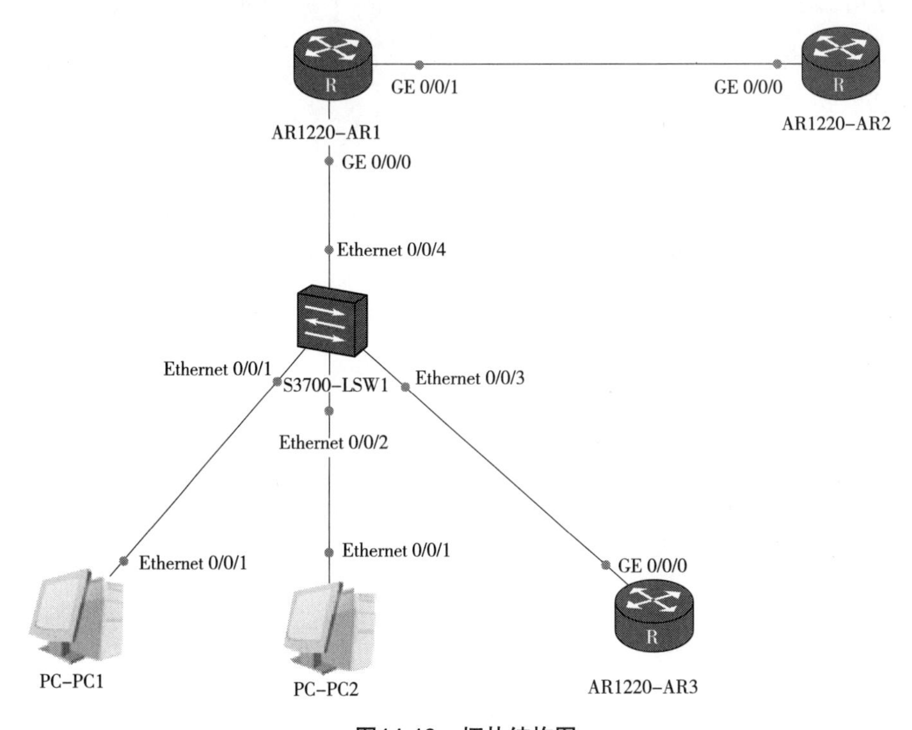

图14-13　拓扑结构图

3.训练要求

（1）网络布线

根据拓扑图进行网络布线。

（2）实验编址

根据网络拓扑图设计网络设备的IP编址，填写表14-8所示地址分配表。

表14-8 设备配置地址表

设　备	接　口	IP地址	子网掩码
AR1	GE0/0/0		
	GE0/0/1		
AR2	GE0/0/0		
	Loopback0		
PC1	Ethernet 0/0/1		
PC2	Ethernet 0/0/1		
PC3	Ethernet 0/0/1		

（3）实现功能

①在路由器部署静态NAT技术，实现公司员工（私网）访问Internet（公网）。

②在路由器部署动态NAT技术，实现公司员工（私网）访问Internet（公网）。

③在路由器部署Easy IP技术，实现公司员工（私网）访问Internet（公网）。

重点知识

第15章 DHCP协议

一个网络如果要正常地运行，则网络中的主机（Host）必须要知道某些重要的网络参数，如IP地址、网络掩码、网关地址、DNS服务器地址、网络打印机地址等。显然，如果网络中主机台数较多，在每台主机上都采用手工方式来配置这些参数是非常困难或者根本不可能的。通过本章学习可以掌握DHCP协议的原理和配置。

15.1 技术知识

15.1.1 DHCP概述

传统的手工配置网络参数需要每个用户都手动配置IP地址、掩码、网关、DNS等多个参数。这样就会存在一些问题：

①人员素质要求高：主机的使用者需要懂得如何进行网络参数的配置操作方法，这在实际中是难以做到的。

②容易出错：手工配置过程中非常容易出现人为的误操作情况。

③灵活性差：网络参数发生改变时，需要重新进行配置操作。例如，如果某主机在网络中的位置发生了变化，则该主机的网关地址也可能会发生变化，这时就需要重新配置该主机的网关地址。

④IP地址资源利用率低：IP地址无法得到重复利用。

⑤工作量大：配置工作量会随着主机数量的增加而增大。

随着用户规模的扩大及用户位置的不固定性，传统的静态手工配置方式已经无法满足需求。为了实现网络可以动态合理地分配IP地址给主机使用，需要用到动态主机配置协议（Dynamic Host Configuration Protocol，DHCP）。DHCP是IETF为实现IP的自动配置而设计的协议，它可以为客户机自动分配IP地址、子网掩码以及默认网关、DNS服务器的IP地址等TCP/IP参数。

15.1.2 基本工作过程

DHCP是一个基于广播的协议，它的操作可以归结为四个阶段，这些阶段是：发现阶段、提供阶段、请求阶段、确认阶段。主要工作过程如图15-1、图15-2所示。

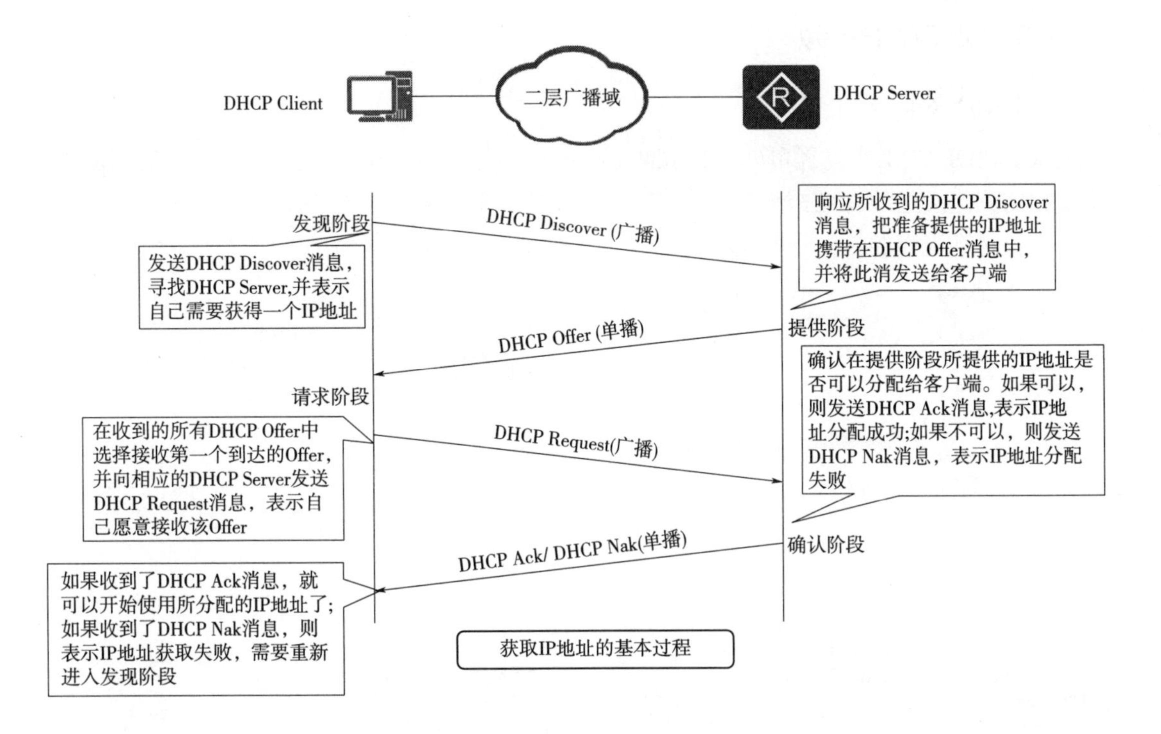

图15-1 DHCP工作过程（一）

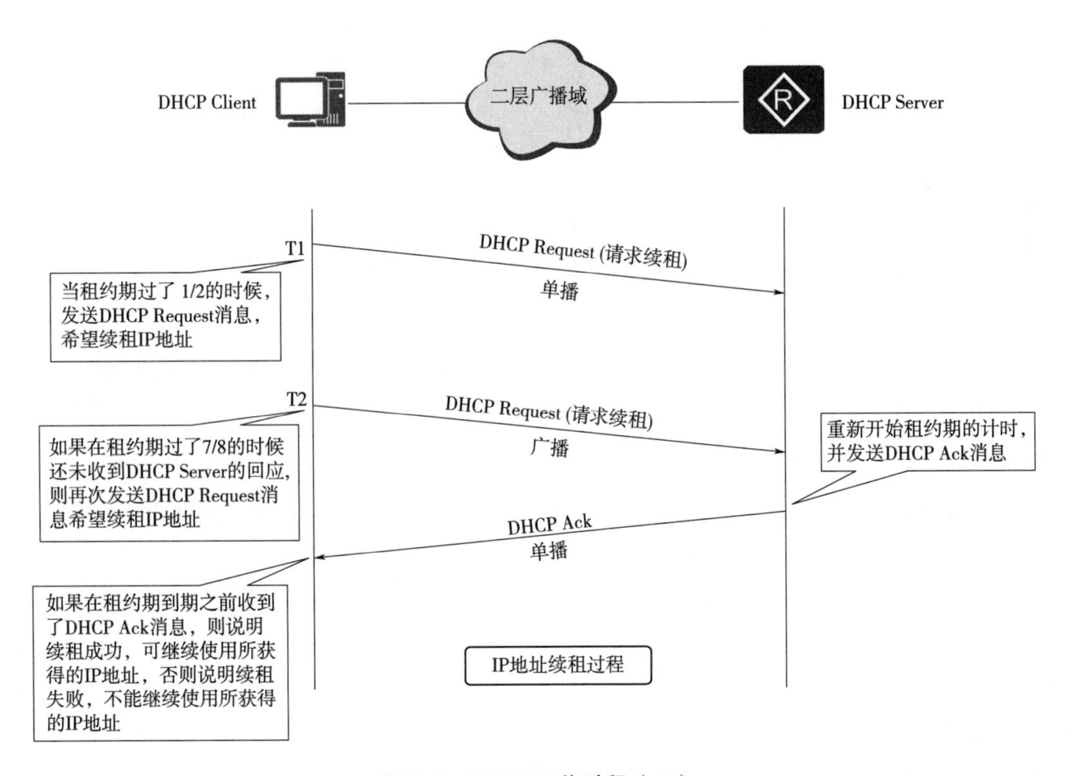

图15-2 DHCP工作过程（二）

15.1.3 DHCP Relay

1.DHCP Relay产生背景

从上述DHCP工作过程可知，DHCP Client和DHCP Server必须在同一个二层广播域中才能接收到彼此发送的DHCP消息。DHCP消息无法跨越二层广播域传递。

随着网络规模的扩大，网络中就会出现用户处于不同网段的情况，如图15-3所示。

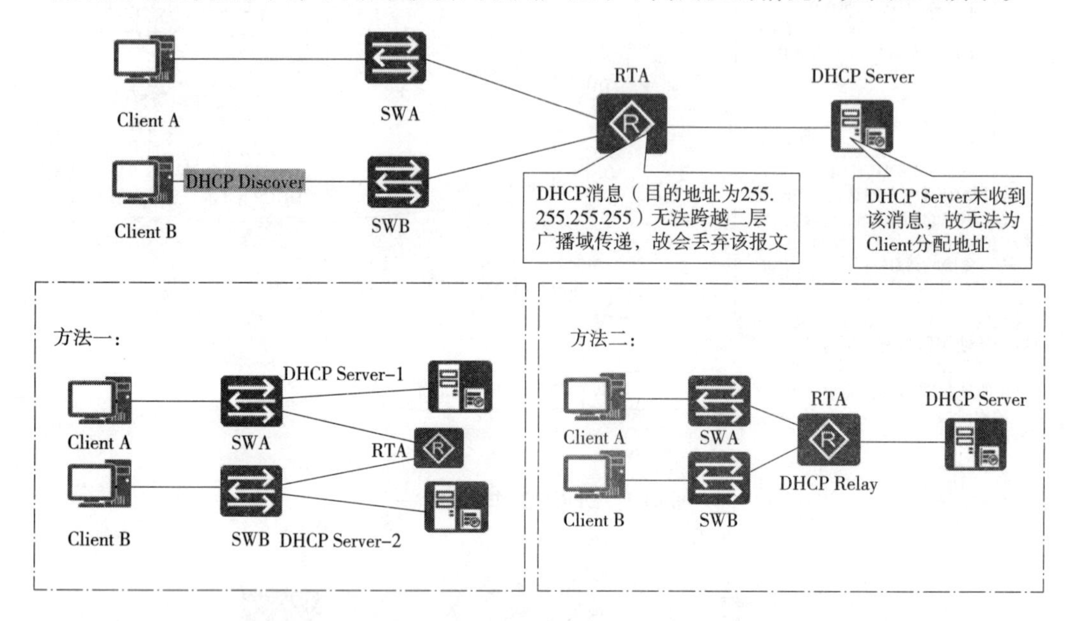

图15-3　DHCP中继产生背景

一个实际的IP网络通常都包含了多个二层广播域，如果需要部署DHCP，可以有两种方法：

方法一：在每一个二层广播域中都部署一台DHCP Server（代价太大，现实中一般不推荐此方法）。

方法二：部署一个DHCP Server来同时为多个二层广播域中的DHCP Client服务，这就需要引入DHCP Relay（中继）。

2.DHCP Relay基本工作原理

DHCP Relay的基本作用就是专门在DHCP Client和DHCP Server之间进行DHCP消息的中转。

如图15-4所示，DHCP Client利用DHCP Relay从DHCP Server那里获取IP地址等配置参数时，DHCP Relay必须与DHCP Client位于同一个二层广播域。但DHCP Server可以与DHCP Relay位于同一个二层广播域，也可以与DHCP Relay位于不同的二层广播域。DHCP Client与DHCP Relay之间是以广播方式交换DHCP消息的，但DHCP Relay与DHCP Server之间是以单播方式交换DHCP消息的。这就意味着，DHCP Relay必须事先知道DHCP Server的IP地址。

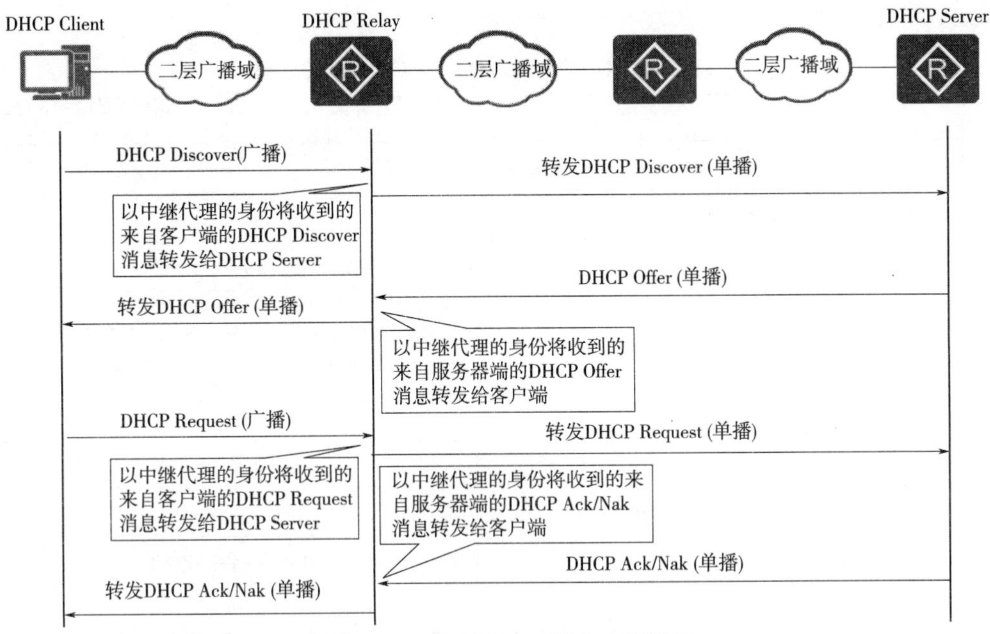

图15-4 DHCP Relay基本工作原理

15.1.4 命令行视图

1.DHCP命令格式

DHCP的全局地址池配置过程见表15-1。

表15-1 DHCP的全局地址池配置过程

步骤	命令	解释
1	**system-view**	进入系统视图
2	**dhcp enable**	使能DHCP服务
3	**Interface** *interface-type interface-number*	进入接口视图
4	**ip address** *ip-address* { *mask*| *mask-length* }	配置接口的IP地址。 配置了接口的IP地址后，此接口下的用户申请IP地址时： 如果DHCP客户端和DHCP服务器处于同一个网段，中间没有中继设备时，会选择与此接口的IP地址在同一个网段的地址池来分配IP地址。如果接口未配置IP地址，或者没有和接口地址在相同网段的地址池，用户无法上线。 如果DHCP客户端和作为DHCP服务器处于不同网段，中间存在中继设备时，需要解析收到的DHCP请求报文中giaddr字段指定的IP地址，如果该IP地址匹配不到相应的地址池，则用户上线失败
5	**dhcp select global**	配置接口工作在全局地址池模式，从该接口上线的用户可以从全局地址池中获取IP地址等配置信息

DHCP的全局地址池相关属性配置过程见表15-2。

表15-2　DHCP的全局地址池相关属性配置过程

步骤	命　　令	解　　释
1	**system-view**	进入系统视图
2	**ip pool** *ip-pool-name*	进入全局地址池视图
3	**network** *ip-address* [**mask** { *mask* | *mask-length* }]	配置全局地址池可动态分配的IP地址范围
4	**lease** { **day** *day* [**hour** *hour* [**minute** *minute*]] | **unlimited** }	配置IP地址租期。默认情况下，IP地址的租期为1天。对于不同的地址池，DHCP服务器可以指定不同的地址租用期限，但同一地址池中的地址都具有相同的期限
5	**excluded-ip-address** *start-ip-address* [*end-ip-address*]	配置地址池中不参与自动分配的IP地址
6	**domain-name** *domain-name*	配置分配给DHCP客户端的DNS域名
7	**dns-list** *ip-address* &<1-8>	为DHCP客户端指定DNS服务器的IP地址
8	**gateway-list** *ip-address* &<1-8>	配置DHCP客户端的出口网关地址

DHCP接口的地址分配方式相关属性配置过程见表15-3。

表15-3　DHCP接口的地址分配方式相关属性配置过程

步骤	命　　令	解　　释
1	**system-view**	进入系统视图
2	**dhcp enable**	使能DHCP服务
3	**interface** *interface-type interface-number*	进入接口视图
4	**ip address** *ip-address* { *mask* | *mask-length* }	配置接口的IP地址
5	**dhcp select interface**	使能接口分配地址方式且关联接口地址池
6	**dhcp server dns-list** *ip-address1*	指定分配的DNS服务器地址
7	**dhcp server excluded-ip-address** *ip-address1*	配置接口地址池中不参与自动分配的IP地址范围
8	**dhcp server lease day** *day* **hour** *hour* **minute** *minute*	配置接口地址池中IP地址的租用有效期，默认1天

DHCP中继的配置过程见表15-4。

表15-4　DHCP中继的配置过程

步骤	命　　令	解　　释
1	**system-view**	进入系统视图
2	**dhcp enable**	使能DHCP服务
3	**dhcp server group** *group-name*	创建DHCP服务器组并进入DHCP服务器组视图
4	**dhcp-server** *ip-address*	向DHCP服务器组中添加DHCP服务器
5	**quit**	退出
6	**interface** *interface-type interface-number*	进入接口视图

续表

步骤	命令	解释
7	**ip address** *ip-address* { *mask*| *mask-length* }	配置接口的IP地址。配置服务器上IP地址池的出口网关时，出口网关的IP地址和DHCP中继的IP地址必须完全一致
8	**dhcp select relay**	启动接口的DHCP中继功能
9	**dhcp relay server-select** *group-name*	指定接口对应的DHCP服务器组

2. 检查配置结果

DHCP功能配置成功后，检查配置命令见表15-5。

表15-5 DHCP检查配置

序号	命令	解释
1	**display dhcp server statistics**	查看DHCP服务器的统计信息
2	**display ip pool name** *ip-pool-name*	查看已经配置的全局地址池信息
3	**display ip pool interface** *interface-name*	查看已经配置的接口地址池信息
4	**display dhcp relay** { **all** | **interface** *interface-type interface-number* }	查看接口配置的中继DHCP服务器组和服务器组对应的服务器
5	**display dhcp relay statistics**	查看DHCP中继统计信息

15.2 项目实战

15.2.1 项目背景

某公司随着业务发展壮大，公司内部客户端不断增加，办公规模从起初的几间办公室发展成为整栋大楼。为了方便管理员管理，网络IP分配形式也从静态分配形式改为动态分配，即利用DHCP协议实现分配。

本项目实战，需要两台路由器，分别模拟DHCP服务器、DHCP中继；需要一台交换机，作为接入层设备使用；需要两台PC模拟终端设备使用。能够使用命令检测DHCP的配置。

项目实战目的：

①了解DHCP的工作原理。

②掌握将华为路由器配置为DHCP服务器的方法。

③掌握将华为路由器配置为DHCP中继的方法。

15.2.2 项目规划设计

配置拓扑如图15-5所示，设备配置地址见表15-6。本项目所选路由器设备为AR2220两台、一台交换机（不需要对其配置），两台终端设备PC代表DHCP客户端。

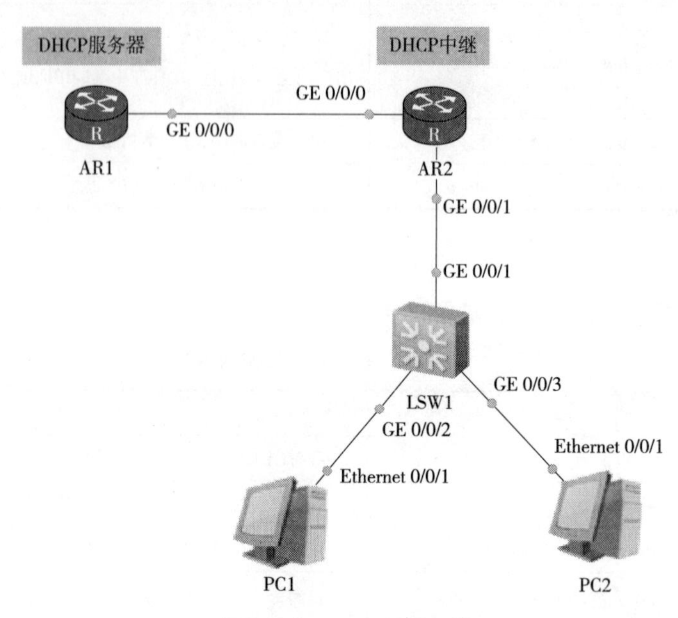

图15-5 DHCP拓扑环境

表15-6 设备配置地址

设　备	接　口	IP地址	子网掩码
AR1	GE0/0/0	12.1.1.1	255.255.255.0
AR2	GE0/0/0	12.1.1.2	255.255.255.0
	GE0/0/1	22.1.1.2	255.255.255.0
LSW1	GE0/0/1	×	×
	GE0/0/2	×	×
	GE0/0/3	×	×
PC1	Ethernet0/0/1	自动获取	自动获取
PC2	Ethernet0/0/1	自动获取	自动获取

15.2.3 项目实施

1.DHCP服务器的配置

设备AR1扮演DHCP服务器的角色，对AR1主要配置命令如下：

```
<Huawei>system-view
Enter system view,  return user view with Ctrl+Z.
[Huawei]sysname AR1
[AR1]interface GigabitEthernet 0/0/0
[AR1-GigabitEthernet0/0/0]ip address 12.1.1.1 24
[AR1-GigabitEthernet0/0/0]quit
```

```
[AR1]dhcp enable
[AR1]ip pool DMGG
[AR1-ip-pool-DMGG]network 22.1.1.0 mask 255.255.255.0
[AR1-ip-pool-DMGG]gateway-list 22.1.1.2
[AR1-ip-pool-DMGG]excluded-ip-address 22.1.1.50 22.1.1.100
[AR1-ip-pool-DMGG]lease day 5
[AR1-ip-pool-DMGG]dns-list 8.8.8.8
[AR1-ip-pool-DMGG]quit
[AR1]interface GigabitEthernet 0/0/0
[AR1-GigabitEthernet0/0/0]dhcp select global
[AR1-GigabitEthernet0/0/0]
```

2.DHCP中继的配置

设备AR2扮演DHCP中继的角色，对AR2配置的主要命令如下：

```
<Huawei>system-view
Enter system view,  return user view with Ctrl+Z.
[Huawei]sysname AR2
[AR2]interface GigabitEthernet 0/0/0
[AR2-GigabitEthernet0/0/0]ip address 12.1.1.2 24
[AR2-GigabitEthernet0/0/0]interface GigabitEthernet 0/0/1
[AR2-GigabitEthernet0/0/1]ip address 22.1.1.2 24
[AR2-GigabitEthernet0/0/1]quit
[AR2]dhcp enable
[AR2]dhcp server group Duomi
Info: It' s successful to create a DHCP server group.
[AR2-dhcp-server-group-Duomi]dhcp-server 12.1.1.1
[AR2-dhcp-server-group-Duomi]quit
[AR2]interface GigabitEthernet 0/0/1
[AR2-GigabitEthernet0/0/1]dhcp select relay
[AR2-GigabitEthernet0/0/1]dhcp relay server-select Duomi
[AR2-GigabitEthernet0/0/1]
```

3.配置静态路由

定义一条静态路由的目的是告诉AR1如何将信息发往DHCP客户端所在的网段。

```
[AR1]ip route-static 22.1.1.0 255.255.255.0 12.1.1.2
```

4.验证配置效果

设置PC1、PC2 IP地址为自动获取。在PC1命令行中分别运行命令ipconfig、ipconfig /release、ipconfig /renew查看信息。显示结果如下：

```
PC>ipconfig                              #显示地址信息
Link local IPv6 address..........:  fe80: : 5689: 98ff: fe45: f00
IPv6 address.....................:  : : /128
IPv6 gateway.....................:  : :
IPv4 address.....................:  22.1.1.254
Subnet mask......................:  255.255.255.0
Gateway..........................:  22.1.1.2
Physical address.................:  54-89-98-45-0F-00
DNS server.......................:  8.8.8.8
PC>ipconfig /release                     #释放地址信息
```

```
IP Configuration
Link local IPv6 address..........:  fe80: : 5689: 98ff: fe45: f00
IPv6 address.....................:  : : /128
IPv6 gateway.....................:  : :
IPv4 address.....................:  0.0.0.0
Subnet mask......................:  0.0.0.0
Gateway..........................:  0.0.0.0
Physical address.................:  54-89-98-45-0F-00
DNS server.......................:
PC>ipconfig /renew                   #重新获取地址信息
IP Configuration
Link local IPv6 address..........:  fe80: : 5689: 98ff: fe45: f00
IPv6 address.....................:  : : /128
IPv6 gateway.....................:  : :
IPv4 address.....................:  22.1.1.254
Subnet mask......................:  255.255.255.0
Gateway..........................:  22.1.1.2
Physical address.................:  54-89-98-45-0F-00
DNS server.......................:  8.8.8.8
```

15.3 常见问题与分析

【问题1】路由器作为DHCP Server，DHCP客户端无法获取IP地址，常见原因有哪些？

解析：路由器作为DHCP Server可以为同一个网段或不同网段内的客户端分配IP地址。该故障现象的常见原因主要包括：

- 客户端与服务器之间的链路有故障。
- 路由器未使能DHCP功能。
- 路由器接口下没有选择DHCP分配地址的方式。
- 当选择从全局地址池中分配IP地址时：

如果客户端与服务器在同一个网段内，全局地址池中的IP地址与路由器接口的IP地址不在同一个网段中。

如果客户端与服务器不在同一个网段内，中间存在中继设备时，全局地址池中的IP地址与中继设备接口的IP地址不在同一个网段中。

- 地址池中没有可用的IP地址可分配。

【问题2】路由器作为DHCP Relay，DHCP客户端无法获取IP地址，常见的原因有哪些？

解析：客户端（DHCP Client）和DHCP服务器（DHCP Server）不在同一个网段内时，路由器作为DHCP中继（DHCP Relay）连接客户端和DHCP服务器，DHCP服务器通过DHCP中继为客户端分配IP地址。该故障现象的常见原因主要包括：

- 客户端与DHCP服务器之间的链路有故障。客户端与DHCP中继之间的链路有故障；或DHCP中继与DHCP服务器之间的链路有故障。
- 路由器未全局使能DHCP功能，导致DHCP功能没有生效。
- 路由器未使能DHCP中继功能，导致DHCP中继功能没有生效。
- DHCP中继没有配置所代理的DHCP服务器。DHCP中继没有配置所代理的DHCP服务器的IP地址；DHCP中继接口没有绑定DHCP服务器组，或者绑定的DHCP服务器组中没有配置所代理的DHCP服务器。

- 链路上其他设备配置错误。

15.4 拓展训练

1.训练目的

掌握DHCP的配置；理解DHCP工作原理。

2.训练拓扑

拓扑结构图如图15-6所示。图中AR1-1与AR2-1为AR2220类型设备，它们分别扮演DHCP服务器角色和DHCP中继角色。PC1-1与PC2-1为DHCP客户端自动从服务器获取IP地址信息，最终实现PC主机之间互通。

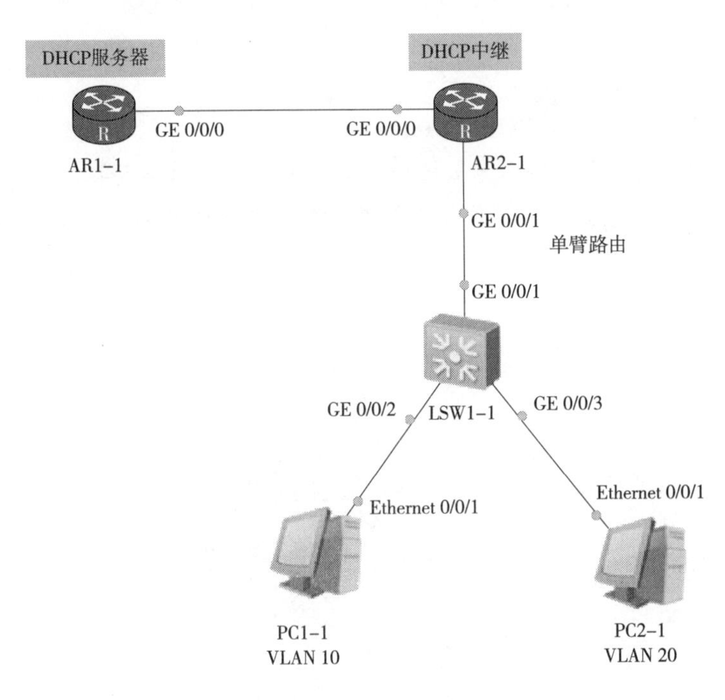

图15-6 拓扑结构图

3. 训练要求

（1）网络布线

根据拓扑图进行网络布线（路由器型号使用AR2220）。

（2）实验编址

根据网络拓扑图设计网络设备的IP编址，填写表15-7所示地址分配表。根据需要填写，不需要填写打×。

表15-7 设备地址分配表

设 备	接 口	IP地址	子网掩码
AR1-1	GE0/0/0		
AR2-1	GE0/0/0		
	GE0/0/1		
LSW1-1	GE0/0/1		
	GE0/0/2		
	GE0/0/3		
	Vlanif 10		
	Vlanif 20		
PC1-1	Ethernet0/0/1		
PC2-1	Ethernet0/0/1		

（3）主要步骤

① 搭建训练环境，根据表15-6填写的IP地址，设置PC1-1、PC2-1。

② 在路由器AR1-1上配置：

- 配置路由器名AR1。
- 在路由器AR1上配置接口GE 0/0/0 IP地址。
- 配置DHCP（需要定义两个全局地址池与两个客户端相对应）。
- 配置定义两条静态路由，将信息发往两个客户端所在的网段。

③在路由器AR2-1上配置。

- 配置路由器名AR2。
- 在路由器AR2上配置接口GE 0/0/0、GE 0/0/1 IP地址。
- 配置DHCP中继。
- 配置单臂路由。

```
interface GigabitEthernet0/0/1.10    # 创建子接口
dot1q termination vid 10             # 配置 802.1q 封装并且指定接口 PVID 为 10
ip address 22.1.10.2 255.255.255.0   # 具体参数请根据表 15-6 进行修改
arp broadcast enable                 # 启用子接口的 ARP 广播功能
dhcp select relay
dhcp relay server-select Duomi
                                     #
interface GigabitEthernet0/0/1.20    # 创建子接口
dot1q termination vid 20             # 配置 802.1q 封装并且指定接口 PVID 为 20
ip address 22.1.20.2 255.255.255.0   # 具体参数请根据表 15-6 进行修改
arp broadcast enable                 # 启用子接口的 ARP 广播功能
dhcp select relay
dhcp relay server-select Duomi
```

④在路由器LSW1-1上配置：

- 配置交换机名为LSW1。
- 将交换机接口GE 0/0/2、GE 0/0/3 设置为access类型，并划分给相对应的VLAN。
- 将交换机接口GE 0/0/1设置为trunk类型。

⑤验证测试。PC1-1 ping通PC2-1。

第16章 访问控制列表（ACL）

企业网络中的设备进行通信时，往往需要使用访问控制列表保障数据传输的安全可靠和网络的性能稳定。访问控制是网络安全防范和保护的主要策略，它的主要任务是保证网络资源不被非法使用和访问。它是保证网络安全最重要的核心策略之一。

16.1 技术知识

16.1.1 访问控制列表概述

访问控制列表（Access Control List，ACL）可以定义一系列不同的规则，设备根据这些规则对数据包进行分类，并针对不同类型的报文进行不同的处理，从而可以实现对网络访问行为的控制、限制网络流量、提高网络性能、防止网络攻击等。ACL是网络设备配置中的一项常用技术，它可以根据需求来定义过滤的条件以及匹配条件后所执行的动作。网络设备根据ACL定义的规则判断哪些报文可以接收，哪些报文需要拒绝，从而实现对报文的过滤。

在一个ACL中可以有多条匹配语句，每条语句由匹配项和行为构成，行为即为允许或拒绝。当路由器接收到一个数据包，并需要使用ACL对其进行匹配时，路由器会按照从上到下的顺序，将数据包与ACL中的每条语句逐一对比，匹配成功立马停止。如果路由器中数据包与ACL中的语句都不匹配，则默认允许通过。

16.1.2 ACL规则与配置顺序

一个ACL可以由多条“deny | permit”语句组成，每一条语句描述了一条规则。设备收到数据流量后，会逐条匹配ACL规则，看其是否匹配。如果不匹配，则匹配下一条。一旦找到一条匹配的规则，则执行规则中定义的动作，并不再继续与后续规则进行匹配。如果找不到匹配的规则，则设备不对报文进行任何处理。需要注意的是，ACL中定义的这些规则可能存在重复或矛盾的地方。规则的匹配顺序决定了规则的优先级，ACL通过设置规则的优先级来处理规则之间重复或矛盾的情形。

配置顺序按ACL规则编号（rule-id）从小到大的顺序进行匹配。设备会在创建ACL的过程中自动为每一条规则分配一个编号，规则编号决定了规则被匹配的顺序。例如，如果将步长设置为5，则规则编号将按照5、10、15……这样的规律自动分配。如果步长设置为2，则规则编号将按照2、4、6、8……这样的规律自动分配。通过设置步长，使规则之间留有一定的空间，用户可以在已存在的两个规则之间插入新的规则。路由器匹配规则时默认采用配置顺序。另外，ARG3系列路由器默认规则编号的步长是5。

图16-1中RTA收到了来自两个网络的报文。默认情况下，RTA会依据ACL的配置顺序来匹配这些报文。网络172.16.0.0/24发送的数据流量将被RTA上配置的ACL2000的规则15匹配，因此会被拒绝。而来自网络172.17.0.0/24的报文不能匹配访问控制列表中的任何规则，因此RTA对报文不做任何处理，而是正常转发。

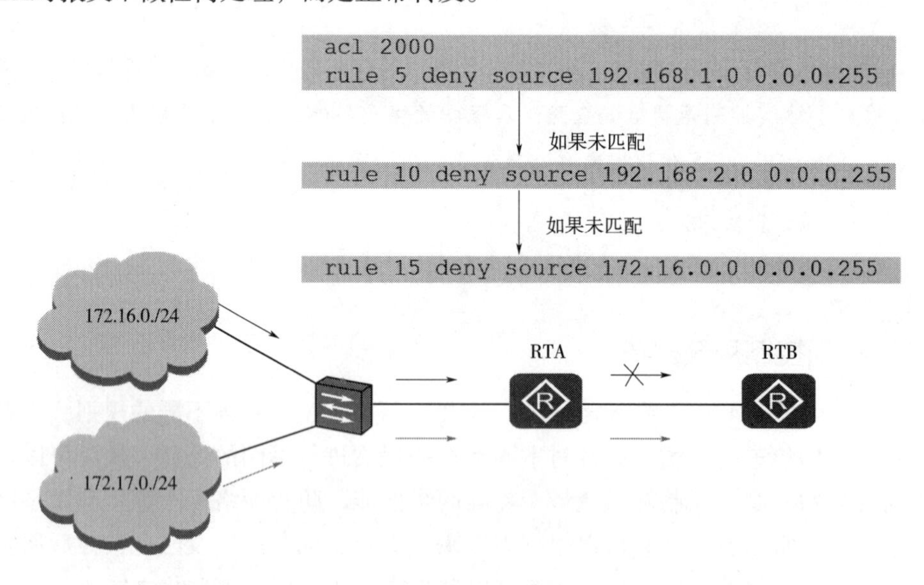

图16-1 ACL规则

16.1.3 访问控制列表的类型

ACL的类型根据不同的划分方法可以有不同的分类，按照功能来分，可以分为基本的ACL、高级的ACL、二层ACL、基于接口的ACL、自定义ACL、基于MPLS的ACL等。其中，最常使用到的是基本的ACL和高级的ACL。

在实现路由器ACL功能时，要考虑到ACL类型，而ACL类型又与ACL编号有关系。

基本的ACL编号为2 000~2 999，可以用来匹配源IP地址。

高级的ACL编号为3 000~3 999，可以用来匹配源IP地址、目的IP地址、源端口号、目的端口号、协议号等。

16.1.4 访问控制列表配置

ACL配置分为以下两个步骤：

①配置ACL。

②应用ACL。

配置ACL，主要定义规则，包括ACL编号以及匹配语句。应用ACL，将定义好的规则应用到指定接口。

16.1.5 命令视图

1.ACL命令格式

（1）删除ACL配置

ACL配置完成后，发现配置错误，如果要删除，需要执行下面的配置过程见表16-1。

表16-1 删除ACL的配置过程

步骤	命令	解释
1	**system-view**	进入系统视图
2	**undo acl** { *acl-number* | **all** }	删除指定的ACL访问控制列表

删除ACL，并不自动删除接口上绑定的ACL，还需要在接口上删除绑定的ACL。

（2）配置基本ACL

基本ACL可以根据源地址对数据包进行分类定义，基本ACL的配置过程见表16-2。

表16-2 基本ACL的配置过程

步骤	命令	解释
1	**system-view**	进入系统视图
2	**acl** *acl-number*	以编号创建一个基本ACL。要创建基本ACL，acl-number的取值范围必须是2 000～2 999
3	**rule** [rule-id] { **deny** | **permit** } **source** { *source-address source-wildcard* | **any** }	配置ACL规则。deny用来指定拒绝符合条件的数据包，permit用来指定允许符合条件的数据包，source用来指定ACL规则匹配报文的源地址信息，any表示任意源地址。一个访问控制列表是由若干permit或deny语句组成的一系列规则的列表，若干个规则列表构成一个访问控制列表
4	**quit**	退出
5	**interface** *interface-type interface-number*	进入接口视图
6	**traffic-filter{ inbound | outbound } acl** { *acl-number* }	配置基于ACL对报文进行过滤
7	**undo traffic-filter{ inbound | outbound }**	（可选）取消接口上绑定的ACL

（3）配置高级ACL

高级ACL可以根据源地址信息、目的地址信息、协议类型、TCP的源接口、目的接口、ICMP协议的类型、ICMP报文的消息码等元素定义规则，对数据包进行更为细致的分类定义。

高级ACL的配置过程见表16-3。

表16-3 高级ACL的配置过程

步骤	命令	解释
1	**system-view**	进入系统视图
2	**acl** *acl-number*	以编号创建一个高级ACL。要创建高级ACL，acl-number的取值范围是3 000 ~ 3 999
3	**rule** [*rule-id*] { deny | permit } ip [destination { *destination-address destination-wildcard* | any } | source { *source-address source-wildcard* | any }]	配置ACL规则。deny用来指定拒绝符合条件的数据包，permit用来指定允许符合条件的数据包，source用来指定ACL规则匹配报文的源地址信息，any表示任意源地址。一个访问控制列表是由若干permit或deny语句组成的一系列规则的列表，若干个规则列表构成一个访问控制列表。如果是TCP或者UDP协议，还要加上端口号和目标端口号
4	**quit**	退出
5	**interface** *interface-type interface-number*	进入接口视图
6	**traffic-filter{ inbound | outbound }acl{** *acl-number* **}**	配置基于ACL对报文进行过滤
7	**undo traffic-filter{ inbound | outbound }**	（可选）取消接口上绑定的ACL

2.检查配置结果

ACL功能配置成功后，检查配置命令见表16-4。

表16-4 ACL检查配置

命令	解释
display acl *acl-number*	查看以编号创建的ACL规则

16.2 项目实战

16.2.1 项目背景

作为公司IT技术，当公司领导提出下列要求时该怎么办？

公司的经理部、财务部门和销售部门分属于不同的3个网段，三部门之间用路由器进行信息传递，为了安全，公司领导要求销售部门不能对财务部进行访问，但经理部可以对财务部进行访问。

由于公司客户多，经常有与公司合作的客户来公司学习或经验交流，为了方便客户，增加了临时办公区，提供给客户使用。现要求临时办公区不能访问公司指定的Web服务器，而公司内部其他办公区可以访问。

项目实战案例一：配置基本的ACL需要一台路由器与三台PC直接相连，三台PC分别扮演三个办公区用户的角色（分别为经理部、销售部、财务部），实现经理部可以访问财务部，销售部不可以访问财务部。

项目实战案例二：配置高级的ACL需要2台路由器、2台PC客户端、1台服务器相连接，2台PC分别扮演两个办公区用户的角色（分别为办公区、临时办公区），实现办公区可以访问公司服务器，而临时办公区不可以访问服务器。

项目实战目的：

①理解基本ACL的应用场景。

②掌握配置基本ACL的方法。

③理解高级ACL的应用场景。

④掌握配置高级ACL的方法。

⑤理解高级ACL与基本ACL的区别。

16.2.2 项目规划设计

1.基本ACL

配置拓扑如图16-2所示，设备配置地址见表16-5。本项目所选路由器设备为AR2220一台，三台终端设备PC分别代表经理部、销售部、财务部三个办公区。

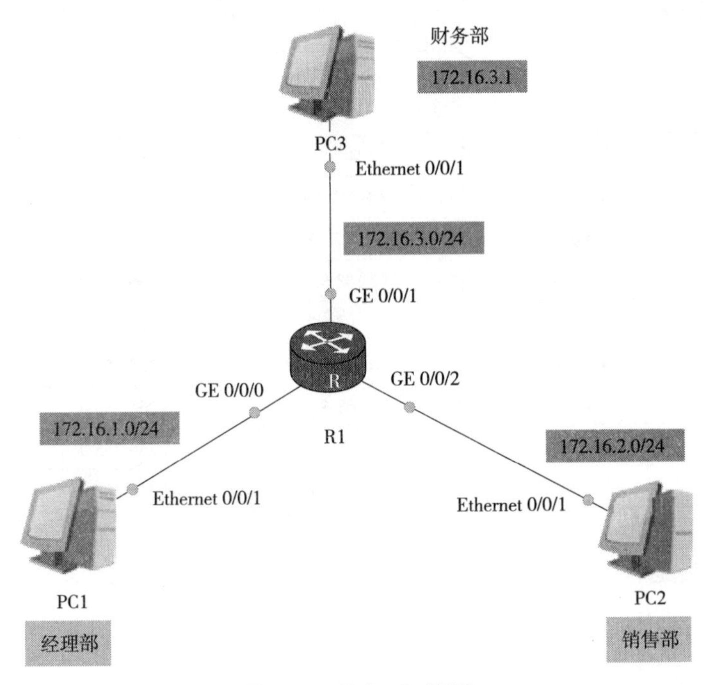

图16-2 基本ACL配置

表16-5 设备配置地址

设　备	接　口	IP地址	子网掩码	网　关
R1	GE0/0/0	172.16.1.254	255.255.255.0	×
	GE0/0/1	172.16.3.254	255.255.255.0	×
	GE0/0/2	172.16.2.254	255.255.255.0	×
PC1	Ethernet0/0/1	172.16.1.1	255.255.255.0	172.16.1.254
PC2	Ethernet0/0/1	172.16.2.1	255.255.255.0	172.16.2.254
PC3	Ethernet0/0/1	172.16.3.1	255.255.255.0	172.16.3.254

2.高级ACL

配置拓扑如图16-3所示，设备配置地址见表16-6，本项目所选路由器设备AR2220两台，终端设备PC两台分别代表办公区、临时办公区，一台服务器为公司Web服务器。

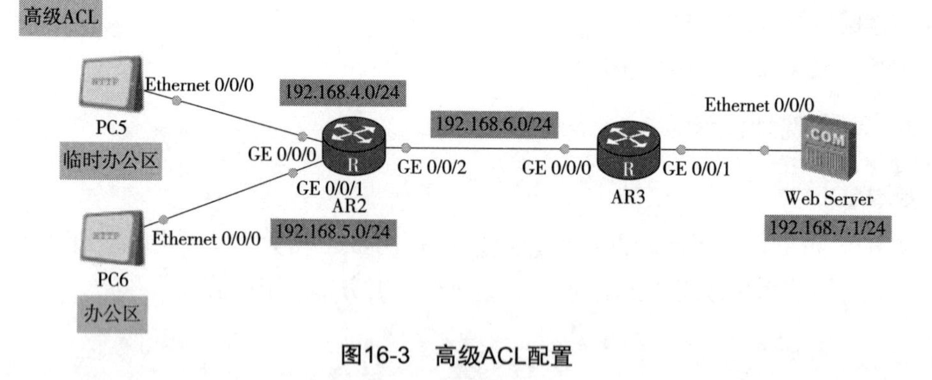

图16-3 高级ACL配置

表16-6 设备配置地址

设　备	接　口	IP地址	子网掩码	网　关
AR2	GE0/0/0	192.168.4.254	255.255.255.0	×
	GE0/0/1	192.168.5.254	255.255.255.0	×
	GE0/0/2	192.168.6.1	255.255.255.0	×
AR3	GE0/0/0	192.168.6.2	255.255.255.0	×
	GE0/0/1	192.168.7.254	255.255.255.0	×
PC5	Ethernet0/0/0	192.168.4.1	255.255.255.0	192.168.4.254
PC6	Ethernet0/0/0	192.168.5.1	255.255.255.0	192.168.5.254
Web Server	Ethernet0/0/0	192.168.7.1	255.255.255.0	192.168.7.254

16.2.3 项目实施

1.基本ACL配置

（1）基本配置

命名路由器为R1、配置路由器接口IP地址。路由器三个接口地址配置见表16-5。主要命令如下：

```
[Huawei]sysname R1
[R1]interface GigabitEthernet 0/0/0
[R1-GigabitEthernet0/0/0]ip address 172.16.1.254 255.255.255.0
[R1]interface GigabitEthernet 0/0/1
[R1-GigabitEthernet0/0/1]ip address 172.16.3.254 255.255.255.0
[R1]interface GigabitEthernet 0/0/2
[R1-GigabitEthernet0/0/2]ip address 172.16.2.254 255.255.255.0
```

（2）设置主机IP

对照表16-5设置PC的IP地址、子网掩码、网关。

（3）过程测试

使用Ping命令进行测试，要求三台PC能够相互通信。因为只有在三台PC互通的前提下才可以进行下一步，配置基本的控制列表。

```
在PC1上ping PC3、PC2上ping PC3。
PC>ping 172.16.3.1
Ping 172.16.3.1:  32 data bytes,  Press Ctrl_C to break
From 172.16.3.1:  bytes=32 seq=1 ttl=127 time=16 ms
From 172.16.3.1:  bytes=32 seq=2 ttl=127 time=16 ms
From 172.16.3.1:  bytes=32 seq=3 ttl=127 time=16 ms
From 172.16.3.1:  bytes=32 seq=4 ttl=127 time<1 ms
From 172.16.3.1:  bytes=32 seq=5 ttl=127 time=16 ms
--- 172.16.3.1 ping statistics ---
  5 packet(s) transmitted
  5 packet(s) received
  0.00% packet loss
  round-trip min/avg/max=0/12/16 ms
PC>
```

通过观察，PC1 ping 通PC3、PC2 ping 通PC3，并且所有终端用户设备之间都可以相互通信。

（4）定义基本ACL规则

选择ACL编号为2000。

```
[R1]acl 2000
[R1-acl-basic-2000]rule deny source 172.16.2.0 0.0.0.255
[R1-acl-basic-2000]
```

（5）将定义好的规则应用在接口上

```
[R1]interface g0/0/1
[R1-GigabitEthernet0/0/1]traffic-filter outbound acl 2000
[R1-GigabitEthernet0/0/1]
```

（6）结果验证

在PC1上验证与PC3的连通性。

```
PC>ping 172.16.3.1
Ping 172.16.3.1:  32 data bytes,  Press Ctrl_C to break
From 172.16.3.1:  bytes=32 seq=1 ttl=127 time=16 ms
From 172.16.3.1:  bytes=32 seq=2 ttl=127 time=16 ms
From 172.16.3.1:  bytes=32 seq=3 ttl=127 time=16 ms
```

```
From 172.16.3.1:  bytes=32 seq=4 ttl=127 time<1 ms
From 172.16.3.1:  bytes=32 seq=5 ttl=127 time=16 ms
--- 172.16.3.1 ping statistics ---
  5 packet(s) transmitted
  5 packet(s) received
  0.00% packet loss
  round-trip min/avg/max=0/12/16 ms
PC>
```

结果显示，PC1 ping 通PC3，即经理部可以访问财务部。

在PC2上验证与PC3的连通性。

```
PC>ping 172.16.3.1
Ping 172.16.3.1:  32 data bytes,  Press Ctrl_C to break
Request timeout!
Request timeout!
Request timeout!
Request timeout!
Request timeout!
--- 172.16.3.1 ping statistics ---
  5 packet(s) transmitted
  0 packet(s) received
  100.00% packet loss
PC>
```

结果显示，PC2 ping 不通PC3，即销售部不能访问财务部。

2.高级ACL配置

（1）AR2基本配置

配置路由器AR2，对其命名，并配置接口地址。主要命令如下：

```
[Huawei]sysname AR2
[AR2]interface GigabitEthernet 0/0/0
[AR2-GigabitEthernet0/0/0]ip address 192.168.4.254 255.255.255.0
[AR2]interface GigabitEthernet 0/0/1
[AR2-GigabitEthernet0/0/1]ip address 192.168.5.254 255.255.255.0
[AR2]interface GigabitEthernet 0/0/2
[AR2-GigabitEthernet0/0/2]ip address 192.168.6.1 255.255.255.0
[AR2-GigabitEthernet0/0/2]
```

（2）AR3基本配置

对AR3命名，并配置接口地址。主要命令如下：

```
[Huawei]sysname AR3
[AR3]interface GigabitEthernet 0/0/0
[AR3-GigabitEthernet0/0/0]ip address 192.168.6.2 255.255.255.0
[AR3]interface GigabitEthernet 0/0/1
[AR3-GigabitEthernet0/0/1]ip address 192.168.7.254 255.255.255.0
[AR3-GigabitEthernet0/0/1]
```

（3）配置静态路由

配置AR2静态路由，实现全网互通。

```
[AR2]ip route-static 192.168.7.0 255.255.255.0 192.168.6.2
```

配置AR3静态路由：

```
[AR3]ip route-static 192.168.4.0 255.255.255.0 192.168.6.1
[AR3]ip route-static 192.168.5.0 255.255.255.0 192.168.6.1
```

（4）设置主机IP

对照表16-6，设置所有终端设备的IP地址、子网掩码、网关。

启动Web Server：双击Web Server，单击“服务器信息”选项卡，选中HttpServer，选择配置文件根目录，然后单击“启动”按钮，如图16-4所示。

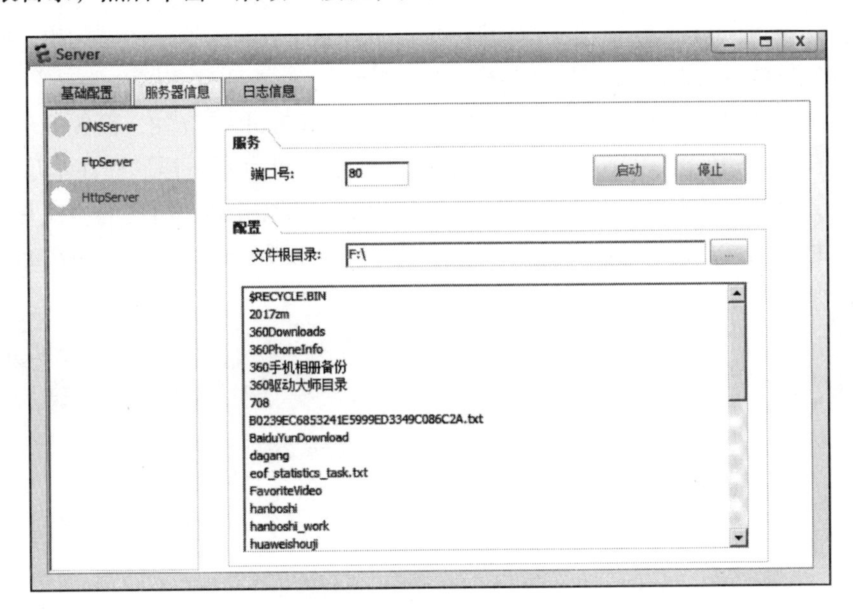

图16-4 启动Web Server

（5）过程测试

使用Ping命令进行测试，要求三台终端设备相互通信。因为只有在三台终端设备互通的前提下才可进行下一步配置高级ACL。

①在PC6 Web浏览器中输入http：// 192.168.7.1（success）。

②在PC5 Web浏览器中输入http：// 192.168.7.1（success）。

（6）定义高级ACL规则

在路由器AR3上配置高级ACL，选择ACL编号为3001。由于限制临时办公区访问公司内部Web服务器，目的端口号可为80，也可以使用www。

```
[AR3]acl 3001
[AR3-acl-adv-3001] rule 5 deny tcp source 192.168.4.0 0.0.0.255destination 
192.168.7.0 0.0.0.255 destination-port eq www
[AR3-acl-adv-3001]
```

（7）将定义好的规则应用在接口上

```
[AR3]interface GigabitEthernet 0/0/1
[AR3-GigabitEthernet0/0/1]traffic-filter outbound acl 3001
```

```
[AR3-GigabitEthernet0/0/1]
```

（8）结果验证

在PC6 Web浏览器中输入http：// 192.168.7.1（success）。

在PC5 Web浏览器中输入http：// 192.168.7.1（fail）。

16.3　常见问题与分析

【问题1】在根据上面高级ACL配置过程中，pc5为什么ping 通服务器的IP，而网页不可以访问？不改变实验结果的情况下，怎样才能使得pc5 ping不通服务器？

解析：在高级ACL配置中，由于ping使用的参数protocol为ICMP，而Web方式访问使用的参数protocol为TCP。所以不同测试参数方法，显示结果也不一样。而在本项目高级ACL配置中，定义的规则是限制源地址访问目的地址段的Web服务器，所用的协议是TCP。而问题要求是临时办公区ping不通服务器IP，也不能访问Web服务器网页，应该在AR3路由器中增加下列命令。

```
    [AR3]acl 3001
    [AR3-acl-adv-3001] rule 3 deny ip source 192.168.4.0 0.0.0.255
destination 192.168.7.0 0.0.0.255
    [AR3-acl-adv-3001]
```

【问题2】掩码、反掩码与通配符有何区别？

解析：

①掩码：在掩码中，1表示精确匹配，0表示不需要匹配。

- 1和0，永远不交叉。
- 1永远在左边，0永远在右边。
- 在配置IP地址及路由时，会使用掩码。

②反掩码：用来表示主机位的个数，由右至左连续的”1”来表示主机位的个数，不能被0断开。

- 在反掩码中，1表示不需要匹配，0表示精确匹配。
- 0和1，永远不交叉。
- 0永远在左边，1永远在右边。

在OSPF路由协议的配置中，通过network命令进行网段声明时，会使用反掩码。

- “0”表示不能改变的部分，即被固定的前缀部分。
- “1”表示可变的部分，任意取值，表示IP地址中对应的位既可以是1，又可以是0。

例如：

192.168.1.0

0.0.0.255

这个组合表示从192.168.1.0 ~ 192.168.1.255 这256个IP地址。

③通配符：在通配符中，1表示不需要匹配，0表示精确匹配。

- 0和1的位置，没有任何固定限制。
- 0和1可以连续，可以交叉。
- 在ACL中使用通配符。

16.4 拓展训练

1.训练目的

了解ACL类型，熟练配置基本ACL与高级ACL，学会查看ACL定义的规则、怎样删除ACL规则。

2.训练拓扑

办公区A不可以访问FTP服务器，办公区B可以访问FTP服务器，办公区A和办公区B在同一子网内。办公区A所在IP地址范围为121.1.1.2-121.1.1.127；办公区B所在IP地址范围为121.1.1.128-121.1.1.254。拓扑结构图如图16-5所示，其中办公区A和办公区B属于同一子网。

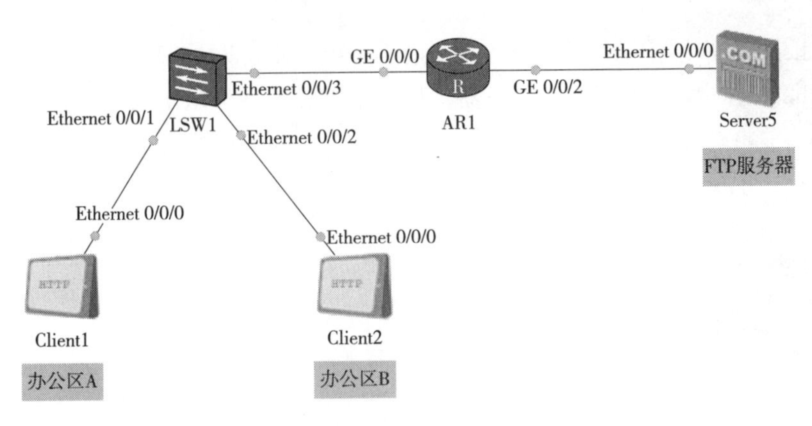

图16-5　拓扑结构图

3.训练要求

（1）网络布线

根据拓扑图进行网络布线（路由器型号使用AR2220）。

（2）实验编址

根据网络拓扑图设计网络设备的IP编址，填写表16-7所示设备配量地址。根据需要填写，不需要填写打×。

表16-7　设备配置地址表

设　备	接　口	IP地址	子网掩码	网　关
AR1	GigabitEthernet 0/0/0			
	GigabitEthernet 0/0/2			

续表

设　备	接　口	IP地址	子网掩码	网　关
Client1	Ethernet 0/0/0			
Client2	Ethernet 0/0/0			
Server5	Ethernet 0/0/0			

（3）主要步骤

①搭建训练环境，根据表16-7填写的IP地址，设置Client1、Client2的IP地址、子网掩码以及网关。

②在路由器AR1上配置：

- 配置路由器名AR1。
- 在路由器AR1上配置接口GE 0/0/0、GE 0/0/2 IP地址。
- 配置高级ACL，定义规则。
- 将ACL定义的规则应用在接口上。

③ 验证测试。

- 在Client1客户端中访问FTP服务器，最终结果显示可以访问。
- 在Client2客户端中访问FTP服务器，最终结果显示不可以访问。

第17章 IPSec VPN原理与配置

随着Internet的发展，越来越多的企业直接通过Internet进行互联，但由于IP协议未考虑安全性，而且Internet上有大量的不可靠用户和网络设备，所以用户业务数据要穿越这些未知网络，根本无法保证数据的安全性，数据易被伪造、篡改或窃取。因此，迫切需要一种兼容IP协议的通用网络安全方案。为了解决上述问题，IPSec（Internet Protocol Security）应运而生。IPSec对IP的安全性进行了补充，其工作在IP层，为IP网络通信提供透明的安全服务。

17.1 技术知识

17.1.1 IPSec VPN相关概念

1.IPSec概念

IPSec是因特网工程任务组（Internet Engineering Task Force，IETF）制定的一组开放的网络安全协议。它并不是一个单独的协议，而是一系列为IP网络提供安全性的协议和服务的集合，包括认证头（Authentication Header，AH）和封装安全载荷（Encapsulating Security Payload，ESP）两个安全协议、密钥交换和用于验证及加密的一些算法等。

通过这些协议，在两个设备之间建立一条IPSec隧道。数据通过IPSec隧道进行转发，实现保护数据的安全性。

IPSec通过加密与验证等方式，从以下几方面保障了用户业务数据在Internet中的安全传输：

①数据来源验证：接收方验证发送方身份是否合法。

②数据加密：发送方对数据进行加密，以密文的形式在Internet上传送，接收方对接收的加密数据进行解密后处理或直接转发。

③数据完整性：接收方对接收的数据进行验证，以判定报文是否被篡改。

④抗重放：接收方拒绝旧的或重复的数据包，防止恶意用户通过重复发送捕获到的数据包所进行的攻击。

2.IPSec架构

IPSec VPN体系结构主要由AH（Authentication Header）、ESP（Encapsulating Security

Payload）和IKE（Internet Key Exchange）协议套件组成，如图17-1所示。

①AH协议：主要提供的功能有数据源验证、数据完整性校验和防报文重放功能。然而，AH并不加密所保护的数据报。

②ESP协议：提供AH协议的所有功能外（但其数据完整性校验不包括IP头），还可提供对IP报文的加密功能。

③IKE协议：用于自动协商AH和ESP所使用的密码算法。

- IPSec不是一个单独的协议，它通过AH和ESP这两个安全协议来实现IP数据报的安全传送。
- IKE协议提供密钥协商，建立和维护安全联盟SA等服务。

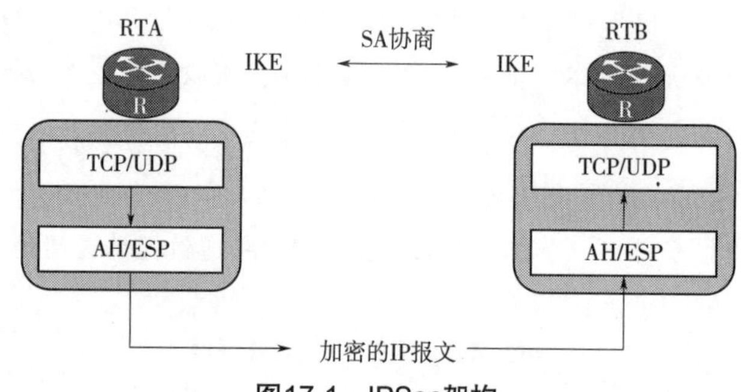

图17-1　IPSec架构

3.安全联盟

安全联盟（Security Association，SA）是通信对等体间对某些要素的协定，它描述了对等体间如何利用安全服务（例如加密）进行安全的通信。这些要素包括对等体间使用何种安全协议、需要保护的数据流特征、对等体间传输的数据的封装模式、协议采用的加密和验证算法，以及用于数据安全转换、传输的密钥和SA的生存周期等。

IPSec安全传输数据的前提是在IPSec对等体（即运行IPSec协议的两个端点）之间成功建立安全联盟。IPSec安全联盟简称IPSec SA，由一个三元组来唯一标识，这个三元组包括安全参数索引SPI（Security Parameter Index）、目的IP地址和使用的安全协议号（AH或ESP）。其中，SPI是为唯一标识SA而生成的一个32位的数值，它被封装在AH和ESP头中。

IPSec SA是单向的逻辑连接，通常成对建立（Inbound和Outbound）。因此，两个IPSec对等体之间的双向通信，最少需要建立一对IPSec SA形成一个安全互通的IPSec隧道，分别对两个方向的数据流进行安全保护，如图17-2所示。

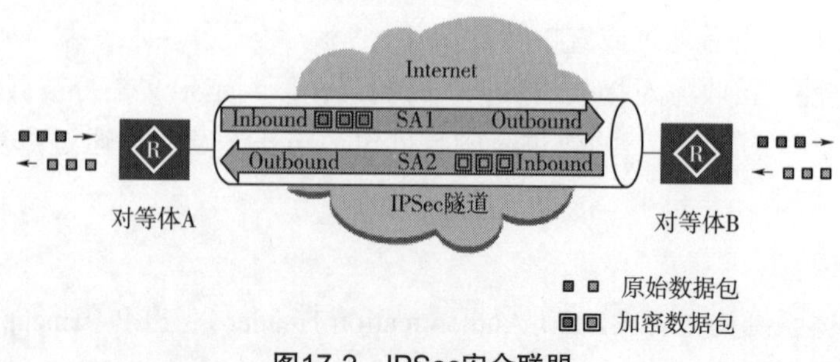

图17-2　IPSec安全联盟

IPSec SA的个数还与安全协议相关。如果只使用AH或ESP来保护两个对等体之间的流量，则对等体之间就有两个SA，每个方向上一个。如果对等体同时使用了AH和ESP，那么对等体之间就需要四个SA，每个方向上两个，分别对应AH和ESP。

建立SA的方式有以下两种：

①手工方式：安全联盟所需的全部信息都必须手工配置。手工方式建立安全联盟比较复杂，但优点是可以不依赖IKE而单独实现IPSec功能。当对等体设备数量较少时，或者小型静态环境中，手工配置SA是可行的。

②IKE动态协商方式：只需要通信对等体间配置好IKE协商参数，由IKE自动协商来创建和维护SA。动态协商方式建立安全联盟相对简单些。对于中、大型的动态网络环境，推荐使用IKE协商建立SA。

4.IPSec封装模式

封装模式是指将AH或ESP相关的字段插入到原始IP报文中，以实现对报文的认证和加密。封装模式有传输模式和隧道模式两种。

（1）传输模式

在传输模式中，AH头或ESP头被插入到IP头与传输层协议头之间，保护TCP/UDP/ICMP负载。由于传输模式未添加额外的IP头，所以原始报文中的IP地址在加密后报文的IP头中可见。以TCP报文为例，原始报文经过传输模式封装后，报文格式如图17-3所示。

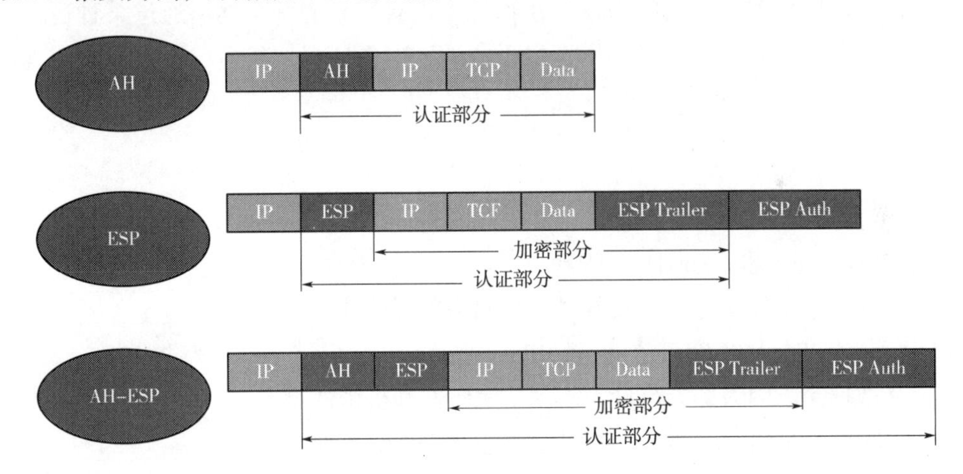

图17-3 IPSec传输模式

（2）隧道模式

隧道模式中，AH或ESP头封装在原始IP报文头之前，并另外生成一个新的IP头封装到AH或ESP之前。隧道模式可以完全地对原始IP数据报进行认证和加密，而且，可以使用IPSec对等体的IP地址来隐藏客户机的IP地址，如图17-4所示。

①隧道模式中的AH：对整个原始IP报文提供完整性检查和认证，认证功能优于ESP。但AH不提供加密功能，所以通常和ESP联合使用。

②隧道模式中的ESP：对整个原始IP报文和ESP尾部进行加密，对ESP报文头、原始IP报

文和ESP尾部进行完整性校验。

③隧道模式中的AH+ESP：对整个原始IP报文和ESP尾部进行加密，对除新IP头之外的整个IP数据包进行完整性校验。

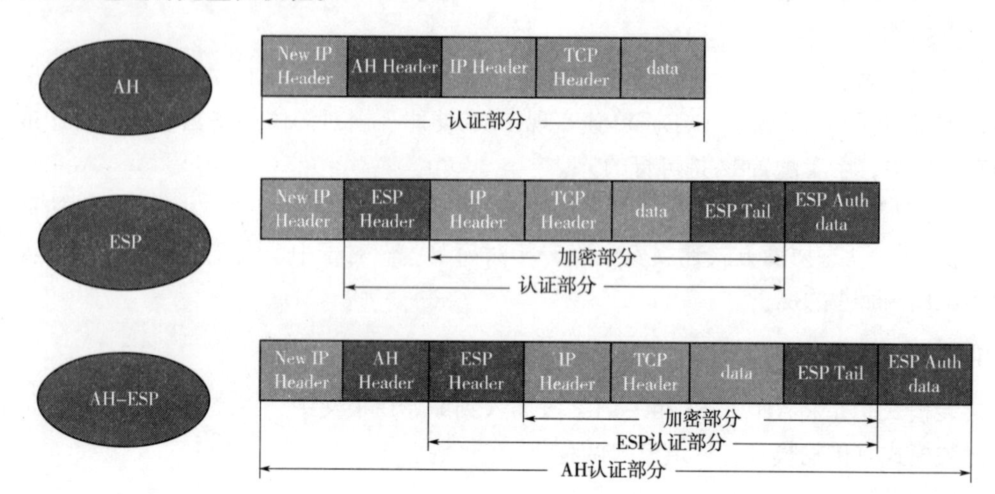

图17-4 隧道模式下报文封装

17.1.2 VPN相关概念

VPN的全称称为虚拟专用网络，它让物理上没有交集的两个网络通过某种逻辑方式连接起来，让它们就像同一个网络一样。由于实现VPN的协议比较多，不同协议实现的VPN侧重于不同的概念。IPSec VPN的重点在于安全，其目的就是给两个传输节点之间传输的流量进行加密。

17.1.3 IPSec VPN 配置步骤

IPSec VPN的配置步骤如图17-5所示。

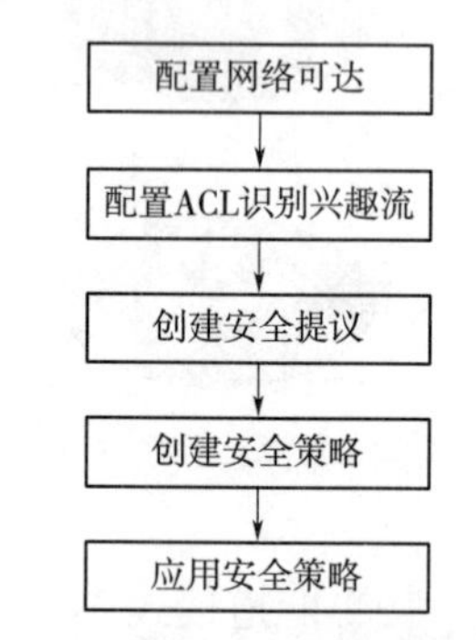

图17-5 IPSec VPN的配置步骤

① 需要检查报文发送方和接收方之间的网络层可达性，确保双方只有建立IPSec VPN隧道才能进行IPSec通信。

② 定义数据流。因为部分流量无须满足完整性和机密性要求，所以需要对流量进行过滤，选择出需要进行IPSec处理的保护数据流。可以通过配置ACL来定义和区分不同的数据流。

③配置IPSec安全提议。IPSec提议定义了保护数据流所用的安全协议、认证算法、加密算法和封装模式。安全协议包括AH和ESP，两者可以单独使用或一起使用。AH支持MD5和SHA-1认证算法；ESP支持两种认证算法（MD5和SHA-1）和三种加密算法（DES、3DES和AES）。为了能够正常传输数据流，安全隧道两端的对等体必须使用相同的安全协议、认证算法、加密算法和封装模式。如果要在两个安全网关之间建立IPSec隧道，建议将IPSec封装模式设置为隧道模式，以便隐藏通信使用的实际源IP地址和目的IP地址。

④ 配置IPSec安全策略。IPSec策略中会应用IPSec提议中定义的安全协议、认证算法、

加密算法和封装模式。每一个IPSec安全策略都使用唯一的名称和序号来标识。IPSec策略可分成两类：手工建立SA的策略和IKE协商建立SA的策略。

⑤在一个接口上应用IPSec安全策略。

17.1.4 命令视图

配置IPSec VPN的命令功能特性，见表17-1。

表17-1 IPSec VPN命令功能特性

步骤	命 令	解 释
1	system-view	进入系统视图
2	ip route-static *dest-address* {*mask*|*mask-length*} {*nexthop-address* | *interface-tye interface-number*} [preference *preference-value*]	配置静态路由。IPSec VPN连接一般是通过配置静态路由建立的，指向下一跳
3	acl number *number*	定义一个高级ACL，用于确定哪些兴趣流需要通过IPSec VPN隧道
4	rule [*rule-id*] {deny|permit} ip [destination { *destination-address destination-wildcard* |any} |source { *source-address source- wildcard* |any}]	定义规则，能够依据特定参数过滤流量，继而对流量执行丢弃、通过或保护操作
5	quit	退出
6	ipsec proposal *proposal-name*	创建IPSec提议并进入IPSec提议视图。配置IPSec策略时，必须引用IPSec提议来指定IPSec隧道两端使用的安全协议、加密算法、认证算法和封装模式。默认情况下，使用ipsec proposal命令创建的IPSec提议采用ESP协议、DES加密算法、MD5认证算法和隧道封装模式
	transform [ah | ah-esp | esp]	重新配置隧道采用的安全协议
	encapsulation-mode {transport | tunnel }	配置报文的封装模式
	esp authentication-algorithm [md5 | sha1 | sha2-256 | sha2-384 | sha2-512]	配置ESP协议使用的认证算法
	esp encryption-algorithm [des | 3des | aes-128 | aes-192 | aes-256]	配置ESP加密算法
	ah authentication-algorithm [md5 | sha1 | sha2-256 | sha2-384 | sha2-512]	配置AH协议使用的认证算法
7	quit	退出
8	ipsec policy { *policy-name seq-number* }	创建一条IPSec策略，并进入IPSec策略视图。安全策略是由policy-name和seq-number共同来确定的，多个具有相同policy-name的安全策略组成一个安全策略组。在一个安全策略组中最多可以设置16条安全策略，而seq-number越小的安全策略，优先级越高。在一个接口上应用了一个安全策略组，实际上是同时应用了安全策略组中所有的安全策略，这样能够对不同的数据流采用不同的安全策略进行保护
9	security acl {acl-number }	指定IPSec策略所引用的访问控制列表

续表

步骤	命　令	解　释
10	proposal {*proposal-name*}	指定IPSec策略所引用的提议
11	tunnel local *ip-address*	配置安全隧道的本端地址
12	tunnel remote *ip-address*	设置安全隧道的对端地址
13	sa spi { inbound | outbound } { ah | esp } *spi-number*	设置安全联盟的安全参数索引SPI。在配置安全联盟时，入方向和出方向安全联盟的安全参数索引都必须设置，并且本端的入方向安全联盟的SPI值必须和对端的出方向安全联盟的SPI值相同，而本端的出方向安全联盟的SPI值必须和对端的入方向安全联盟的SPI值相同
14	sa string-key { inbound | outbound } { ah | esp } { simple | cipher } *string-key*	设置安全联盟的认证密钥。入方向和出方向安全联盟的认证密钥都必须设置，并且本端的入方向安全联盟的密钥必须和对端的出方向安全联盟的密钥相同；同时，本端的出方向安全联盟密钥必须和对端的入方向安全联盟的密钥相同
15	quit	退出
16	interface *interface-type interface-number*	进入接口视图
17	ipsec policy *policy-name*	在接口上应用指定的安全策略组

IPSec VPN功能配置成功后，检查配置命令见表17-2。

表17-2　检查配置

命　令	解　释
display ipsec proposal [name <*proposal-name*>]	查看IPSec提议中配置的参数
display ipsec policy [brief | name *policy-name* [*seq-number*]]	查看指定IPSec策略或所有IPSec策略。命令的显示信息中包括：策略名称、策略序号、提议名称、ACL、隧道的本端地址和隧道的远端地址等
display ipsec policy	查看出方向和入方向SA相关的参数

17.2　项目实战

17.2.1　项目背景

某企业希望对分支子网与总部子网之间相互访问的流量进行安全保护。分支与总部通过公网建立通信，可以在分支网关与总部网关之间建立一个IPSec隧道来实施安全保护。由于维护网关较少，可以考虑采用手工方式建立IPSec隧道。

项目实战目的：

（1）了解IPSec的功能与使用。

（2）掌握IPSec的配置与使用。

17.2.2　项目规划设计

本项目采用手工方式建立IPSec隧道，其配置思路如下：

①配置接口的IP地址和到对端的静态路由，保证两端路由可达。

②配置ACL，以定义需要IPSec保护的数据流。

③配置IPSec安全提议，定义IPSec的保护方法。

④配置安全策略，并引用ACL和IPSec安全提议，确定对何种数据流采取何种保护方法。

⑤在接口上应用安全策略组，使接口具有IPSec的保护功能。

IPSec VPN配置如图17-6所示，设备配置地址见表17-3，该项目案例所选路由器设备为2台AR2220、2台PC 。其中PC1模拟分支子网、AR1模拟分支网关、PC2模拟总部子网、AR2模拟总部网关。

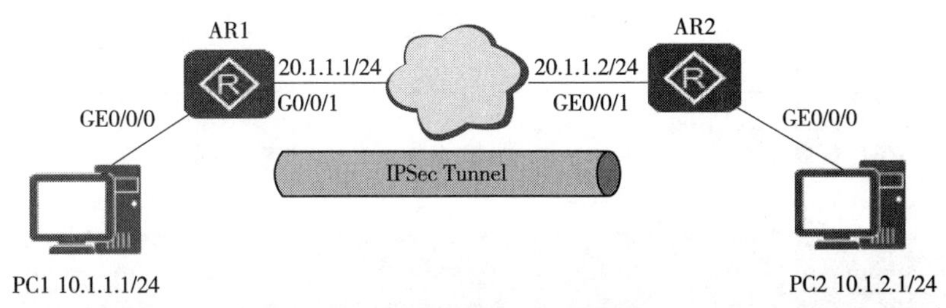

图17-6　IPSec VPN配置

表17-3　设备配置地址

设　备	接　口	IP地址	子网掩码
PC1	Ethernet 0/0/1	10.1.1.1	255.255.255.0
PC2	Ethernet 0/0/1	10.1.2.1	255.255.255.0
AR1	GE 0/0/0	10.1.1.254	255.255.255.0
	GE 0/0/1	20.1.1.1	255.255.255.0
AR2	GE 0/0/0	10.1.2.254	255.255.255.0
	GE 0/0/1	20.1.1.2	255.255.255.0

17.2.3　项目实施

1.基本配置

根据任务要求，完成相关设备的IP地址的配置，并连通（此处配置省略）。

2.分别在AR1和AR2中配置静态路由

①在AR1配置静态路由：

```
[AR1]ip route-static 10.1.2.0 24 20.1.1.2
```

② 在AR1配置静态路由：

```
[AR2]ip route-static 10.1.1.0 24 20.1.1.1
```

③测试网络可达性。在PC1上ping PC2结果如图17-7所示，并同时对AR1的GE0/0/0接口抓包查看，如图17-8所示。

```
PC1
基础配置 命令行 组播 UDP发包工具 串口

PC>ping 10.1.2.1

Ping 10.1.2.1: 32 data bytes, Press Ctrl_C to break
From 10.1.2.1: bytes=32 seq=1 ttl=126 time=78 ms
From 10.1.2.1: bytes=32 seq=2 ttl=126 time=62 ms
From 10.1.2.1: bytes=32 seq=3 ttl=126 time=46 ms
From 10.1.2.1: bytes=32 seq=4 ttl=126 time=47 ms
From 10.1.2.1: bytes=32 seq=5 ttl=126 time=47 ms

--- 10.1.2.1 ping statistics ---
  5 packet(s) transmitted
  5 packet(s) received
  0.00% packet loss
  round-trip min/avg/max = 46/56/78 ms
```

图17-7　测试连通性

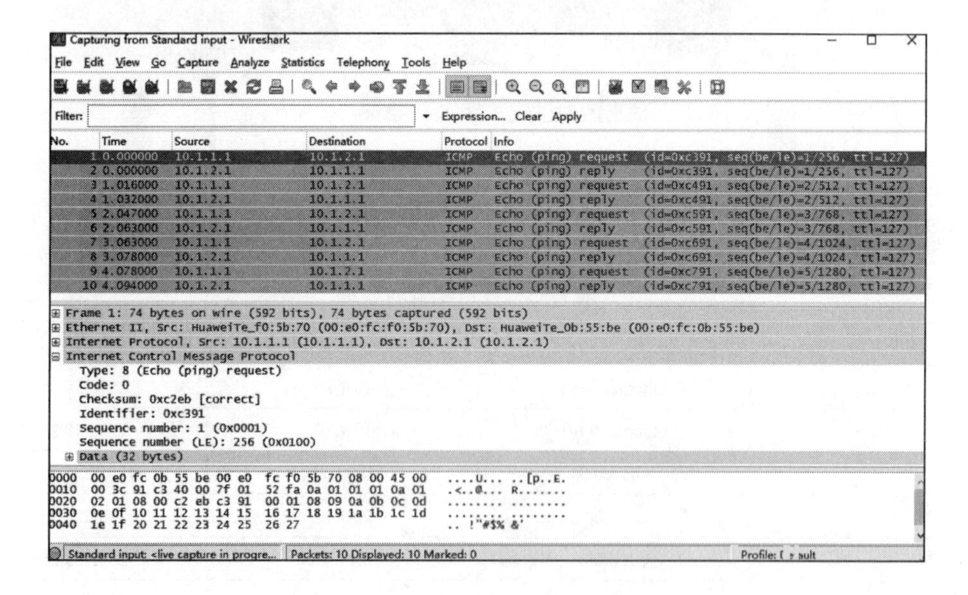

图17-8　AR1的GE0/0/0接口抓包

④在AR1中设置高级ACL，具体配置步骤如下。由于AR2与AR1的IPSec VPN配置步骤相类似，顾AR2配置ACL数据流、创建IPSec安全提议、创建IPSec安全策略以及引用安全策略组都已经省略。

```
 [AR1]acl number 3001
[AR1-acl-adv-3001]rule 5 permit ip source 10.1.1.0 0.0.0.255 destination 10.1.2.0 0.0.0.255
```

⑤在AR1中创建IPSec提议，具体配置步骤如下：

```
[AR1]ipsec proposal tran1
[AR1-ipsec-proposal-tran1]esp authentication-algorithm sha1
```

⑥ 验证配置：

```
[AR1]display ipsec proposal
 Number of proposals:  1
```

```
IPSec proposal name:  tran1
Encapsulation mode:  Tunnel
Transform         :  esp-new
ESP protocol      :  Authentication SHA1-HMAC-96
                    Encryption    DES
```

⑦在AR1中创建IPSec策略，具体配置步骤如下：

```
[AR1]ipsec  policy P1 10 manual
[AR1-ipsec-policy-manual-P1-10]security acl 3001
[AR1-ipsec-policy-manual-P1-10]proposal tran1
[AR1-ipsec-policy-manual-P1-10]tunnel remote 20.1.1.2
[AR1-ipsec-policy-manual-P1-10]tunnel local 20.1.1.1
[AR1-ipsec-policy-manual-P1-10]sa spi outbound esp 54321
[AR1-ipsec-policy-manual-P1-10]sa spi inbound esp 12345
[AR1-ipsec-policy-manual-P1-10]sa string-key outbound esp simple sju
[AR1-ipsec-policy-manual-P1-10]sa string-key inbound esp simple sju
```

⑧在ARI G0/0/1接口上应用指定的安全策略组：

```
[AR1]interface GigabitEthernet 0/0/1
[AR1-GigabitEthernet0/0/1]ipsec policy P1
```

⑨验证配置：

```
[AR1]display ipsec policy
===========================================
IPSec policy group:   "P1"
Using interface:  GigabitEthernet 0/0/1
===========================================
    Sequence number:  10
    Security data flow:  3001
    Tunnel local  address:  20.1.1.1
    Tunnel remote address:  20.1.1.2
    Qos pre-classify:  Disable
    Proposal name: tran1
…
Inbound ESP setting:
    ESP SPI:  12345 (0x3039)
    ESP string-key:  sju
    ESP encryption hex key:
    ESP authentication hex key:
Outbound ESP setting:
    ESP SPI:  54321 (0xd431)
    ESP string-key:  sju
    ESP encryption hex key:
    ESP authentication hex key:
```

⑩结果验证。在PC1上执行ping操作仍然可以ping通主机PC2，同时对AR1的GE0/0/0接口抓包查看，如图17-9所示。

通过比较图17-8与图17-9，可以看到协议字段是ESP说明实验成功，源IP和目的IP都被替换了，客户机真实IP地址被隐藏，两台PC之间相互访问的流量已经做了安全保护。

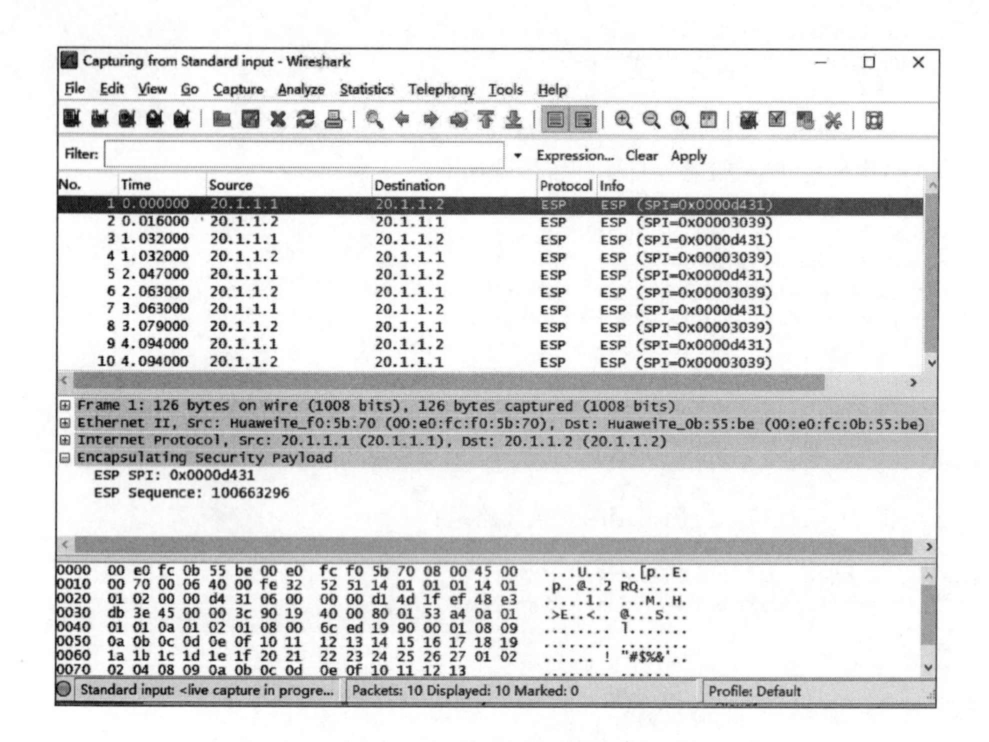

图17-9　配置IPSec 后AR1的GE0/0/0接口抓包

17.3　常见问题与分析

【问题1】安全联盟的作用是什么？

解析：安全联盟定义了IPSec通信对等体间将使用的数据封装模式、认证和加密算法、密钥等参数。

【问题2】IPSec VPN将会对过滤后的数据流如何操作？

解析：经过IPSec过滤后的数据流将会通过SA协商的各种参数进行处理并封装，之后通过IPSec隧道转发。

17.4　拓展训练

1.训练目的

熟练IPSec VPN等基本配置命令的使用。

2.训练拓扑

拓扑结构图如图17-10所示。

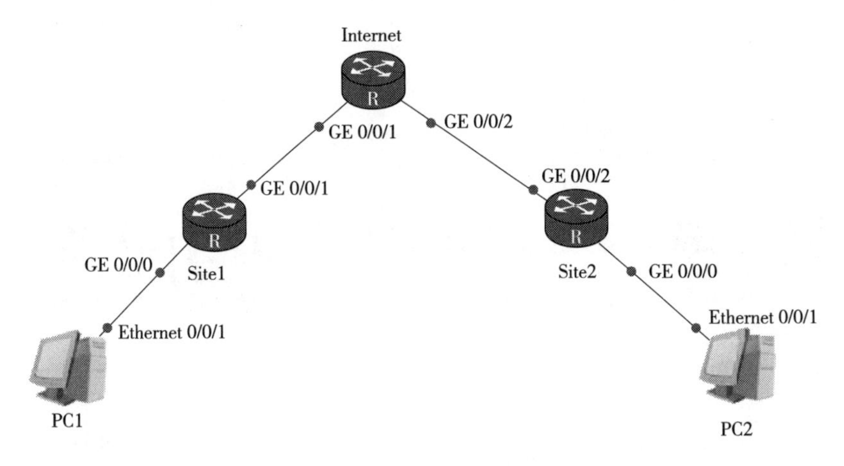

图17-10 拓扑结构图

3.训练要求

（1）实验编址

根据网络拓扑图设计网络设备的IP编址，填写表17-4所示设备配置地址表。

表17-4 设备配置地址表

设 备	接 口	IP地址	子网掩码
PC1	Ethernet0/0/1		
PC2	Ethernet0/0/1		
Site1	GE 0/0/0		
	GE 0/0/1		
Internet	GE 0/0/1		
	GE 0/0/2		
Site2	GE 0/0/0		
	GE 0/0/2		

（2）主要步骤

①把各个路由接口配置对应的IP。

② 分别在Site1和Site2上配置默认路由。

③分别在site1和site2配置ACL识别兴趣流。

④分别在site1和site2配置IPSec安全提议。

⑤分别在site1和site2配置IPSec安全策略（这里先采用 手工配置模式）。

⑥分别在site1和site2的相应一个接口上应用IPSec安全策略。

⑦ 验证site1和site2两个分支连通性。

第18章　GRE原理与配置

IPSec VPN用于在两个端点之间提供安全的IP通信，但只能加密并传播单播数据，无法加密和传输语音、视频、动态路由协议信息等组播数据流量。GRE隧道可以封装组播数据，与IPSec结合使用时可以保证语音、视频等组播业务的安全。

18.1　技术知识

18.1.1　GRE简介

通用路由封装（Generic Routing Encapsulation，GRE）协议可以对某些网络层协议（如IPX、ATM、IPv6、AppleTalk等）的数据报文进行封装，使这些被封装的数据报文能够在另一个网络层协议（如IPv4）中传输。

GRE提供了将一种协议的报文封装在另一种协议报文中的机制，是一种三层隧道封装技术，使报文可以通过GRE隧道透明地传输，解决异种网络的传输问题。

GRE实现机制简单，对隧道两端的设备负担小。GRE隧道可以通过IPv4网络连通多种网络协议的本地网络，有效利用了原有的网络架构，降低成本。GRE隧道扩展了跳数受限网络协议的工作范围，支持企业灵活设计网络拓扑。GRE隧道支持使能MPLS LDP，使用GRE隧道承载MPLS LDP报文，建立LDP LSP，实现MPLS骨干网的互通。GRE隧道将不连续的子网连接起来，用于组建VPN，实现企业总部和分支间安全连接。

18.1.2　GRE实现过程

报文在GRE隧道中传输包括封装和解封装两个过程，如图18-1所示。

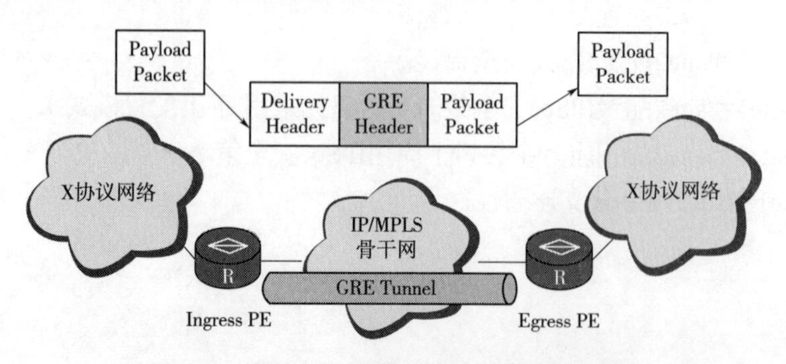

图18-1　通过GRE隧道实现X协议互通组网图

如图18-1所示，如果X协议报文从Ingress PE向Egress PE传输，则封装在Ingress PE上完成，而解封装在Egress PE上进行。封装后的数据报文在网络中传输的路径，称为GRE隧道。

1.封装

Ingress PE从连接X协议的接口接收到X协议报文后，首先交由X协议处理。

X协议根据报文头中的目的地址在路由表或转发表中查找出接口，确定如何转发此报文。如果发现出接口是GRE Tunnel接口，则对报文进行GRE封装，即添加GRE头。

根据骨干网传输协议为IP，给报文加上IP头。IP头的源地址就是隧道源地址，目的地址就是隧道目的地址。

根据该IP头的目的地址（即隧道目的地址），在骨干网路由表中查找相应的出接口并发送报文。之后，封装后的报文将在该骨干网中传输。

2.解封装

解封装过程和封装过程相反。

Egress PE从GRE Tunnel接口收到该报文，分析IP头发现报文的目的地址为本设备，则Egress PE去掉IP头后交给GRE协议处理。

GRE协议剥掉GRE报头，获取X协议，再交由X协议对此数据报文进行后续的转发处理。

18.1.3 GRE报文格式

GRE封装后的报文结构如图18-2所示。

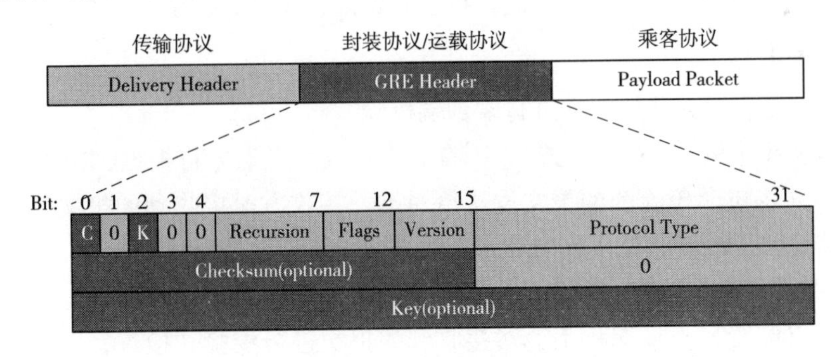

图18-2 GRE报文结构

①乘客协议（Passenger Protocol）：封装前的报文称为净荷（Payload Packet，即需要被传输和封装的报文），封装前的报文协议称为乘客协议。

②封装协议（Encapsulation Protocol）：GRE Header是由封装协议完成并填充的，封装协议也称为运载协议（Carrier Protocol）。

③传输协议（Transport Protocol或者Delivery Protocol）：负责对封装后的报文进行转发的协议称为传输协议。

GRE头的各字段解释见表18-1。

表18-1 GRE头的各字段解释

GRE头字段	字段解释
C	校验和验证位：该位置1，表示GRE头插入了校验和（Checksum）字段；该位置0，表示GRE头不包含校验和字段
K	关键字位：该位置1，表示GRE头插入了关键字（Key）字段；该位置0，表示GRE头不包含关键字字段
Recursion	表示GRE报文被封装的层数。完成一次GRE封装后将该字段加1。如果封装层数大于3，则丢弃该报文。该字段的作用是防止报文被无限次封装。 RFC1701规定该字段默认值为0。 RFC2784规定当发送和接收端该字段不一致时不会引起异常，且接收端必须忽略该字段。 设备实现时该字段仅在加封装报文时用作标记隧道嵌套层数，GRE解封装报文时不感知该字段，不会影响报文的处理
Flags	预留字段，当前必须置为0
Version	版本字段，必须置为0
Protocol Type	标识乘客协议的协议类型。常见的乘客协议为IPv4协议，协议代码为0800
Checksum	对GRE头及其负载的校验和字段
Key	关键字字段，隧道接收端用于对收到的报文进行验证

因为目前实现的GRE头不包含源路由字段，所以Bit 1、Bit 3和Bit 4都置为0。

18.1.4 GRE的安全机制

GRE本身提供两种基本的安全机制：校验和验证、识别关键字。

1.校验和验证

校验和验证是指对封装的报文进行端到端校验。

若GRE报文头中的C位标识位置1，则校验和有效。发送方将根据GRE头及Payload信息计算校验和，并将包含校验和的报文发送给对端。接收方对接收到的报文计算校验和，并与报文中的校验和比较，如果一致则对报文做进一步处理，否则丢弃。

隧道两端可以根据实际应用的需要决定配置校验和或禁止校验和。如果本端配置了校验和而对端没有配置，则本端将不会对接收到的报文进行校验和检查，但对发送的报文计算校验和；相反，如果本端没有配置校验和而对端已配置，则本端将对从对端发来的报文进行校验和检查，但对发送的报文不计算校验和。

2.识别关键字

识别关键字（Key）验证是指对Tunnel接口进行校验。通过这种弱安全机制，可以防止错误识别、接收其他地方来的报文。

RFC1701中规定：若GRE报文头中的K位为1，则在GRE头中插入一个四字节长关键字字段，收发双方将进行识别关键字的验证。

关键字的作用是标识隧道中的流量，属于同一流量的报文使用相同的关键字。在报文解封装时，GRE将基于关键字来识别属于相同流量的数据报文。只有Tunnel两端设置的识别关键字完全一致时才能通过验证，否则将报文丢弃。这里的“完全一致”是指两端都不设置识别关键字，或者两端都设置相同的关键字。

18.1.5 GRE的Keepalive检测

由于GRE协议并不具备检测链路状态的功能，如果对端接口不可达，隧道并不能及时关闭该Tunnel连接，这样会造成源端会不断地向对端转发数据，而对端却因隧道不通接收不到报文，由此就会形成数据空洞。

GRE的Keepalive检测功能可以检测隧道状态，即检测隧道对端是否可达。如果对端不可达，隧道连接就会及时关闭，避免因对端不可达而造成的数据丢失，有效防止数据空洞，保证数据传输的可靠性。

Keepalive检测功能的实现过程如下：

当GRE隧道的源端使能Keepalive检测功能后，就创建一个定时器，周期性地发送Keepalive探测报文，同时通过计数器进行不可达计数。每发送一个探测报文，不可达计数加1。

对端每收到一个探测报文，就给源端发送一个回应报文。

如果源端的计数器值未达到预先设置的值就收到回应报文，就表明对端可达。如果源端的计数器值到达预先设置的值——重试次数（Retry Times）时，还没收到回送报文，就认为对端不可达。此时，源端将关闭隧道连接。但是，源接口仍会继续发送Keepalive报文，若对端Up，则源接口也会Up，建立隧道链接。

对于设备实现的GRE Keepalive检测功能，只要在隧道一端配置Keepalive，该端就具备Keepalive功能，而不要求隧道对端也具备该功能。隧道对端收到报文，如果是Keepalive探测报文，无论是否配置Keepalive，都会给源端发送一个回应报文。

18.1.6 GRE应用场景

1.多协议本地网可以通过GRE隧道传输

如图18-3所示，Term1和Term2是运行IPv6的本地网，Term3和Term4是运行IP的本地网，不同地域的子网间需要通过公共的IP网络互通。

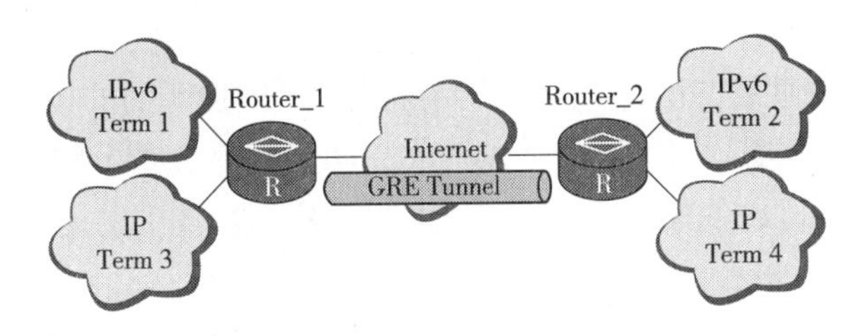

图18-3　多协议本地网通过GRE隧道传输

通过在Router_1和Router_2之间采用GRE协议封装的隧道，Term1和Term2、Term3和Term4可以互不影响地进行通信。

2.通过GRE扩大跳数受限的网络工作范围

如图18-4所示，网络运行IP协议，假设IP协议限制跳数为255。如果两台PC之间的跳数超过255，它们将无法通信。在网络中选取两台设备建立GRE隧道，可以隐藏设备之间的跳数，从而扩大网络的工作范围。

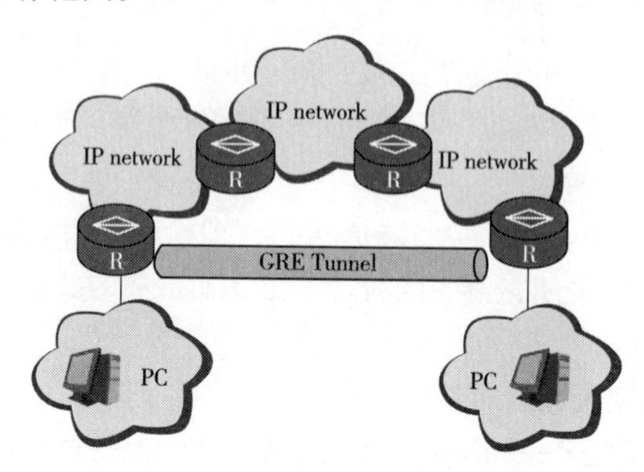

图18-4 扩大网络工作范围

例如，RIP路由的跳数为16时表示路由不可达。此时，可以在两台设备上建立GRE隧道实现逻辑直连，使经过GRE隧道的RIP路由跳数减至16以下，保证路由可达。

3.GRE与IPSec结合，保护组播数据

GRE可以封装组播数据并在GRE隧道中传输。对于组播数据需要在IPSec隧道中传输的情况，可以先建立GRE隧道，对组播数据进行GRE封装，再对封装后的报文进行IPSec加密，从而实现组播数据在IPSec隧道中的加密传输，如图18-5所示。

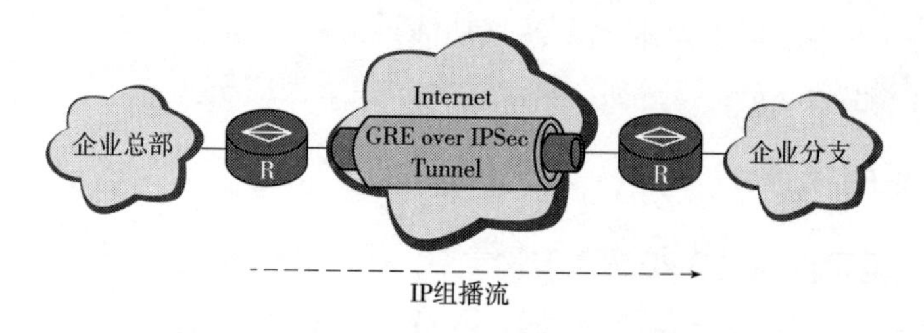

图18-5 GRE over IPSec隧道应用

4.通过GRE隧道组建L2VPN和L3VPN

MPLS VPN骨干网通常使用LSP作为公网隧道。如果骨干网的核心设备（P设备）不具备MPLS功能，而边缘设备（PE设备）具备MPLS功能，那么骨干网就不能使用LSP作为公网隧道。此时，骨干网可以使用GRE隧道替代LSP，从而在骨干网提供三层或二层VPN解决方案。

LDP over GRE技术通过在GRE隧道接口使能MPLS LDP，使用GRE隧道承载MPLS LDP报文，建立LDP LSP。

如图18-6所示，企业在PE1和PE2之间部署L2VPN或者L3VPN业务，由于骨干网设备可能未启用或不支持MPLS，需要在PE1和PE2之间建立一条跨越GRE隧道的LDP LSP。

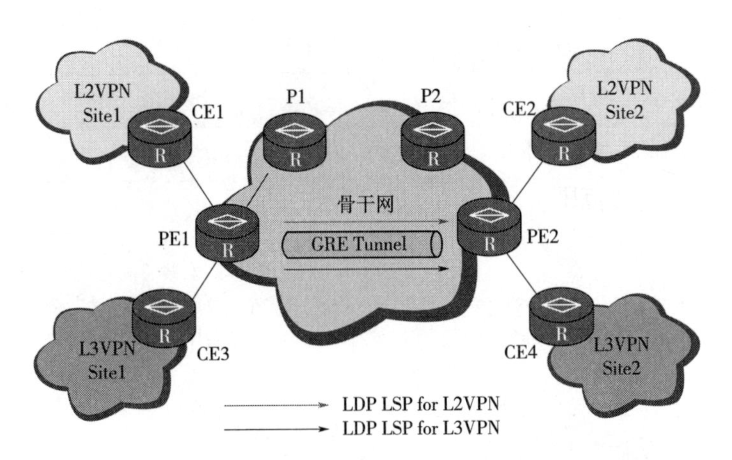

图18-6 LDP over GRE应用于企业L3VPN或L2VPN组网（P设备都不支持MPLS）

如图18-7所示，骨干网P2设备支持MPLS，但P1设备不支持，此时可以通过在PE1和P2之间建立GRE隧道，从而建立一条跨越GRE隧道的LDP LSP。

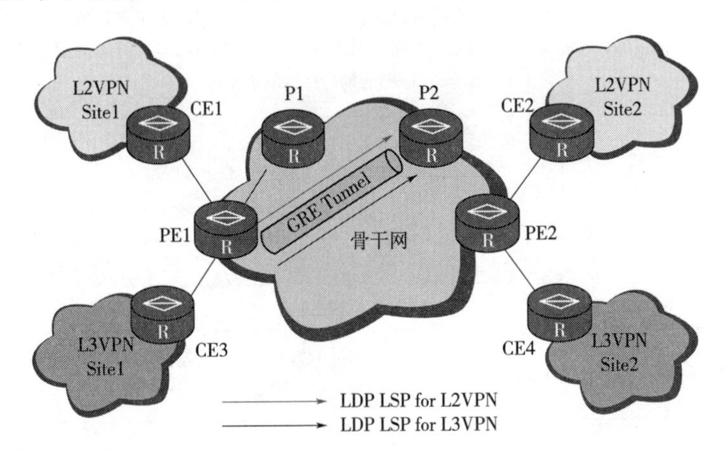

图18-7 LDP over GRE应用于企业L3VPN或L2VPN组网（部分P设备不支持MPLS）

18.1.7 命令视图

配置GRE，见表18-2。

表18-2 命令功能特性

步骤	命　令	解　释
1	**system-view**	进入系统视图
2	**interface tunnel** *interface-number*	创建Tunnel接口。创建Tunnel接口后，需要配置Tunnel接口的IP地址和Tunnel接口的封装协议
3	**ip address** *ip-address* {*mask*|*mask-length*}	配置Tunnel接口的IP地址
4	**tunnel-protocol** *protocol-name*	配置Tunnel接口的隧道协议
5	**source** { *source-ip-address* | *interface-type interface-number*	配置Tunnel源地址或源接口

续表

步骤	命　令	解　释
6	**destination** *dest-ip-address*	指定Tunnel接口的目的IP地址
7	**quit**	退出
8	**ip route-static dest-address** {*mask*|*mask-length*} **Tunnel** *interface-number*	配置路由。需要进行GRE封装的报文才能正确转发。经过Tunnel接口转发的路由可以是静态路由，也可以是动态路由。配置静态路由时，路由的目的地址是GRE封装前原始报文的目的地址，出接口是本端Tunnel接口

GRE功能配置成功后，检查配置命令，见表18-3。

表18-3　检查配置命令

命　令	解　释
display interface Tunnel *interface-number*	查看接口的运行状态和路由信息。如果接口的当前状态和链路层协议的状态均显示为UP，则接口处于正常转发状态。隧道的源地址和目的地址分别为建立GRE隧道使用的物理接口的IP地址

配置Keepalive检测，见表18-4。

表18-4　命令功能特性

步骤	命　令	解　释
1	**system-view**	进入系统视图
2	**interface tunnel** *interface-number*	创建Tunnel接口。创建Tunnel接口后，需要配置Tunnel接口的IP地址和Tunnel接口的封装协议
3	**keepalive** [**period** *period* [**retry-times** *retry-times*]	在GRE隧道接口启用Keepalive检测功能。其中，period参数指定Keepalive检测报文的发送周期，默认值为5 s；retry-times参数指定Keepalive检测报文的重传次数，默认值为3。如果在指定的重传次数内未收到对端的回应报文，则认为隧道两端通信失败，GRE隧道将被拆除

Keepalive检测功能配置成功后，检查配置命令，见表18-5。

表18-5　检查配置命令

命　令	解　释
display interface Tunnel *interface-number*	查看GRE的Keepalive功能是否使用

18.2　项目实战

18.2.1　项目背景

本项目中，要求对RTA和RTB进行GRE配置，实现PC1和PC2私网互通。

18.2.2 项目规划设计

要实现PC1和PC2通过公网互通。需要在RTA和RTB之间建立直连链路，部署GRE隧道，通过静态路由指定到达对端的报文通过Tunnel接口转发，PC1和PC2就可以互相通信。

GRE配置如图18-8所示，设备配置地址见表18-6。本项目所选路由器设备为2台AR2220、2台PC。

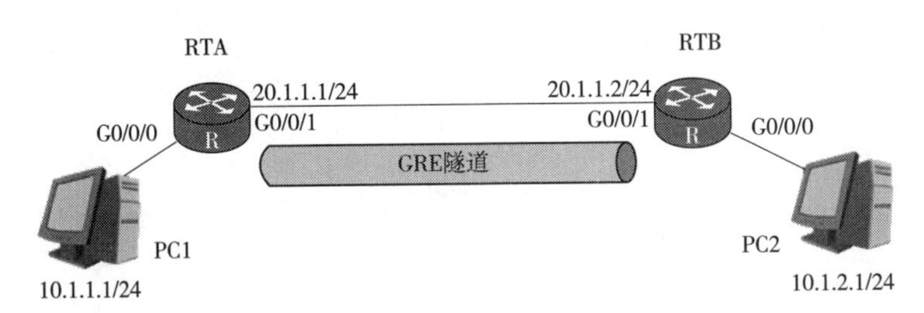

图18-8 GRE配置

表18-6 设备配置地址

设备	接　口	IP地址	子 网 掩 码
PC1	Ethernet 0/0/1	10.1.1.1	255.255.255.0
PC2	Ethernet 0/0/1	10.1.2.1	255.255.255.0
RTA	G0/0/0	10.1.1.254	255.255.255.0
	G0/0/1	20.1.1.1	255.255.255.0
	Tunnel0/0/1	40.1.1.1	255.255.255.0
RTB	G0/0/0	10.1.2.254	255.255.255.0
	G0/0/1	20.1.1.2	255.255.255.0
	Tunnel0/0/1	40.1.1.2	255.255.255.0

18.2.3 项目实施

1.RTA主要配置

```
[RTA]interface Tunnel 0/0/1
[RTA-Tunnel0/0/1]ip address 40.1.1.1 24
[RTA-Tunnel0/0/1]tunnel-protocol gre
[RTA-Tunnel0/0/1]source 20.1.1.1
[RTA-Tunnel0/0/1]destination 20.1.1.2
[RTA-Tunnel0/0/1]quit
[RTA]ip route-static 10.1.2.0 24 Tunnel 0/0/1
```

2.RTB主要配置

```
[RTB]interface Tunnel 0/0/1
[RTB-Tunnel0/0/1]ip address 40.1.1.2 24
[RTB-Tunnel0/0/1]tunnel-protocol gre
```

```
[RTB-Tunnel0/0/1]source 20.1.1.2
[RTB-Tunnel0/0/1]destination 20.1.1.1
[RTB-Tunnel0/0/1]quit
[RTB]ip route-static 10.1.1.0 24 Tunnel 0/0/1
```

3.实验测试

```
[RTA]display interface Tunnel 0/0/1
Tunnel0/0/1 current state :  UP
Line protocol current state :  UP
Last line protocol up time :  2023-03-29 16: 10: 54 UTC-08: 00
Description: HUAWEI,  AR Series,  Tunnel0/0/1 Interface
Route Port, The Maximum Transmit Unit is 1500
Internet Address is 40.1.1.1/24
Encapsulation is TUNNEL,  loopback not set
Tunnel source 20.1.1.1 (GigabitEthernet0/0/1),  destination 20.1.1.2
Tunnel protocol/transport GRE/IP,  key disabled
keepalive disabled
Checksumming of packets disabled
[RTA]display ip routing-table
Route Flags:  R - relay,  D - download to fib
------------------------------------------------------------------
Routing Tables:  Public  Destinations :  13      Routes :  14
Destination/Mask Proto  Pre Cost Flags  NextHop   Interface
……
10.1.2.0/24      Static 60   0    RD      40.1.1.2  Tunnel 0/0/1
```

4.配置Keepalive检测

在RTA中配置:

```
[RTA]interface Tunnel 0/0/1
[RTA-Tunnel0/0/1]keepalive period 3
[RTA-Tunnel0/0/1]quit
```

5.结果测试

```
[RTA]display interface Tunnel 0/0/1
[RTA]display interface Tunnel 0/0/1
Tunnel0/0/1 current state :  UP
Line protocol current state :  UP
Last line protocol up time :  2023-03-29 16: 10: 54 UTC-08: 00
Description: HUAWEI,  AR Series,  Tunnel0/0/1 Interface
Route Port, The Maximum Transmit Unit is 1500
Internet Address is 40.1.1.1/24
Encapsulation is TUNNEL,  loopback not set
Tunnel source 20.1.1.1 (GigabitEthernet0/0/1),  destination 20.1.1.2
Tunnel protocol/transport GRE/IP,  key disabled
keepalive enable period 3 retry-times 3
Checksumming of packets disabled
Current system time:  2023-03-29 16: 17: 26-08: 00
    300 seconds input rate    0 bits/sec,   0 packets/sec
    300 seconds output rate   0 bits/sec,   0 packets/sec
    166 seconds input rate    0 bits/sec,   0 packets/sec
    166 seconds output rate   16 bits/sec,  0 packets/sec
```

```
    0 packets input,   0 bytes
    0 input error
    10 packets output,   480 bytes
    0 output error
    Input bandwidth utilization  :  --
    Output bandwidth utilization :  --
```

在PC1上分别做ping、tracert测试，结果如图18-9所示。

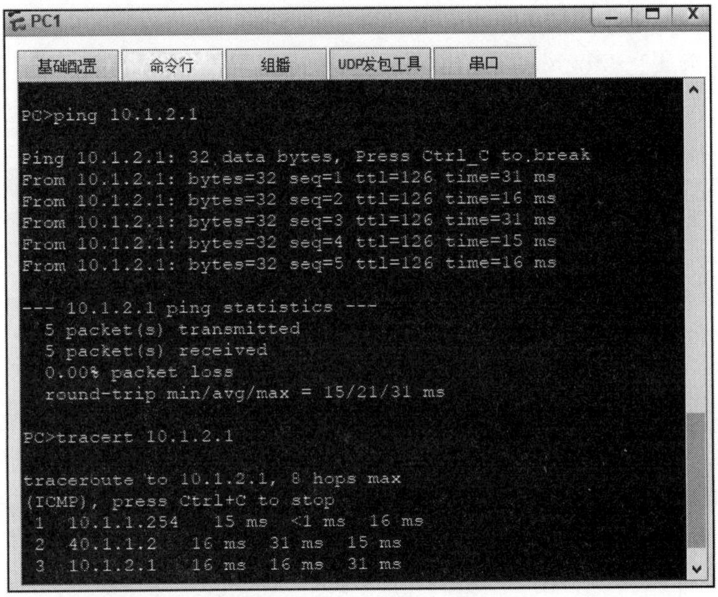

```
PC1
基础配置 命令行 组播 UDP发包工具 串口

PC>ping 10.1.2.1

Ping 10.1.2.1: 32 data bytes, Press Ctrl_C to break
From 10.1.2.1: bytes=32 seq=1 ttl=126 time=31 ms
From 10.1.2.1: bytes=32 seq=2 ttl=126 time=16 ms
From 10.1.2.1: bytes=32 seq=3 ttl=126 time=31 ms
From 10.1.2.1: bytes=32 seq=4 ttl=126 time=15 ms
From 10.1.2.1: bytes=32 seq=5 ttl=126 time=16 ms

--- 10.1.2.1 ping statistics ---
  5 packet(s) transmitted
  5 packet(s) received
  0.00% packet loss
  round-trip min/avg/max = 15/21/31 ms

PC>tracert 10.1.2.1

traceroute to 10.1.2.1, 8 hops max
(ICMP), press Ctrl+C to stop
 1  10.1.1.254   15 ms  <1 ms  16 ms
 2  40.1.1.2   16 ms  31 ms  15 ms
 3  10.1.2.1   16 ms  16 ms  31 ms
```

图18-9　GRE配置结果测试

18.3　常见问题与分析

【问题1】 GRE的应用场景有哪些?

解析：GRE可以解决异种网络的传输问题；GRE隧道扩展了受跳数限制的路由协议的工作范围，支持企业灵活设计网络拓扑；GRE可以与IPSec结合来实现加密传输组播数据。

【问题2】 display interface tunnel命令显示的信息中会包含Internet Address和Tunnel Source，这两者的区别是什么?

解析：Internet Address代表建立GRE隧道所用的虚拟隧道地址，Tunnel Source表示隧道的起点，是设备的出接口物理地址。

18.4　拓展训练

1.训练目的

熟练GRE和Keepalive基本配置命令的使用。

2.训练拓扑

拓扑结构图如图18-10所示。

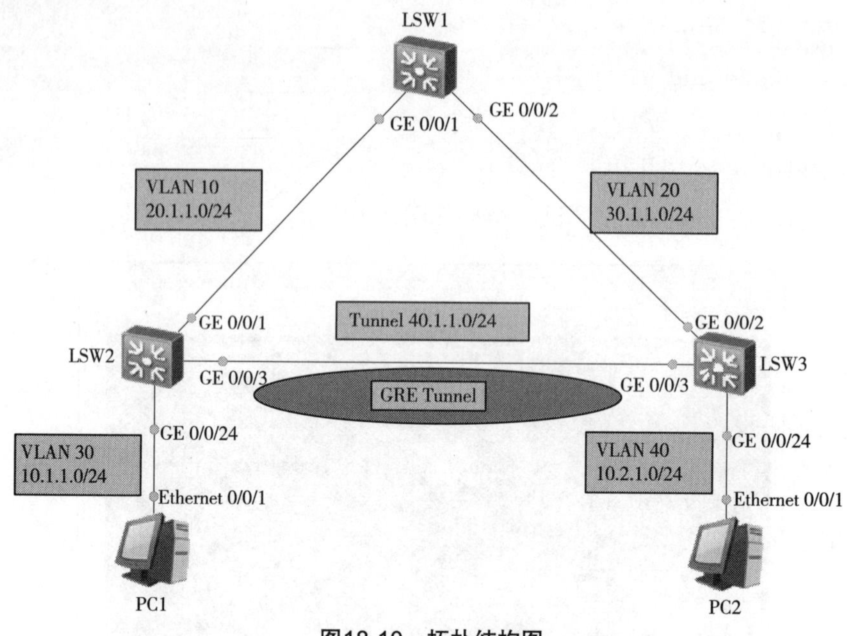

图18-10 拓扑结构图

3.训练要求

（1）网络布线

根据网络拓扑图进行网络布线。（交换机型号为5700）

（2）实验编址

根据网络拓扑图设计网络设备的IP编址。

①LSW1、LSW2、LSW3实现公网互通（本训练使用OSPF协议）。

②在PC1和PC2上运行IPv4私网协议，现需要PC1和PC2通过公网实现IPv4私网互通。

③其中PC1和PC2上分别指定LSW1和LSW3为自己的默认网关。

填写表18-7所示地址分配表。

表18-7 设备配置地址表

设　备	接　口	IP地址	子网掩码
LSW1	GE0/0/1		
	GE0/0/2		
LSW2	GE0/0/1		
	GE0/0/2		
	GE0/0/3		
	Tunnel0/0/1		
LSW3	GE0/0/1		
	GE0/0/2		
	GE0/0/3		
	Tunnel0/0/1		

续表

设 备	接 口	IP地址	子网掩码
PC1	Ethernet 0/0/1		
PC2	Ethernet 0/0/1		

4. 主要步骤

要实现PC1和PC2通过公网互通，需要在LSW2和LSW3之间建立直连链路，部署GRE隧道，通过静态路由指定到达对端的报文通过Tunnel接口转发，PC1和PC2就可以互相通信了。

配置GRE通过静态路由实现IPv4协议互通的思路如下：

①所有设备之间运行OSPF路由协议实现设备间路由互通。

②在LSW2和LSW3上创建Tunnel接口，创建GRE隧道，并在LSW2和LSW3上配置经过Tunnel接口的静态路由，使PC1和PC2之间的流量通过GRE隧道传输，实现PC1和PC2互通。

第19章　IPv6协议

IPv6相比IPv4具有明显优势，对于国家来说，IPv6规模部署和应用是互联网演进升级的必然趋势，是网络技术创新的重要方向，是网络强国建设的关键支撑，能有效促进提升我国在下一代互联网领域的国际竞争力，提升我国在互联网领域的技术话语权。对于个人来说，IPv6能给人们带来更快的数据传输速度、更安全的数据传输方式和更好的隐私保护。

19.1　技术知识

19.1.1　IPv6概述

IPv6（Internet Protocol Version 6）是网络层协议的第二代标准协议，也称为IPng（IP Next Generation）。它是Internet工程任务组IETF（Internet Engineering Task Force）设计的一套规范，是IPv4（Internet Protocol Version 4）的升级版本。IPv6采用128位地址长度，其地址数量总数可达2^{128}个，它能让地球上每一粒沙子都可拥有一个IP地址。这不但解决了网络地址资源数量的问题，同时也为万物互联所限制的IP地址数量扫清了障碍。因此，相比IPv4，IPv6具有诸多优点：

①地址空间巨大。

②层次化的路由设计。

③效率高，扩展灵活。

④支持即插即用。

⑤更好的安全性保障。

⑥引入了流标签的概念。

19.1.2　IPv6数据包封装

由于IPv4中的报头功能字段过多，路由器查找选路的时候需要读取每一个字段，但往往很多字段都是空的，这样会导致转发效率低下，所以在IPv6中把报文的报头分为基本报头和扩展报头2部分。基本报头中只包含基本的必要属性，如源IP地址、目的IP地址等，如图19-1所示。扩展功能用扩展报头添加在基本报头的后面，如图19-2所示。

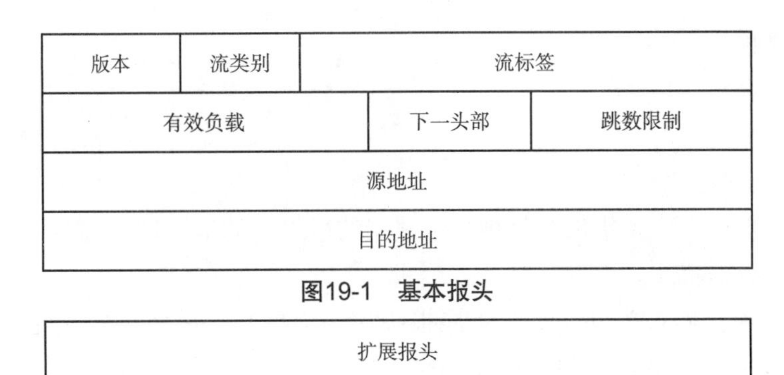

图19-1 基本报头

图19-2 扩展报头

基本报头中的各字段解释如下：

①版本（Version）：长度为4 bit。对于IPv6，该值为6。

②流类别：长度为8 bit，它等同于IPv4报头中的TOS字段，表示IPv6数据报文的类或优先级，主要应用于QoS。

③流标签：长度为20 bit，用于区分实时流量。流可以理解为特定应用或进程的来自某一源地址发往一个或多个目的地址的连续单播、组播或任播报文。IPv6中的流标签字段、源地址字段和目的地址字段一起为特定数据流指定了网络中的转发路径。这样，报文在IP网络中传输时会保持原有的顺序，提高了处理效率。随着三网合一的发展趋势，IP网络不仅要求能够传输传统的数据报文，还需要能够传输语音、视频等报文。这种情况下，流标签字段的作用就显得更加重要。

④有效载荷：长度为16 bit，指紧跟IPv6报头的数据报文的其他部分。

⑤下一头部：长度为8 bit。该字段定义了紧跟在IPv6报头后面的第一个扩展报头（如果存在）的类型。

⑥跳数限制：长度为8 bit，该字段类似于IPv4报头中的Time to Live字段，它定义了IP数据报文所能经过的最大跳数。每经过一个路由器，该数值减去1；当该字段的值为0时，数据报文将被丢弃。

⑦源地址：长度为128 bit，表示发送方的地址。

⑧目的地址：长度为128 bit，表示接收方的地址。

与IPv4相比，IPv6报头去除了IHL、Identifier、Flags、Fragment Offset、Header Checksum、Options、Padding域，只增了流标签域，因此IPv6报文头的处理较IPv4大幅简化，提高了处理效率。另外，IPv6为了更好地支持各种选项处理，提出了扩展头的概念。

IPv6增加了扩展报头，使得IPv6报头更加简化。一个IPv6报文可以包含0个、1个或多个扩展报头，仅当需要路由器或目的节点做某些特殊处理时，才由发送方添加一个或多个扩展头。IPv6支持多个扩展报头，各扩展报头中都含有一个下一个报头字段，用于指明下一个扩展报头的类型。这些报头必须按照以下顺序出现：

①IPv6基本报头。

②逐跳选项扩展报头。

③目的选项扩展报头。

④路由扩展报头。

⑤分片扩展报头。

⑥认证扩展报头。

⑦封装安全有效载荷扩展报头。

⑧目的选项扩展报头（指那些将被分组报文的最终目的地处理的选项）。

⑨上层协议数据报文。

除了目的选项扩展报头外，每个扩展报头在一个报文中最多只能出现一次。目的选项扩展报头在一个报文中最多也只能出现两次，一次是在路由扩展报头之前，另一次是在上层协议扩展报头之前。

19.1.3 IPv6地址

1. IPv6地址结构

IPv6地址长度为128 bit，将每16 bit分成一组，每组由4个十六进制数表示，一共分为8组，组之间用“:”相隔。IPv6地址的完整表达如图19-3所示。

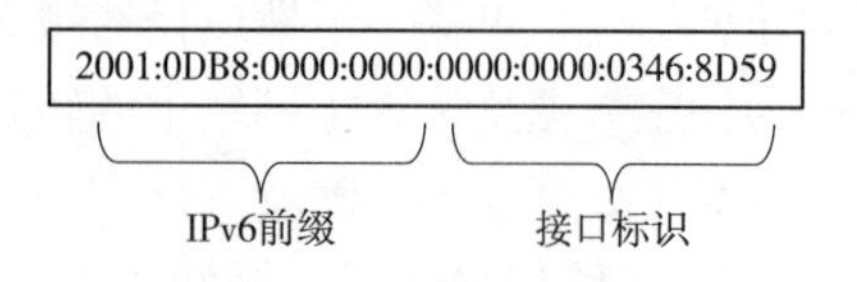

图19-3 IPv6地址格式

一个IPv6地址由IPv6地址前缀和接口ID组成，IPv6地址前缀用来标识IPv6网络（网络位），接口ID用来标识接口（主机位）。为了区分这两部分，在IPv6地址后面加上“/数字（十进制）”的组合，数字用来确定从头开始的几位是网络位。例如，2001:0DB8:0000:0000:0000:0000:0346:8D59/64。

2. IPv6地址压缩格式

由于IPv6地址长度为128 bit，书写时会非常不方便。此外，IPv6地址的巨大地址空间使得地址中往往会包含多个0。为了应对这种情况，IPv6提供了压缩方式来简化地址的书写。压缩规则如下：每16 bit组中的前导0可以省略。

地址中包含的连续两个或多个均为0的组，可以用双冒号“::”来代替。需要注意的是，在一个IPv6地址中只能使用一次双冒号“::”，否则，设备将压缩后的地址恢复成128 bit时，无法确定每段中0的个数。

对于图19-3中IPv6的地址压缩格式可以有如下表示方式：

例1：2001:DB8:0000:0000:0000:0000:346:8D59/64。

例2：2001:DB8:0:0:0:0:346:8D59/64。

例3：2001:DB8::346:8D59/64。

3. IPv6地址类型

IPv6地址分为单播地址、任播地址（Anycast Address）、组播地址三种类型。同IPv4相比，取消了广播地址类型，以更丰富的组播地址代替，同时增加了任播地址类型。常用的IPv6地址，在IPv4中都能一一对应找到。

①全球单播：是带有全球单播前缀的IPv6地址，其作用类似于IPv4中的公网地址。这种类型的地址允许路由前缀的聚合，从而限制了全球路由表项的数量。

②唯一本地：是另一种应用范围受限的地址，它仅能在一个站点内使用。由于本地站点地址的废除（RFC3879），唯一本地地址被用来代替本地站点地址。唯一本地地址的作用类似于IPv4中的私网地址，任何没有申请到提供商分配的全球单播地址的组织机构都可以使用唯一本地地址。唯一本地地址只能在本地网络内部被路由转发而不会在全球网络中被路由转发。

③链路本地：链路本地地址是IPv6中的应用范围受限制的地址类型，只能在连接到同一本地链路的节点之间使用。它使用了特定的本地链路前缀FE80::/10（最高10位值为1111111010），同时将接口标识添加在后面作为地址的低64 bit。在IPv4中也有对应，即169.254.x.x（在IPv4中也称为链路本地）。

至于其他类型的地址，不是被废弃的，就是很少用到的，除非工作所需碰到，否则完全不用理会，上面这三种类型已经足够用了。除了这三种，下面这两个特殊地址一定很常见。

④::1：表示环回地址，对应IPv4中的127.0.0.1。

⑤::：表示未指定地址，对应IPv4中的0.0.0.0。

19.1.4 命令视图

IPv6路由配置有：静态路由、RIPNG、OSPFv3等。

1.配置接口的IPv6地址

每个接口根据实际需要可以有不同的地址配置，配置接口的IPv6地址需要执行下面的实施步骤，见表19-1。

表19-1 IPv6基本配置

序号	命 令	解 释
1	**system-view**	进入系统视图
2	**ipv6**	全局开启IPv6
3	**interface** *interface-type interface-number*	进入接口视图
4	**ipv6 enable**	使能接口转发IPv6单播报文的能力
5-1	**ipv6 address** *ipv6-address* **link-local**	手工配置接口的链路本地地址
5-2	**ipv6 address auto link-local**	自动配置接口的链路本地地址
5-3	**ipv6 address** { *ipv6-address prefix-length* | *ipv6-address/prefix-length* }	手动配置接口的全球单播地址
6	**undo ipv6 nd ra halt**	（可选）使能接口发布RA报文功能

默认情况下，华为路由器接口抑制ICMPv6 RA报文的发送。若需要周期性地向主机发

布RA报文中的IPv6地址前缀和有状态自动配置标志位的信息时，使用undo ipv6 nd ra halt命令使能系统发布RA报文的功能。在接口开启IPv6，并配置IPv6地址后，华为设备会自动生成链路本地地址。

2.IPv6静态路由配置

IPv6静态路由与IPv4静态路由类似，也需要管理员手工配置，适合于一些结构比较简单的IPv6网络。它们之间的主要区别是目的地址和下一跳地址有所不同，IPv6静态路由使用的是IPv6地址，而IPv4静态路由使用IPv4地址。

在配置IPv6静态路由时，如果指定的目的地址为:: /0（掩码长度为0），则表示配置了一条IPv6默认路由。如果报文的目的地址无法匹配路由表中的任何一项，路由器将选择IPv6默认路由来转发IPv6报文。

在创建IPv6静态路由时，可以同时指定出接口和下一跳，或者只指定出接口或只指定下一跳。对于点到点接口：指定出接口。对于广播类型接口：指定下一跳。在创建相同目的地址的多条IPv6静态路由时，如果指定相同优先级，则可实现负载分担，如果指定不同优先级，则可实现路由备份。

配置静态路由命令格式如下：

```
[Huawei] ipv6 route-static dest-ipv6-address prefix-length {interface-type interface-number|  nexthop-ipv6-address}* [ preference preference ]
```

参数说明：dest-ipv6-address表示目标地址，prefix-length表示前缀长度，interface-type interface-number表示出接口，nexthop-ipv6-address表示下一跳地址，preference表示优先级。

3.OSPFv3配置

OSPFv3使用了与OSPFv2相同的基本实现机制，但并不兼容OSPFv2。OSPFv3是OSPF Version 3的简称，是运行于IPv6的OSPF路由协议， 它在OSPFv2基础上进行了增强，是一个独立的路由协议。通过组建OSPFv3网络，在自治域内发现并计算路由信息。OSPFv3可以应用于大规模网络，最多可支持几百台设备。

配置OSPFv3的基本功能，需要先启动OSPFv3进程，指定Router ID，并指定接口与区域后，其他的功能才能配置或生效。

在接口视图下配置的OSPFv3命令不受OSPFv3是否使能的限制。在关闭OSPFv3后，原来在接口下配置的相关命令仍然存在。配置OSPFv3的命令格式如下：

（1）创建OSPFv3进程

```
[Huawei] ospfv3 [ process-id ]
#启动 OSPFv3，进入 OSPFv3 视图，process-id 为进程号
[Huawei-ospfv3- process-id] router-id router-id   #配置 Router ID
```

例如：

```
[Huawei] ospfv3                                  #如果不指定进程号，默认使用进程号 1
[Huawei-ospfv3-1] router-id 1.1.1.1
```

Router ID是一个32 bit无符号整数，采用IPv4地址形式，是一台OSPF设备在自治系统中

的唯一标识。OSPFv3的Router ID必须手工配置，如果没有配置ID号，OSPFv3无法正常运行。手工配置Router ID时，必须保证自治系统中任意两台设备的Router ID都不相同。如果在同一台OSPF设备上运行了多个OSPFv3进程，建议为不同的进程指定不同的Router ID。

（2）在接口上使能OSPFv3

```
[Huawei] interface interface-type interface-number   # 进入接口视图
[Huawei- interface-type interface-number]ospfv3 process-id area area-id
# 在接口上使能 OSPFv3 的进程，并指定所属区域
```

例如：

```
[Huawei] interface GigabitEthernet0/0/0
[Huawei-GigabitEthernet0/0/0]ospfv3 1 area 0
```

19.2 项目实战

19.2.1 项目背景

某公司有北京总部和上海分部两个办公地点，分部与总部之间使用路由器互联。北京、上海的路由器分别为 R1、R2，全网使用 IPv6 进行组网，需要配置静态路由，使所有计算机能够互相访问。项目拓扑如图19-4所示，具体要求如下：

① 路由器之间通过 VPN 互联。

② 公司总分之间通过静态路由互联。

③ 测试计算机和路由器的IP和接口信息如拓扑所示。

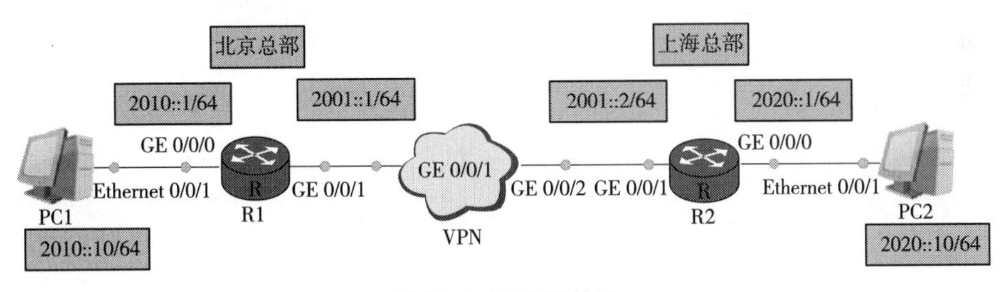

图19-4 网络拓扑图

19.2.2 项目规划设计

北京总部使用2010：：0/64 网段，上海分部使用2020：：0/64 网段，R1与R2之间为2001：：0/64 网段。路由器配置相应的静态路由，使所有计算机均能互访。

配置步骤如下：

① 配置路由器接口。

② 配置静态路由。

③ 配置各计算机的IP地址。

具体规划见表19-2。

表19-2 IP地址规划表

设　备	接　口	IP地址
R1	G0/0/0	2010：：1/64
R1	G0/0/1	2001：：1/64
R2	G0/0/0	2020：：1/64
R2	G0/0/1	2001：：2/64
PC1	E0/0/1	2010：：10/64
PC2	E0/0/1	2020：：10/64

19.2.3 项目实施

1.配置路由器接口

在路由器系统视图模式下全局开启 IPv6 功能。在R1上的接口下使用ipv6 enable命令开启 IPv6 功能。

（1）R1的配置

```
<Huawei>system-view
[Huawei]sysname R1
[R1]ipv6
[R1]interface GigabitEthernet 0/0/0
[R1-GigabitEthernet0/0/0]ipv6 enable
[R1-GigabitEthernet0/0/0]ipv6 address 2010: : 1/64
[R1]interface GigabitEthernet 0/0/1
[R1-GigabitEthernet0/0/1]ipv6 enable
[R1-GigabitEthernet0/0/1]ipv6 address 2001: : 1/64
```

（2）R2的配置

```
<Huawei>system-view
[Huawei]sysname R2
[R2]ipv6
[R2]interface GigabitEthernet 0/0/0
[R2-GigabitEthernet0/0/0]ipv6 enable
[R2-GigabitEthernet0/0/0]ipv6 address 2020: : 1/64
[R2]interface GigabitEthernet 0/0/1
[R2-GigabitEthernet0/0/1]ipv6 enable
[R2-GigabitEthernet0/0/1]ipv6 address 2001: : 2/64
```

2.配置静态路由

在R1上配置目的网段为主机PC2所在网段的静态路由，即目的IP地址为 2020：：，掩码为64位。对于R1而言，要发送数据到主机PC2，则必须先发送给R2，所以R2即为R1的一下跳路由，R2与R1所在的直连链路上的物理接口的IP地址即为下一跳IP地址，即2001：：2。

```
[R1]ipv6 route-static 2020: :  64 2001: : 2
```

采取同样方式在R2上配置目的网段为PC1所在网段的静态路由。

```
[R2]ipv6 route-static 2010: :  64 2001: : 1
```

3.配置各计算机IP地址

该项目中PC1与PC2 IP地址配置如图19-5、图19-6所示。

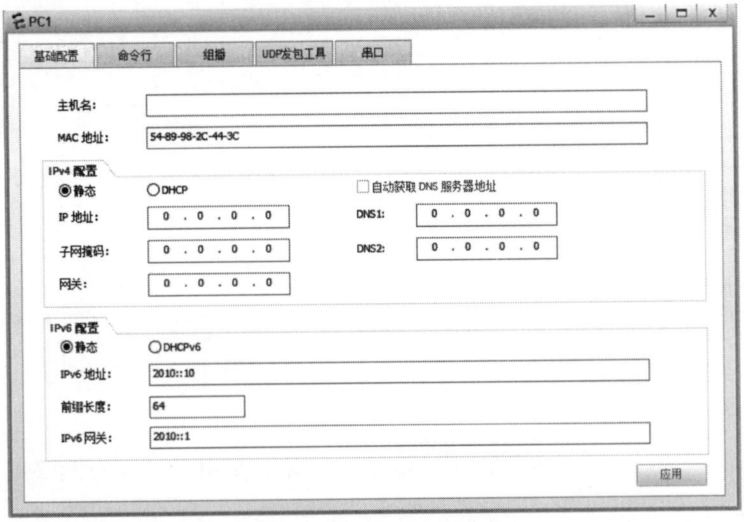

图19-5　PC1的IP地址配置

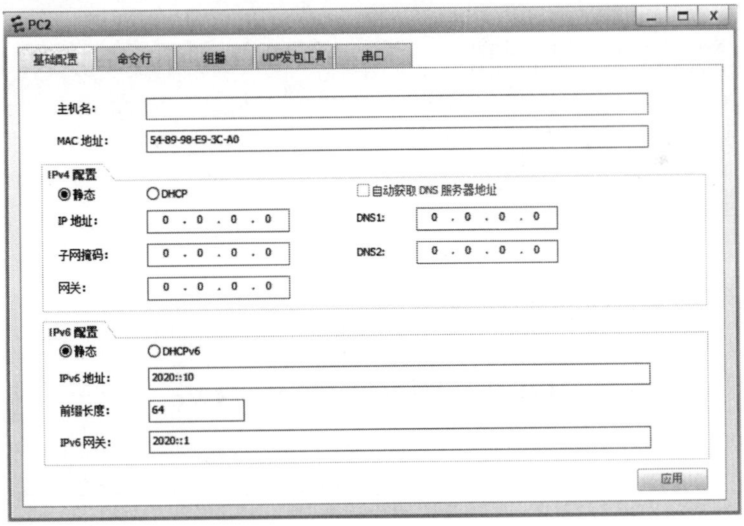

图19-6　PC2的IP地址配置

4.测试结果

（1）验证路由器上端口的配置信息

在路由器上使用display ipv6 interface brief命令，查看配置信息。

① R1的配置：

```
[R1]display ipv6 interface brief
*down:  administratively down
```

```
(l):  loopback
(s):  spoofing
Interface                         Physical      Protocol
GigabitEthernet0/0/0                 up            up
[IPv6 Address] 2010: : 1
GigabitEthernet0/0/1                 up            up
[IPv6 Address] 2001: : 1
```

②R2的配置：

```
[R2]display ipv6 interface brief
*down:  administratively down
(l):  loopback
(s):  spoofing
Interface                         Physical      Protocol
GigabitEthernet0/0/0                 up            up
[IPv6 Address] 2020: : 1
GigabitEthernet0/0/1                 up            up
[IPv6 Address] 2001: : 2
```

（2）测试各计算机的互通性

通过 ping 命令，测试各计算机内部通信息的情况。使用 PC1 ping PC2 的计算机：

```
PC>ping 2020: : 10
Ping 2020: : 10:  32 data bytes,  Press Ctrl_C to break
From 2020: : 10:  bytes=32 seq=1 hop limit=253 time=16 ms
From 2020: : 10:  bytes=32 seq=2 hop limit=253 time=16 ms
From 2020: : 10:  bytes=32 seq=3 hop limit=253 time=31 ms
From 2020: : 10:  bytes=32 seq=4 hop limit=253 time=15 ms
From 2020: : 10:  bytes=32 seq=5 hop limit=253 time=32 ms
--- 2020: : 10 ping statistics ---
 5 packet(s) transmitted
 5 packet(s) received
 0.00% packet loss
 round-trip min/avg/max=15/22/32 ms
```

可以观察到，计算机PC1与PC2可以互相通信。

19.3 常见问题与分析

【问题】在配置IPv6协议后，ping不通目的IP地址，即设备一端发送请求报文后，没有收到对端报文的回应。

解析：该类故障可以采用如下思路定位故障原因。

①查看接口状态是否正常，是否使能了IPv6功能，IPv6地址是否有效。可以用display ipv6 interface interface-type interface-number，查看接口状态是否正常。

②查看路由信息是否正常。可以用命令display ipv6 routing-table，检查是否存在到目的地址的路由。

③查看接口ND协商是否正常。可以用命令display ipv6 neighbors，查看IPv6邻居表项信息。

④查看设备发送和接收的报文总数是否正确，判断报文是在从源端至目的端的路径出现问题，还是在反方向出现问题。故障可能发生在其中任何一个设备的发送或接收方向，因此要确定出故障的方向和节点，缩小定位范围。

⑤通过tracert方式确定报文丢失的位置节点，在出问题的节点检查路由信息以及报文是否正常接收。

⑥在出问题的节点，通过配置流量策略，查看流量策略统计信息，确认报文转发状态是否正常，是否正常发送和接收。

19.4 拓展训练

1.训练目的

①掌握基本IPv6地址的配置方法。

②掌握OSPFv3路由协议的配置方法。

③掌握IPv6 display命令的使用。

2.训练拓扑

某企业网络工程师使用IPv6部署网络，在AR3、AR4和AR5上启用OSPFv3路由协议。AR3和AR4引入外部直连路由来与PC3互联，要求PC3与能够与PC4互访。网络拓扑如图19-7所示。

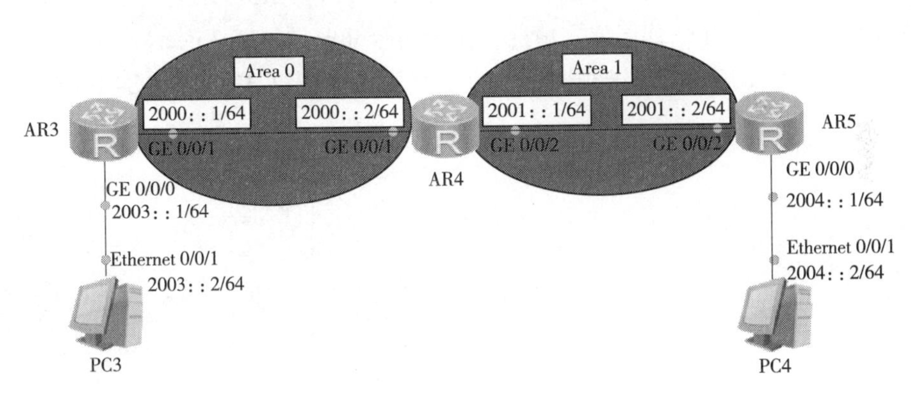

图19-7 OSPFv3网络拓扑结构图

3.训练要求

（1）网络布线

根据拓扑图进行网络布线（路由器型号使用AR2220）。

（2）实验编址

根据网络拓扑图设计网络设备的IP编址，填写表19-3所示设备配量地址表，根据需要填写，不需要填写打×。

表19-3　设备配置地址表

设备	接　口	IP地址	子网掩码	网　关
AR3	GigabitEthernet 0/0/0			
	GigabitEthernet 0/0/1			
AR4	GigabitEthernet 0/0/1			
	GigabitEthernet 0/0/2			
AR5	GigabitEthernet 0/0/0			
	GigabitEthernet 0/0/2			
PC3	Ethernet0/0/1			
PC4	Ethernet0/0/1			

（3）主要步骤

①搭建训练环境，根据表19-3填写的IP地址，设置PC3、PC4的IP地址、子网掩码及网关。

②配置路由器AR3、AR4和AR5的IPv6地址，使直连设备可以进行相互通信。

③在AR3、AR4和AR5上配置OSPFv3，使AR3、AR4和AR5可以进行互访。

④在AR4上查看OSPFv3邻居建立情况，使用命令display ospfv3 peer。

⑤在AR3和AR5的OSPFv3进程内引入直连路由，使得PC3能够与PC4互访。执行下述命令：

```
[AR3]ospfv3 2
[AR3-ospfv3-2]import-route direct
[AR3-ospfv3-2]quit
[AR5]ospfv3 2
[AR5-ospfv3-2]import-route direct
[AR5-ospfv3-2]quit
```

⑥检查配置结果。

- 在AR3上查看IPv6 OSPFv3路由表，AR3顺利学习到了到达AR5的全部路由条目。执行命令display ipv6 routing-table protocol ospfv3。
- 在AR5上查看IPv6 OSPFv3路由表，AR5顺利学习到了到达AR3的全部路由条目。执行命令display ipv6 routing-table protocol ospfv3。
- 在PC3上访问PC4，查看结果。

网络运维自动化与综合实验篇

重点知识

◎第20章　网络运维自动化

◎第21章　企业网的综合组网实验设计

第20章　网络运维自动化

传统的网络工程师都是通过输入命令来配置网络设备，但仅仅是输入命令的网络工程师注定是跟不上时代的，此时可通过学习Python解决一些重复性工作。通过Python解决很多自动化配置网络设备的问题，大幅简化了网络工程师编码的难度。

20.1　技术知识

20.1.1　Python内建模块

在Python中，模块可以通俗地理解为独立保存好的脚本，它可以通过import module-name语句导入，module-name代表模块的名称。模块分为Python内建模块和第三方模块，Python内建模块可以直接通过import module-name语句导入。Python内置了许多非常有用的模块，无须额外安装和配置即可直接使用。在网络运维中常用的Python内建模块有os、time、getpass、datetime、re、telnetlib等。

网络运维常见Python模块脚本如下：

1.getpass模块

getpass模块是Python的内建模块之一，它在Python中主要是提供Python的交互式功能，在网络运维中，可用于提示用户输入密码，通过getpass输入的密码是不可见的，安全性相对较高。

例如，通过getpass模块提示用户输入密码并将用户输入的密码赋值给a对象。

```
import getpass
password=getpass.getpass('please input password:') #pycharm 环境部分版本运行
                                                    #不起来，可以在命令提示符 CMD 里面运行
```

2.time模块

time模块可以在网络运维中提供时间戳、格式化时间、时间元组等功能。

例如，通过time模块暂停执行程序60 s。

```
import time
time.sleep(60)
```

3.datetime模块

datetime模块重新封装了time模块，它能提供更多功能，如日期、时区等。

例如，通过datetime模块将当前时间赋值给a，以“日-月-年 时：分”的形式回显出来。

```
from _datetime import datetime
a=datetime.now()
print (a)
```

4.telnetlib模块

telnetlib模块主要用于支持Python通过Telnet协议远程连接设备。它是Python中的内建模块，使用时直接导入即可，无须额外安装，但其在数据传输过程中存在一些安全性问题（如不支持密文传输），因此不建议在生产网络中使用。

例如，通过telnetlib模块的连接IP为10.1.1.2的华为网络设备并发送system-view命令进入系统视图。其中Telnet用户名为SJU，密码为SJU123。

```
import telnetlib
ip="10.1.1.2"
user="SJU"
password="SJU123"
tn=telnetlib.Telnet(ip)
tn.read_until("Username:")
tn.write(user + "\n")
tn.read_until("Password")
tn.write(password + "\n")
tn.write("system-view" + "\n")
```

5.os模块

在日常的网络运维中，网络工程师也是需要文本文件配合工作，如用于批量配置网络设备的命令模板文件，存放所有网络设备IP地址、备份网络设备运行配置信息命令display current-configuration输出的结果等。Python的内建模块os模块可以实现以上功能，常用的os模块中的函数有open( )函数，其使用的代码格式一般为open('filename', 'type')，其中filename代表文件名，type代表文件的读写模式，可以为r（只读）、w（写入）、a（追加）、r+（读写）、w+（覆盖读写）等。

例如，调用open( )相关函数，以读写模式打开名为backup.txt的文件，并写入abcd内容后再读取出来。

```
a=open('backup.txt', 'a+')
a.write('abcd')
a.close()
a.read()
```

20.1.2 Python第三方模块

第三方模块可以通过pip install module-name终端命令安装后，再通过import module-name语句导入后使用。常用的Python第三方模块有Paramiko、Netmiko等。

1.Paramiko模块

Paramiko是Python中应用最广的SSH模块。在Python中，安装并导入Paramiko模块后可以通过代码实现SSH协议远程连接设备。具有同样效用的模块还有Netmiko，Netmiko模块主要是在Paramiko的基础上进行了优化，如增加厂商支持、增加命令补全功能等。

Paramiko 默认拒绝任何未知的SSH公钥，用ssh_client.set_missing_host_key_policy(paramiko.AutoAddPolicy( ))命令来让Paramiko接受SSH服务端提供的公钥。

例如，通过Paramiko模块连接IP为10.1.1.2的华为网络设备并发送system-view命令进入系统视图。其中，SSH用户名为sju，密码为sju123。

```
import paramiko
username="sju"
password ="sju123"
ip="10.1.1.2"
ssh_client=paramiko.SSHClient()
ssh_client.set_missing_host_key_policy(paramiko.AutoAddPolicy())
ssh_client.connect(hostname=ip，username=username，password=password，
look_for_keys=False，allow_agent=False)
command=ssh_client.invoke_shell()
command.send("system-view" + "\n")
```

代码解析：

首先需要在Python脚本中导入Paramiko，然后通过继承SSHClient( )来创建SSH客户端。

然后，设置Paramiko的参数，使其能够自动添加任意未知的主机密钥并信任与服务器之间的连接。set_missing_host_key_policy方法是连接远程主机没有本地秘钥或者HostKeys对象的策略，目前支持三种：AutoAddPolicy、RejectPolicy、WarningPolicy。AutoAddPolicy：自动添加主机名及主机密钥到本地HostKeys对象，并保存；RejectPolicy(默认)：自动拒绝未知的主机名和秘钥；WarningPolicy：用于记录一个未知的主机密钥的Python警告，并接受它，功能上与AutoAddPolicy相似，但未知主机会有告警。在虚拟实验室环境中推荐使用AutoAddPolicy策略，但在生产环境中应当使用更加严格的另外两种策略WarningPolicy( )或RejectPolicy( )。

接下来，将远程主机的信息（IP地址、用户名和密码等）传递给connect( )函数。

Look_For_Keys：默认为True，强制Paramiko使用密钥进行身份验证。也就是说，用户需要使用私钥和公钥对网络设备进行身份验证。在这里使用密码验证，因此将该参数设置为False。

allow_agent：表示是否允许连接到SSH代理，默认为True。在用密钥验证时可能需要使用这个选项。由于这里使用的是用户名/密码，因此禁用它。

最后，invoke_shell( )将启动一个连接到SSH服务器的交互式shell会话。在调用该函数时可以传入一些其他参数（如终端类型、宽度、高度等）。

2.Netmiko模块

联网安装 Netmiko 模块，执行 pip install netmiko命令。Netmiko模块是Paramiko的衍生模块，Netmiko成了很多学习Python网络运维自动化技术的网络工程师日常工作中最常用的模块之一。相对于Paramiko，Netmiko将很多细节优化和简化，例如，不需要导入time模块休眠，输入每条命令不需要在后面加换行符\n，不需要执行system-view、quit、return等命令，提取、打印回显内容更方便，可以配合Jinja2模块调用配置模板，以及配合TextFSM、pyATS、Genie等模块将回显内容以有序的JSON格式输出，方便人们过滤和提取出所需要的数据，并且在Netmiko的基础上也诞生了napalm、 pyntc、netdev等扩展模块以及非常成功的Nornir网络运维自动化框架。

例如，通过Netmiko模块连接IP为10.1.1.2的华为网络设备并配置LoopBack的IP地址为1.1.1.1/32。其中，SSH用户名为SJU，密码为SJU123。运行该案例需要配置完本章项目实战中项目实施中的步骤1至步骤3。

相关代码如下：

```
from netmiko import ConnectHandler

S2={'device_type':'huawei',
   'ip':'10.1.1.2',
   'username':'SJU',
   'password':'SJU123'}

connect=ConnectHandler(**S2)
print('已经成功登录交换机'+ S2['ip'])
# netmiko 已集成休眠、截屏等操作
config_commands=['interface LoopBack 0','ip address 1.1.1.1 32']
# 如果需要系统视图下执行，可用 send_config_set，会自动执行 sys
# 截屏直接作为函数返回
output=connect.send_config_set(config_commands)
print(output)
print('\n======分隔线======\n')
# 如果需要用户视图下执行，可用 send_command
# 截屏直接作为函数返回
result=connect.send_command('display current-configuration interface
LoopBack 0')
print(result)
```

上述脚本运行结果如下：

```
已经成功登录交换机10.1.1.2
system-view
Enter system view, return user view with Ctrl+Z.
[Huawei]interface LoopBack 0
[Huawei-LoopBack0]ip address 1.1.1.1 32
[Huawei-LoopBack0]return
<Huawei>
======分隔线======
#
interface LoopBack0
ip address 1.1.1.1 255.255.255.255
#
```

```
return
```

用Netmiko模块代码会清晰很多，如果配合在Paramiko 实现中的 ip_file、cmd_file 等操作，把“待操作的设备”和“待执行的命令”都独立梳理出来，代码将更加清晰明了。

20.2 项目实战

20.2.1 项目背景

某公司新建的办公大楼的现有网络架构已经能满足日常办公需求，项目转入运维阶段。为满足运维需求，公司在网管计算机规划通过Python进行网络自动运维，因此对网络管理员部署了如下任务：

任务1： 自动化检测网络设备是否正常运行，主要在网管计算机上编写Python脚本，实现远程批量检查网络设备连通性。

任务2： 自动化修改网络设备登录密码的配置，主要在网管计算机上编写Python脚本，实现批量自动更改网络设备的登录密码。

公司网络拓扑如图20-1所示。

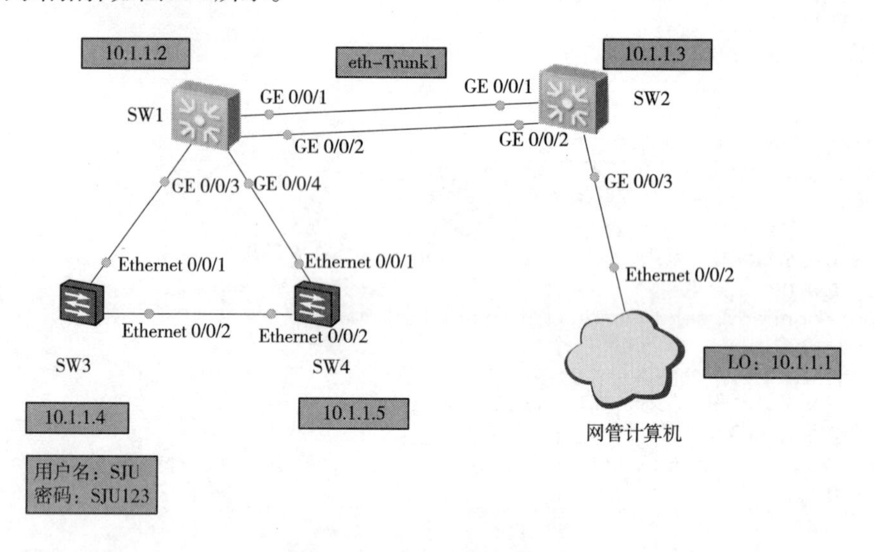

图20-1 Python管理网络设备

20.2.2 项目规划设计

本地计算机模拟网管计算机，设备规划、IP地址规划和SSH服务规划见表20-1~表20-3。

表20-1 设备规划表

所属区域	设备类型	型　号	设备命名
核心机房	三层交换机	S5700	SW1
	三层交换机	S5700	SW2

续表

所属区域	设备类型	型　号	设备命名
项目管理部	二层交换机	S3700	SW3
财务部	二层交换机	S3700	SW4
服务器群	网管计算机	Windows10	Manage

表20-2　IP地址规划表

设备命名	接　口	IP地址	用　途
SW1	VLANIF 100	10.1.1.2/24	设备管理地址
SW2	VLANIF 100	10.1.1.3/24	设备管理地址
SW3	VLANIF 100	10.1.1.4/24	设备管理地址
SW4	VLANIF 100	10.1.1.5/24	设备管理地址
Manage	eth0	10.1.1.1/24	网管计算机

表20-3　SSH服务规划表

型号	设备命名	SSH用户名	旧密码	新密码	用户等级	VTY认证方式
S5700	SW1	SJU	SJU123	SJU123456	15	AAA
S5700	SW2	SJU	SJU123	SJU123456	15	AAA
S3700	SW3	SJU	SJU123	SJU123456	15	AAA
S3700	SW4	SJU	SJU123	SJU123456	15	AAA

20.2.3　项目实施

1.安装环回网卡Loopback

本地计算机安装环回网卡用于与eNSP模拟器连接。主要步骤如下：

①按【Win＋R】组合键，在其中输入hdwwiz.exe，然后单击“确定”按钮。

②单击“下一步”按钮，选中“安装我手动从列表选择的硬件（M）”，然后单击“下一步”按钮。

③在列表中选择“网络适配器”，然后单击“下一步”按钮。

④厂商选择Microsoft，网络适配器选择“Microsoft KM-TEST环回适配器”，然后单击“下一步”按钮。

⑤单击“下一步”按钮，Windows就会自动安装Loopback网卡，最后单击“完成”按钮。至此Loopback网卡已经安装完成，重启计算机，让Loopback网卡生效。

在“控制面板”→“网络和共享中心”→“更改适配器设置”中找到刚刚安装好的环回网卡，设置IPv4地址为10.1.1.1/24。

2.交换机基础配置

按照图20-1在eNSP中搭建拓扑，配置核心机房、项目管理部、财务部所属的交换机SW1、SW2、SW3、SW4的管理地址。

以SW2为例，主要配置如下，其他交换机管理地址配置命令与SW2相类似。

```
[Huawei]vlan batch 100
[Huawei]interface Vlanif 100
[Huawei-Vlanif100]ip address 10.1.1.3 255.255.255.0
```

对三层交换机SW1与SW2相连接的端口做二层聚合配置，SW1、SW2主要配置如下：

```
[Huawei]interface Eth-Trunk1
[Huawei-Eth-Trunk1]port link-type trunk
[Huawei-Eth-Trunk1]port trunk allow-pass vlan 100
[Huawei]interface GigabitEthernet0/0/1
[Huawei-GigabitEthernet0/0/1]eth-trunk 1
[Huawei]interface GigabitEthernet0/0/2
[Huawei-GigabitEthernet0/0/2]eth-trunk 1
```

在本地网管计算机中做ping测试，确保都能ping通交换机SW1、SW2、SW3、SW4的管理地址。如果在网管计算机中都可以ping通SW1、SW2、SW3、SW4管理地址，但从SW1、SW2、SW3、SW4中却ping不通本地环回网卡IP地址10.1.1.1，则可能需要配置本地计算机防火墙允许通过ping测试的数据包。

3.配置交换机SSH服务

在核心机房、项目管理部、财务部所属的交换机SW1、SW2、SW3、SW4上配置SSH服务，使它们能够远程访问。SW1、SW2、SW3和SW4交换机都要做如下配置：

```
<Huawei> system-view
[Huawei] user-interface vty 0 4
[Huawei-ui-vty0-4] authentication-mode aaa
[Huawei-ui-vty0-4] protocal inbound ssh
[Huawei-ui-vty0-4] user privilege level 3
[Huawei-ui-vty0-4] quit
[Huawei] stelnet server enable
[Huawei] ssh user SJU service-type stelnet
[Huawei] ssh user SJU authentication-type password
[Huawei] aaa
[Huawei-aaa] local-user SJU password cipher SJU123
[Huawei-aaa] local-user SJU privilege level 15
[Huawei-aaa] local-user SJU service-type ssh
```

将SW1作为SSH客户端访问SW2，在SW1上面执行下述命令，然后输入用户名SJU，密码SJU123。

```
[Huawei]ssh client first-time enable          #使能SSH客户端首次认证
[Huawei]stelnet 10.1.1.3
Please input the username: SJU
Enter password:                               #这里输入SJU123
Info:  The max number of VTY users is 5,  and the number
       of current VTY users on line is 1.
       The current login time is 2023-02-07 15: 52: 41.
<Huawei>                                      #登录到SW2，输入quit返回到SW1
```

4.使用Python脚本检测交换机可达性

在网管计算机联网状态下安装Python 3及相应的依赖工具。编写Python脚本ping_IP.py检测网络设备是否正常运行，使用Python脚本依次ping所有交换机的管理IP地址，来确定当前有哪些交换机可达。主要代码如下：

```
from pythonping import ping
for i in range(2, 6):
    ip='10.1.1.' + str(i)
    result=ping(ip)
    if 'Reply' in str(result):
        print(ip+'可达')
    else:
        print(ip+'不可达')
```

执行上述代码，运行结果如下：

```
10.1.1.2可达
10.1.1.3可达
10.1.1.4可达
10.1.1.5可达
进程已结束，退出代码0
```

5.自动化修改网络设备密码

在网管计算机联网状态下使用pip3 install paramiko安装python第三方模块paramiko。

编写Python脚本changepassword.py，实现对交换机SW1~SW4的密码修改。主要代码如下：

```
# -*- coding: utf-8 -*-
# @Time: 2022/12/4 22: 45
# @Author: MengXiangcheng
# @File: changepassword
# @Contact: mxiang5087@qq.com
# @Software: PyCharm
# 导入paramiko、time、getpass模块
import paramiko
import time
import getpass
# 通过raw_input()函数获取用户输入的SSH用户名并赋值给username
username=input('Username:')
# 通过getpass模块中的getpass()函数获取用户输入字符串作为密码赋值给password
password=getpass.getpass(prompt='Password:', stream=None)
# password=input('Password:')
# 通过for i in range(2, 6)和ip="10.1.1."+str(i)语句实现循环登录交换机SW1~SW4
for i in range(2, 6):
    ip="10.1.1." + str(i)
    ssh_client=paramiko.SSHClient()
    ssh_client.set_missing_host_key_policy(paramiko.AutoAddPolicy())
    ssh_client.connect(hostname=ip, username=username, 
password=password)
    command=ssh_client.invoke_shell()
    #调度交换机命令行执行命令
    command.send("system-view" + "\n")
    command.send("aaa" + "\n")
    command.send("local-user SJU password cipher SJU123456" + "\n")
    #更改登录密码结束后，返回用户视图并保存配置
```

```
command.send("return" + "\n")
command.send("save" + "\n")
command.send("Y" + "\n")
command.send("\n")
# 暂停 2 秒，并将命令执行过程赋值给 output 对象，通过 print output 语句回显内容
time.sleep(2)
output=command.recv(65535).decode()
print(output)
# 退出 SSH
ssh_client.close()
```

在网管计算机执行脚本changepassword.py，然后提示输入用户名SJU和密码SJU123，并在网管计算机查看脚本的回显内容。非首次运行则需要使用新用户名SJU、新密码是SJU123456才能连接网络设备。执行上述代码，运行结果如下：

```
Username: SJU                                  # 手动输入 SSH 用户名，这里是 SJU
Password: SJU123                               # 手动输入 SSH 用户密码，这里是 SJU123
Info:  The max number of VTY users is 5,  and the number
      of current VTY users on line is 1.
      The current login time is 2023-02-07 20: 41: 29.
<Huawei>system-view
Enter system view,  return user view with Ctrl+Z.
[Huawei]aaa
[Huawei-aaa]local-user SJU password cipher SJU123456    # 新用户名新密码
[Huawei-aaa]return
<Huawei>save
The current configuration will be written to the device.
Are you sure to continue? [Y/N]Y
Now saving the current configuration to the slot 0.
Save the configuration successfully.
<Huawei>
……省略部分内容……
```

20.3 常见问题与分析

【问题】无法ping通虚拟网络中不同网段的IP

解析：如果本地计算机无法ping通虚拟网络中不同网段IP（eNSP中不同网段），则首先检查链路与网络设备配置，如果都没有问题，则可能本地计算机有多张网卡。本地计算机不知道要用环回网卡来转发数据包，而是使用默认的网卡转发。因此，可以禁用其他网卡，只留下环回网卡和VirtualBox的网卡。

20.4 拓展训练

1.读/写循环操作

在生产环境中，网络设备的管理IP基本不可能像实验环境中那样在同一网段，有些网络设备的管理 IP会在不同的网段，这种情况下，就不能简单地用 for来循环 IP 地址的最后一段来登录这些设备。这里要额外开一个文本文件，把需要登录的网络设备IP全部写进去，然后

用 for配合 open( )函数来批量登录所有网络设备。

①该训练网络拓扑与交换机配置采用本章项目实战中的拓扑图、交换机配置。

②将需要远程访问的IP保存在记事本中，文件名为ip_list.txt，如图20-2所示。

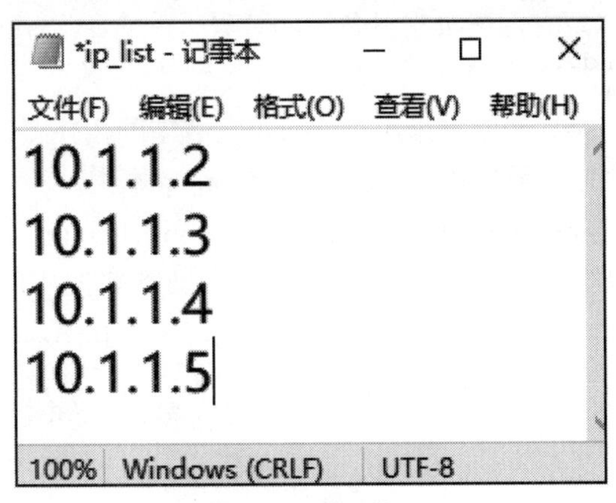

图20-2　交换机管理IP

③批量创建vlan11~vlan15，主要脚本如下：

```
import paramiko
import time
import getpass
username=input('Username:')
password=getpass.getpass('Password:') # 如果在 PyCharm 环境运行会有卡顿，实验时
                                      # 可以用 input('Password:') 替代
f=open('ip_list.txt')
for line in f.readlines():
    ip=line.strip()
    ssh_client=paramiko.SSHClient()
    ssh_client.set_missing_host_key_policy(paramiko.AutoAddPolicy())
    ssh_client.connect(hostname=ip, username=username, password=password,
look_for_keys=False)
    command=ssh_client.invoke_shell()
    print ('已经成功登录交换机'+ ip)
    command.send('sys\n')
    for i in range(11, 16):
        print ('正在创建VLAN:' + str(i))
        command.send('vlan' + str(i) + '\n')
        time.sleep(1.5)
        command.send('description Python_Vlan' + str(i) + '\n')
        time.sleep(0.5)
    command.send('return\n')
    command.send('save\n' )
    command.send('y\n')
    time.sleep(2)
    output=command.recv(65535).decode('ASCII')
    print (output)
f.close()
ssh_client.close
```

④执行脚本查看运行结果。

2.分组模块操作

在现有网络运维中，数通设备产品线广阔，同样的产品还有众多型号，即使同型号的设备还有不同的软件版本。这些差异造成相应的指令集可能有微小差别，甚至天差地别。本实验通过设备分组模拟现有网络批次设备间的差异，配合 sys.argv，让不同组调用不同的预设脚本。

①该训练网络拓扑与交换机配置采用本章项目实战中的拓扑图、交换机配置。

②将需要远程访问的IP以及配置命令分组保存在记事本中。

第一组模拟核心层三层交换机设备，文件名为group1_ip.txt、group1.cmd.txt，各自参数内容如图20-3所示。

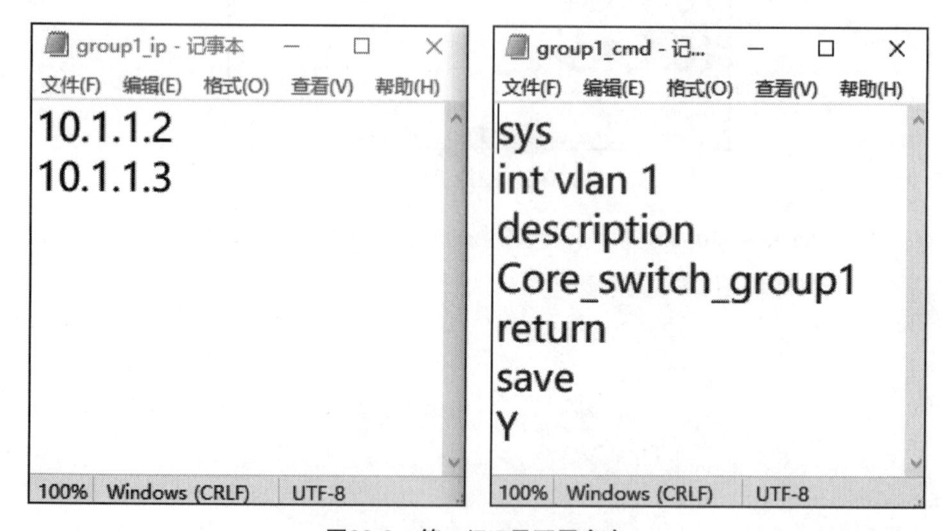

图20-3 第一组IP及配置命令

第二组模拟二层交换机设备，文件名为group2_ip.txt、group2.cmd.txt，各自参数内容如图20-4所示。

图20-4 第二组IP及配置命令

③脚本制作。

```
# 该脚本需要在 cmd 窗口下运行
# 例如，cmd 中运行组 1  D: \课程\网络设备管理与维护\网络设备管理与维护 2022\ 实验
# 运维自动化 >python group_sw.py group1_ip.txt group1_cmd.txt
import paramiko
import time
import getpass
import sys
username=input("Username:")
password=getpass.getpass("Password:")
group1_ip=sys.argv[1]    # 记事本组 IP
group1_cmd=sys.argv[2]   # 记事本组配置命令
iplist=open(group1_ip,'r')
for line in iplist.readlines():
    ip=line.strip()
    ssh_client=paramiko.SSHClient()
    ssh_client.set_missing_host_key_policy(paramiko.AutoAddPolicy())
    ssh_client.connect(hostname=ip,  username=username,
                       password=password,  look_for_keys=False)
    print('=-=-=-=-=-=-=-=-=-=-=-=-=-=')
    print('已经成功登录交换机' + ip)
    command=ssh_client.invoke_shell()
    cmdlist=open(group1_cmd,'r')
    cmdlist.seek(0)
    for line in cmdlist.readlines():
        each_command=line.strip()
        command.send(each_command +'\n')
        time.sleep(0.5)
    cmdlist.close()
    output=command.recv(65535).decode('ASCII')
    print(output)
ssh_client.close()
```

④执行脚本查看运行结果。

```
在 cmd 窗口下分别运行下述命令:
python group_sw.py group1_ip.txt group1_cmd.txt
python group_sw.py group2_ip.txt group2_cmd.txt
```

第21章 企业网的综合组网实验设计

计算机网络组网综合实训时，存在着需要大量物理设备、难以做到一人多台设备等情况。而计算机网络综合组网实验是应用型高校计算机网络相关专业的必修课程。在真实环境不具备的情况下，采用计算机虚拟仿真软件，开展绿色实验教学。本章以原有企业网络为模型，以现有工程改造项目为背景，对其网络进行升级改造，实现企业网的综合组网实验。

21.1 重要知识点分析

21.1.1 VLAN间路由技术

VLAN间路由技术就是VLAN间通信所要用到的路由功能，是计算机网络实验课程中一个重要的知识点，通过网络层的路由功能实现不同VLAN之间相互通信，通常可使用的物理设备有三层交换机或路由器。通过交换机的三层虚拟接口技术可以实现不同VLAN间通信。使用路由器实现VLAN间通信的方式：一是通过路由器的不同接口与相对应的VLAN直接相连实现；二是通过路由器的单臂路由实现；三是对于具有二层接口模式的路由器也可以通过虚拟接口技术实现。路由器的不同接口与各自VLAN相连，由于路由器接口数量有限而且还要重新布设网线，不利于网络扩展；单臂路由通过路由器的逻辑子接口与交换机的各个VLAN连接，容易成为网络单点故障，现实意义不大。三层交换机通常VLAN扩展能力强、数据吞吐量较大，一般作为核心交换机使用。如果要对现有网络进行改造升级，现有路由器具有二层接口功能，而没有三层交换机的情况下，为了节约资金，也可以把此路由器当成核心交换机使用。

21.1.2 WLAN配置技术

WLAN（Wireless Local Area Network）即无线局域网络，作为网络接入最后一公里的解决方案在特定的场合可以替代其他有线接入方式。WLAN技术具有低成本和高带宽的优点，能够满足用户对无线宽带业务的需求。WLAN技术配置主要是对AC无线接入控制器进行配置，组网方式有直连式和旁挂式两种组网方式。在给企业网络规划改造升级时，采用WLAN技术，可以给企业客户提供一个临时的办公场所，也可以在企业有线网络架设环境受限时无线办公使用。

21.1.3　NAT技术

通过NAT（Network Address Translation，网络地址转换）配置技术可以实现将私有的网络地址转换为公有的网络地址，通过它们之间的映射关系，实现私有网与公有网之间的通信。NAT的实现方式包括Easy IP、NAT Server、静态NAT、动态NAT等。Easy IP实现了网关设备出接口通过拨号方式获得临时公网IP地址以供内部主机访问Internet；NAT Server实现了私网中服务器随时都可以供公网用户访问；静态NAT能够实现私有地址和公有地址之间的一对一映射，一个公网的IP仅能够分配给内网唯一固定的主机；动态NAT是根据互联网服务提供商分配下来的地址，根据地址池来实现私有网络地址和公有网络地址之间的相互转换。

21.2　组网实验方案设计

1.实验目的

掌握综合组网的常用配置技术，包括三层VLAN间通信、WLAN配置技术、默认路由、NAT配置技术等。

2.实验设备

实验在仿真网络实验平台eNSP上实现，包括路由器两台、二层交换机三台、AC6605无线控制器一台、AP6010无线接入点两台、PC三台、STA带无线网卡的笔记本计算机两台、手机模拟器两台、Server服务器1台以及双绞线若干。

3.仿真要求

（1）实验背景描述

某公司为一小型公司，公司职员较少，所有部门人员办公网络都在同一子网内。现在因业务扩展，公司增加了办公人员，原有网络已不能满足办公需求，需要对现有网络进行重新规划，网络拓扑图如图21-1所示。实验网络分为私网区和公网区。私网区既是该公司的内网区，主要分为无线区域规划、服务器专区、财务隔离区、其他办公区。公司内网采用扁平化网络结构，充分利用现有设备，现有的一台路由器AR1具有三层工作模式和二层工作模式，为了节约成本可以不用去重新购买三层交换机，因此把公司原有的路由器既作为边缘路由器又作为核心层设备使用。为了实现与公网连接，公司从互联网服务提供商ISP申请了两个公有IP地址（214.144.168.190/24、214.144.168.191/24）。

（2）实验要求

①实现WLAN功能。要求AC控制器旁挂在接入层交换机，在AC上配置DHCP服务功能，实现笔记本计算机、手机自动获得IP地址并且能够无线上网。

②实现VLAN间通信。PC1、PC2、PC4、服务器、出口路由器AR1、无线终端设备全网互通，财务部门PC3与内网其他部门PC、无线终端设备不能互通。

③实现NAT功能。采用Easy IP、NAT Server配置，要求公司内网终端设备可以访问外网，外网客户端可以访问内网Web服务器。

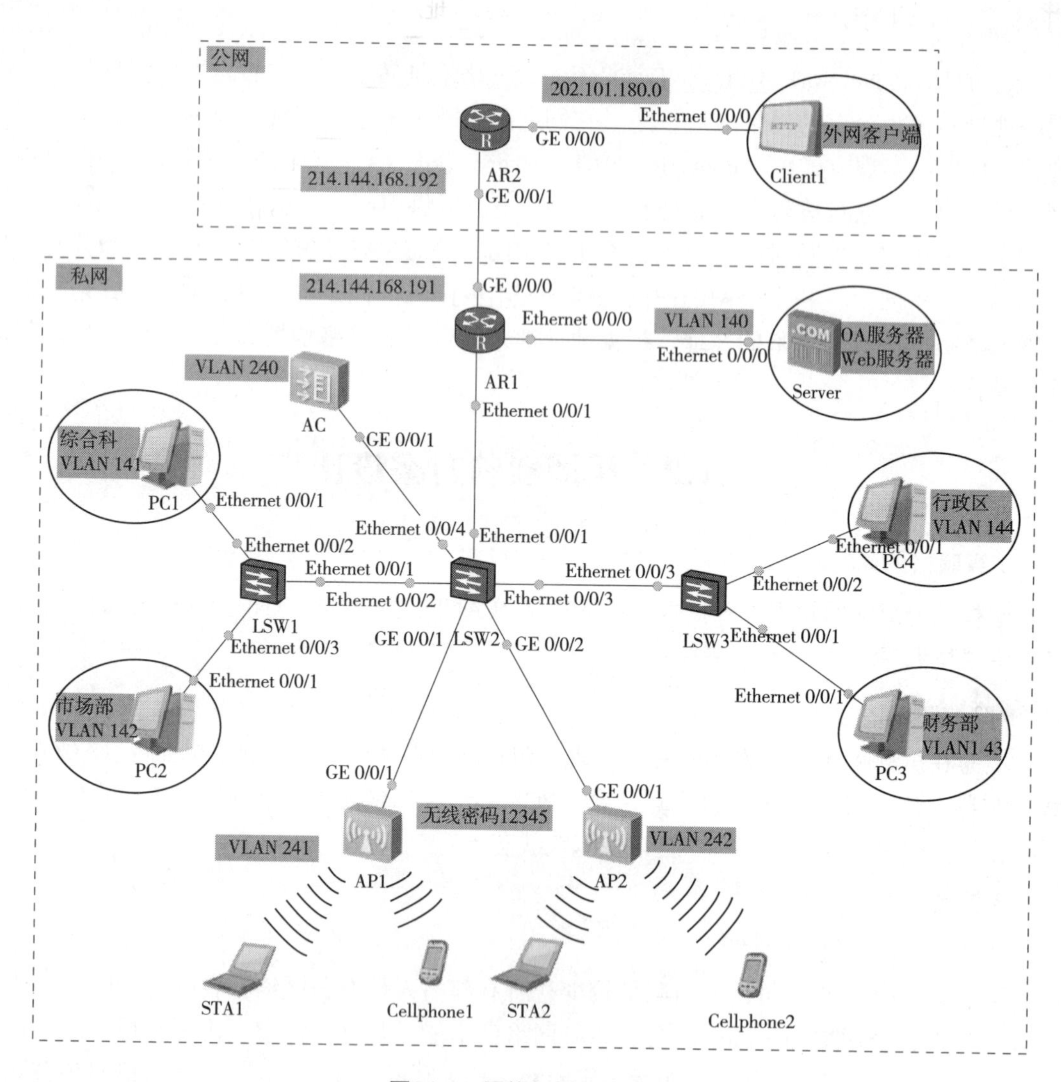

图21-1　网络规划拓扑图

21.3　实验方案实现与验证

21.3.1　实验网络逻辑规划

根据网络规划拓扑图及实验要求，在公司内网区规划8个VLAN，其中VLAN240为无线控制器管理区、VLAN241为无线访客区、VLAN242为无线办公区；VLAN140为服务器专区；VLAN141为综合科部门区；VLAN142为市场部门区；VLAN143为财务部门；VLAN144为行政区。

公网的两个IP地址：214.144.168.191用于公司接入路由器的接口地址；214.144.168.190用于公司Web服务器地址。具体的网络设备及终端设备IP地址分配情况见表21-1和表21-2。

表21-1 网络设备接口地址规划表

设 备	接 口	IP地址/子网掩码
AR1	GE0/0/0	214.144.168.191/24
	VLANIF 141	192.168.141.254/24
	VLANIF 142	192.168.142.254/24
	VLANIF 143	192.168.143.254/24
	VLANIF 144	192.168.144.254/24
	VLANIF 241	192.168.241.254/24
	VLANIF 242	192.168.242.254/24
	VLANIF 140	192.168.140.254/24
AC	VLANIF 240	192.168.240.254/24
	VLANIF 241	192.168.241.253/24
	VLANIF 242	192.168.242.253/24
AR2	GE0/0/1	214.144.168.192/24
	GE0/0/0	202.101.180.254/24

表21-2 终端设备地址规划表

设 备	IP地址/子网掩码	网 关	VLAN
PC1	192.168.141.1/24	192.168.141.254	VLAN 141
PC2	192.168.142.1/24	192.168.142.254	VLAN 142
PC3	192.168.143.1/24	192.168.143.254	VLAN 143
PC4	192.168.144.1/24	192.168.144.254	VLAN 144
Server	192.168.140.1/24	192.168.140.254	VLAN 140
Client1	202.101.180.1/24	202.101.180.254	无
STA1	自动分配	自动分配	VLAN 241
STA2	自动分配	自动分配	VLAN 242
Cellphone1	自动分配	自动分配	VLAN 241
Cellphone2	自动分配	自动分配	VLAN 242

21.3.2 网络设备配置

1.基于路由器的VLAN间内网通信

为了实现公司内网全网互通，需要在核心路由器AR1上创建VLANIF、启动三层路由交换功能、配置与接入层相连的接口。实现配置关键代码及描述如下：

```
[AR1]vlan batch 140 to 144 241 242          # 创建公司内网规划区域的 VLAN
[AR1]interface e0/0/1                  # 进入接口视图，该接口用于与接入层相连
[AR1-Ethernet0/0/1]port link-type trunk     # 配置 Trunk 接口类型
[AR1-Ethernet0/0/1]port trunk allow-pass vlan all   # 转发所有部门数据信息
[AR1]interface e0/0/0                  # 进入接口视图，该接口用于与服务器相连
[AR1-Ethernet0/0/0]port link-type access    # 配置 Access 接口类型
[AR1-Ethernet0/0/0]port default vlan 140          # 将接口加入 VLAN 140 中
[AR1]interface vlanif 242      # 创建无线办公去虚拟接口，并进入该接口视图
[AR1-Vlanif242]ip address 192.168.242.254 24
                               # 配置无线办公区的网关地址，实现三层互通
```

路由器AR1中VLANIF140、VLANIF141、VLANIF142、VLANIF143、VLANIF144、VLANIF241创建及相关地址配置，可参照VLANIF242配置方法。内网中交换机与交换机、路由器级联的接口参照路由器AR1中Ethernet0/0/1的接口配置命令即可。交换机与终端设备相连，先在交换机上创建相对应部门的VLAN，然后终端设备PC1、PC2、PC3、PC4相连的接口配置方法可参照路由器AR1中Ethernet0/0/0与服务器相连的接口配置命令，在此不再赘述。

2.无线区域配置

AC控制器需要创建VLAN、配置DHCP服务功能。AP设备为“零配置”，即插即用设备不需要配置。无线区域规划配置在这里以AP2配置为例，AP1参照AP2配置即可。AC控制器上主要配置过程如下：

①配置DHCP Server功能。AC作为DHCP服务器，AP2从AC上获取IP地址功能；配置无线办公区的全局地址池。关键代码及描述如下：

```
[AC1]vlan batch 240 to 242                        # 创建 WLAN 区域的 VLAN
[AC1]dhcp enable# 开启 DHCP 服务功能
[AC1]ip pool 242# 创建无线办公区全局地址池
[AC1-ip-pool-242]gateway-list 192.168.242.254 # 配置全局地址池出口的网关地址
[AC1-ip-pool-242]network 192.168.242.0 mask 255.255.255.0
                                                  # 配置分配网段地址
```

② 配置AC和接入交换机，实现AP2和AC互通。AC接口GigabitEthernet 0/0/1和接入交换机接口Ethernet0/0/4、GE0/0/2配置方法可参照AR1中Ethernet0/0/1的接口配置命令。

```
[AC1]interface vlanif 242                        # 创建虚拟接口，并进入接口视图
[AC1-Vlanif242]ip address 192.168.242.253 24 # 配置 IP 地址、子网掩码
[AC1-Vlanif242]dhcp select global                # 配置接口 DHCP 服务器功能
```

③ 配置AC的基本功能。配置AC全局参数（运营商标识、ID、国家码）方便识别和管理。创建VLANIF接口，配置其IP地址作为数据转发的三层接口，同时能进行DHCP服务功能。Vlanif 240为AP分配IP地址。

```
[AC1]wlan ac-global ac id 1 carrier id ctc    # 配置 AC 运营商标识、ID
[AC1]wlan ac-global country-code cn           # 配置国家码
[AC1]dhcp enable                              # 开启 DHCP 服务功能
[AC1]interface vlanif 240                     # 创建虚拟接口，并进入该接口视图
[AC1-Vlanif240]ip address 192.168.240.254 24 # 配置 IP 地址、子网掩码
[AC1]wlan                                     # 进入 WLAN 视图
```

```
[AC1-wlan-view]wlan ac source interface vlanif 240
                          #配置AC源接口为vlanif 240，用于AP和AC1之间建立通信
```

④ 配置AP2上线的认证方式，并把AP2加入AP域中，实现AP2正常工作。关键代码及描述如下：

```
[AC1-wlan-view]ap-auth-mode mac-auth          #配置AP的认证方式为mac认证
[AC1-wlan-view]ap id 1 type-id 19 mac 00e0-fcbc-5df0
[AC1-wlan-view]ap-region id 242               #配置AP域ID
[AC1-wlan-view]ap id 1                        #进入AP2 ID视图
[AC1-wlan-ap-1]region-id 242                  # AP2加入AP域242
```

⑤ 配置VAP，下发WLAN业务，实现STA访问WLAN网络功能。

```
[AC1]interface wlan-ess 1                     #配置WLAN-ESS虚接口
[AC1-WLAN-ESS1]dhcp enable
[AC1-WLAN-ESS1]port link-type hybrid
[AC1-WLAN-ESS1]port hybrid untagged vlan 242
[AC1-wlan-view]wmm-profile name wmm001 id 1 #创建名为wmm001的WMM模板
[AC1-wlan-view]radio-profile name rd001       #创建名为rd001射频模板
[AC1-wlan-radio-prof-rd001]wmm-profile name wmm001 #绑定WMM模板
[AC1-wlan-view]traffic-profile name t002 id 2       #创建流量模板
[AC1-wlan-view]security-profile name s002 id 2      #创建安全模板
[AC1-wlan-sec-prof-s002]wep authentication-method share-key
[AC1-wlan-sec-prof-s002]wep key wep-40 pass-phrase 0 simple 12345
                                              #设置无线客户端登录密码
[AC1-wlan-view]service-set name hw002 id 1 #创建与AP2对应的服务集
[AC1-wlan-service-set- hw002]wlan-ess 1       #绑定虚接口WLAN-ESS 1
[AC1-wlan-service-set- hw002]ssid hw002       #指定服务集的SSID
[AC1-wlan-service-set- hw002]traffic-profile id 2  #绑定流量模板
[AC1-wlan-service-set- hw002]security-profile id 2 #绑定AP2对应的安全模板
[AC1-wlan-service-set- hw002]service-vlan 242
                         #绑定service-set服务集的VAP的业务VLAN ID
[AC1-wlan-view]ap 1 radio 0                        #进入射频视图
[AC1-wlan-view-1/0]radio-profile name rd001        #AP2对应的射频绑定射频模板
[AC1-wlan-view-1/0] service-set name hw002         #绑定服务集
[AC1-wlan-view]commit all                          #下发VAP到AP2
```

3.基于ACL的简化流策略配置财务部专区

为了提高财务部门网络的安全性，这里采取基于ACL的简化流策略配置方法，使财务部与其他部门相隔离，同时又能和其他部门一样能够访问OA服务器、公网。在核心层路由器AR1上配置简化的流策略，实现配置关键代码及描述如下：

```
[AR1]acl 2041                       #创建基本ACL 2041，并进入ACL视图
[AR1-acl-basic-2041]step 7          #设置步长为7
[AR1-acl-basic-2041]rule deny source 192.168.141.0 0.0.0.255
                                    #表示禁止源IP地址为192.168.141.0网段的报文通过
[AR1-acl-basic-2041]rule deny source 192.168.142.0 0.0.0.255
                                    #表示禁止源IP地址为192.168.142.0网段的报文通过
[AR1-acl-basic-2041]rule deny source 192.168.144.0 0.0.0.255
                                    #表示禁止源IP地址为192.168.144.0网段的报文通过
[AR1-acl-basic-2041]rule deny source 192.168.241.0 0.0.0.255
                                    #表示禁止源IP地址为192.168.241.0网段的报文通过
```

```
[AR1-acl-basic-2041]rule deny source 192.168.242.0 0.0.0.255
                                # 表示禁止源 IP 地址为 192.168.242.0 网段的报文通过
[AR1]interface Vlanif 143       # 进入 VLAN143 接口视图
[AR1-Vlanif143]traffic-filter outbound acl 2041
                                # 关联接口，根据 ACL 中的规则对报文流进行过滤
```

4.基于EasyIP和NAT Server的数据流控制功能的实现

公司内网通过路由器AR1访问公网，同时限制公网访问内网私有主机。采取了Easy IP配置方式实现控制指定的数据流通过，利用NAT Server配置方式实现外网访问内网服务器。AR1实现配置关键代码及描述如下：

```
[AR1]acl 2010                              # 定义基本的控制列表
[AR1-acl-basic-2010]rule 5 permit          # 允许所有内网网段数据流通过
[AR1]interface g0/0/0                      # 进入接口视图，该接口用于连接外网
[AR1-GigabitEthernet0/0/0]ip address 214.144.168.191 255.255.255.0
                                           # 外网接口地址，由 ISP 分配
[AR1-GigabitEthernet0/0/0]nat outbound 2010
                                           # 定义关联 ACL 地址段进行地址转换
[AR1-GigabitEthernet0/0/0]nat server protocol tcp global 214.144.168.190
www inside 192.168.140.1 www
                # 定义内部服务器的映射表，外部用户可以通过公网地址来访问内部服务器
[AR1]ip route-static 0.0.0.0 0.0.0.0 214.144.168.192
                # 配置默认静态路由，用于实现 Internet 访问
```

21.3.3 实验结果验证

1.访问Internet

在内网PC或无线办公区的移动设备中使用ping指令测试与外网客户端Client1的连通性，结果如图21-2所示，验证实验成功。

```
PC>ping 202.101.180.1

Ping 202.101.180.1: 32 data bytes, Press Ctrl_C to break
From 202.101.180.1: bytes=32 seq=1 ttl=253 time=78 ms
From 202.101.180.1: bytes=32 seq=2 ttl=253 time=78 ms
From 202.101.180.1: bytes=32 seq=3 ttl=253 time=78 ms
From 202.101.180.1: bytes=32 seq=4 ttl=253 time=62 ms
From 202.101.180.1: bytes=32 seq=5 ttl=253 time=62 ms
```

图21-2　访问Internet

2.财务部隔离

在内网PC中使用ping指令测试与财务部门PC3的连通性，结果如图21-3所示，验证实验成功。

3.Internet访问内网服务器

在外网Client1浏览器窗口中输入内网Web服务器对外的网站地址，结果如图21-4所示，显示可以成功访问。

```
PC>ping 192.168.143.1

Ping 192.168.143.1: 32 data bytes, Press Ctrl_C to break
Request timeout!
Request timeout!
Request timeout!
Request timeout!
Request timeout!
```

图21-3　其他部门与财务部隔离测试

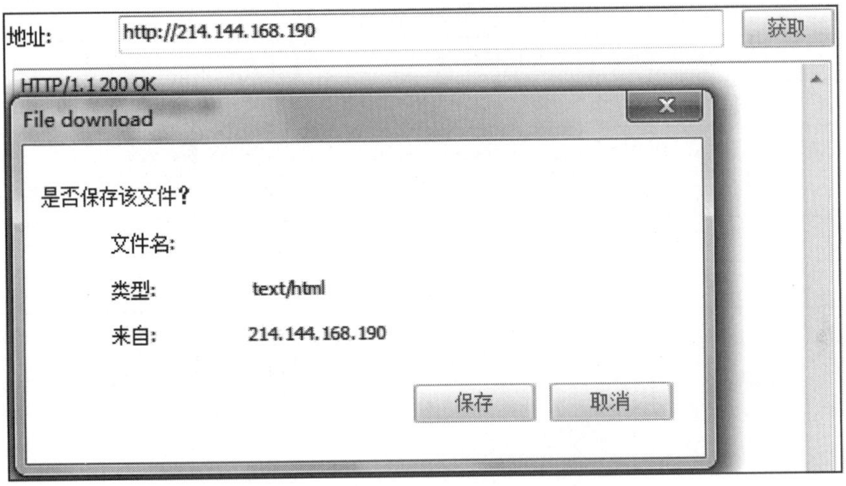

地址:　http://214.144.168.190　获取

HTTP/1.1 200 OK

File download

是否保存该文件?

文件名:

类型:　text/html

来自:　214.144.168.190

保存　取消

图21-4　外网客户端访问公司网站

实践动手能力是应用型高校不可或缺的一项基本技能。本章设计了一种仿真企业网的综合组网实验，对学生进行综合组网知识的理解和掌握具有较好的操作性。本实验方案具有一定的指导性和拓展性，可以进一步延伸和丰富实验内容，也可以作为企业网络规划真实场景方案实施。

附录　命令行格式约定

格　式	意　义
粗体	命令行关键字（命令中保持不变、必须照输的部分）采用加粗字体表示
斜体	命令行参数（命令中必须由实际值进行替代的部分）采用斜体表示
[ ]	表示用“[ ]”括起来的部分在命令配置时是可选的
{ x | y | ... }	表示从两个或多个选项中选取一个
[x | y | ...]	表示从两个或多个选项中选取一个或者不选
{ x | y | ... } *	表示从两个或多个选项中选取多个，最少选取一个，最多选取所有选项
[x | y | ...] *	表示从两个或多个选项中选取多个或者不选
&<1-n>	表示符号&的参数可以重复1～n次
#或//	由“#”或“//”开始的行表示为注释行